日本が誇る世界かんがい施設遺産

監修：佐藤洋平
東京大学名誉教授
編著：古川猛

方通信社

はじめに

佐藤洋平（東京大学 名誉教授、国際かんがい排水委員会（ＩＣＩＤ）日本国内委員長）

このガイドブックのテーマである「世界かんがい施設遺産」とは、１９５０年に設立された国際機関「国際かんがい排水委員会（ICID=International Commission on Irrigation and Drainage）」が認定し登録するもので、かんがいの歴史やその発展を明らかにし、理解醸成をはかるとともに、かんがい施設の適切な保全に役立てることを目的としています。なお、その認定を受けるには水利施設として１００年以上の歴史があること、現在もシッカリと維持管理されていること、築造当時の技術面でも高いレベルであることなど、さまざまな基準を満たしている必要があります。

現在、日本にはこの世界かんがい施設遺産に登録された施設が39施設もあります。長年にわたって農業土木やかんがい技術の研究に携わってきた私としては、これらはまさに日本が世界に誇るべき文化遺産だと考えています。そしてその存在と価値について、ひとりでも多くの人たちに知ってもらいたいという思いで本書を監修しました。

本書の特徴は、日本にある世界かんがい施設遺産を網羅し、その施設遺産の歴史と概要、施設ができるまでのドラマを、写真を交えてわかりやすく紹介していることです。また、各地の見所や特産品なども掲載し、世界かんがい施設遺産を巡る郷土観光、生活観光に役立てられるようにもなっています。もちろん、本書に掲載されている施設遺産は今も現役で活躍しているので、訪れるタイミングが良ければ、ゴウゴウと音を立て流れる水の勢い、ほとばしる水のしぶき、そこに陽が当たることであらわれる七色の虹などを楽しむこともできますし、インスタ映えするスポットも数多く存在します。

施設遺産を巡る際には、その背景にある歴史や施設遺産を維持・管理・補修してきた人々の営みにも注目してほしいと思います。そもそも、日本の歴史はかんがい技術の進化とともにあります。弥生時代の水田遺構である登呂遺跡には、杭や矢板で区画された水田跡とともに水路跡が発見されていますが、まさに当時から稲作のためのかんがい技術の試行錯誤ははじまっていたのです。

本書で紹介されている施設遺産には、そうした痕跡が明確に刻み込まれています。先人たちは水に恵まれず飢饉に襲われる村人を救うために、水源を求めて私財を投じてトンネルを掘り山肌を削り延々と水路を掘って水を引いたり、ため池を掘って田に水を潤わせたり、つねに干ばつに見舞われる地域に水を運ぶ用水路を掘ったりと、それぞれの地域が抱える絶望的なまでの地理的条件・社会的課題に立ち向かってきました。その多くは近代技術が発達する以前の中世や近世の時代に築造されたものですが、今なお残り活躍するその施設遺産の構造と技術を目の当たりにすれば、先人の英知や覚悟、志に胸が熱くなるでしょう。ぜひともこのガイドブックを片手に、古くて新しい「世界かんがい施設遺産の旅」に出かけてみてほしいと思います。

日本の世界かんがい施設遺産マップ

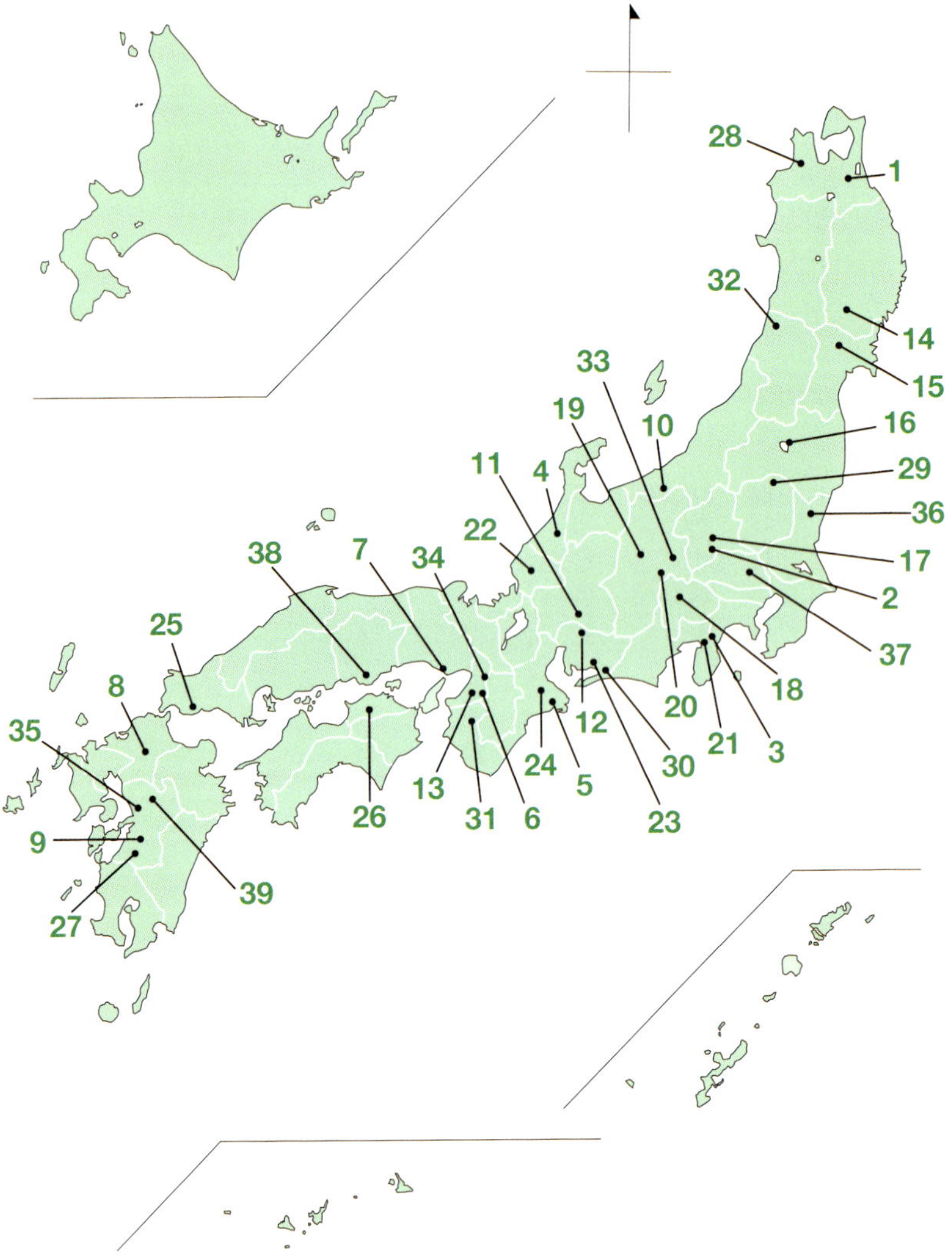

登録一覧表

登録年		名称	場所	供用開始年
2014年	1	稲生川	青森県十和田市他	1859年
	2	雄川堰	群馬県甘楽町	1600年頃
	3	深良用水	静岡県裾野市他	1670年
	4	七ヶ用水	石川県白山市他	1903年
	5	立梅用水	三重県多気町、松阪市	1823年
	6	狭山池	大阪府大阪狭山市	616年
	7	淡山疏水	兵庫県神戸市他	1891年
	8	山田堰・堀川用水・水車群	福岡県朝倉市	1663年
	9	通潤用水	熊本県山都町	1855年頃
2015年	10	上江用水路	新潟県上越市、妙高市	1648年
	11	曽代用水	岐阜県関市、美濃市	1669年
	12	入鹿池	愛知県犬山市	1633年
	13	久米田池	大阪府岸和田市	738年
2016年	14	照井堰用水	岩手県一関市、平泉町	1180年
	15	内川	宮城県大崎市	1591年
	16	安積疏水	福島県郡山市、猪苗代町	1882年
	17	長野堰用水	群馬県高崎市	1645年以前
	18	村山六ヶ村堰疏水	山梨県北杜市	1000年頃
	19	拾ケ堰	長野県松本市、安曇野市	1816年
	20	滝之湯堰・大河原堰	長野県茅野市	1785年·1792年
	21	源兵衛川	静岡県三島市	1500年代（16世紀）
	22	足羽川用水	福井県福井市	1710年
	23	明治用水	愛知県安城市他	1880年
	24	南家城川口井水	三重県津市	1190年
	25	常盤湖	山口県宇部市	1859年
	26	満濃池	香川県まんのう町	701年
	27	幸野溝・百太郎溝水路群	熊本県湯前町、多良木町他	1705年
2017年	28	土淵堰	青森県弘前市、つがる市他	1644年
	29	那須疏水	栃木県那須塩原市他	1885年
	30	松原用水・牟呂用水	愛知県豊橋市他	1567·1887年
	31	小田井用水路	和歌山県橋本市、紀の川市他	1710年
2018年	32	北楯大堰	山形県東田川郡庄内町	1612年
	33	五郎兵衛用水	長野県佐久市	1631年
	34	大和川分水築留掛かり	大阪府柏原市、八尾市他	1705年
	35	白川流域かんがい用水群	熊本県熊本市、菊陽町他	1606～37年
2019年	36	十石堀	茨城県北茨城市	1669年
	37	見沼代用水	埼玉県行田市他	1728年
	38	倉安川· 百間川かんがい排水施設群	岡山県岡山市	1679年
	39	菊池のかんがい用水群	熊本県菊池市	1615年他

目次

見沼代用水

稲生川

甲信越

北陸

七ヶ用水

上江用水路

東海

近畿

大和川分水築留掛かり

源兵衛川

カバー写真クレジット
（表紙·右上から時計回りに）長野堰用水、明治用水、曽代用水、倉安川吉井水門、常盤湖、小田井用水、満濃池、白川流域かんがい用水群
（裏表紙）左・稲生川、右・小田井用水
（帯）上・満濃池、下・明治用水

白川流域かんがい用水群

満濃池

常盤湖

土淵堰（どえんぜき）

一面の不毛の大地だった津軽平野を豊穣な沃野に変えた青森県が誇る霊峰・岩木山水系の岩木川から注ぐ用水

土淵堰沿いの果樹園から望む岩木山

本州最北端の津軽半島の南西部に位置し、東に「津軽富士」と呼ばれる岩木山、西に屏風山を望む津軽平野は、南北50キロメートル、東西5～20キロメートルと日本でも有数の広さを誇り、青森県を代表する水田地帯として知られる。

砂浜の海岸が多い沿岸部には、特産のシジミが有名な十三湖をはじめ、沼や池が点在する景色がつづく。年間降水量約1400ミリメートルで、雪の積もった冬景色には定評があり、折々の景色が楽しめる。とくに実りの秋には、岩木山を背景に稲穂の波が美しい。

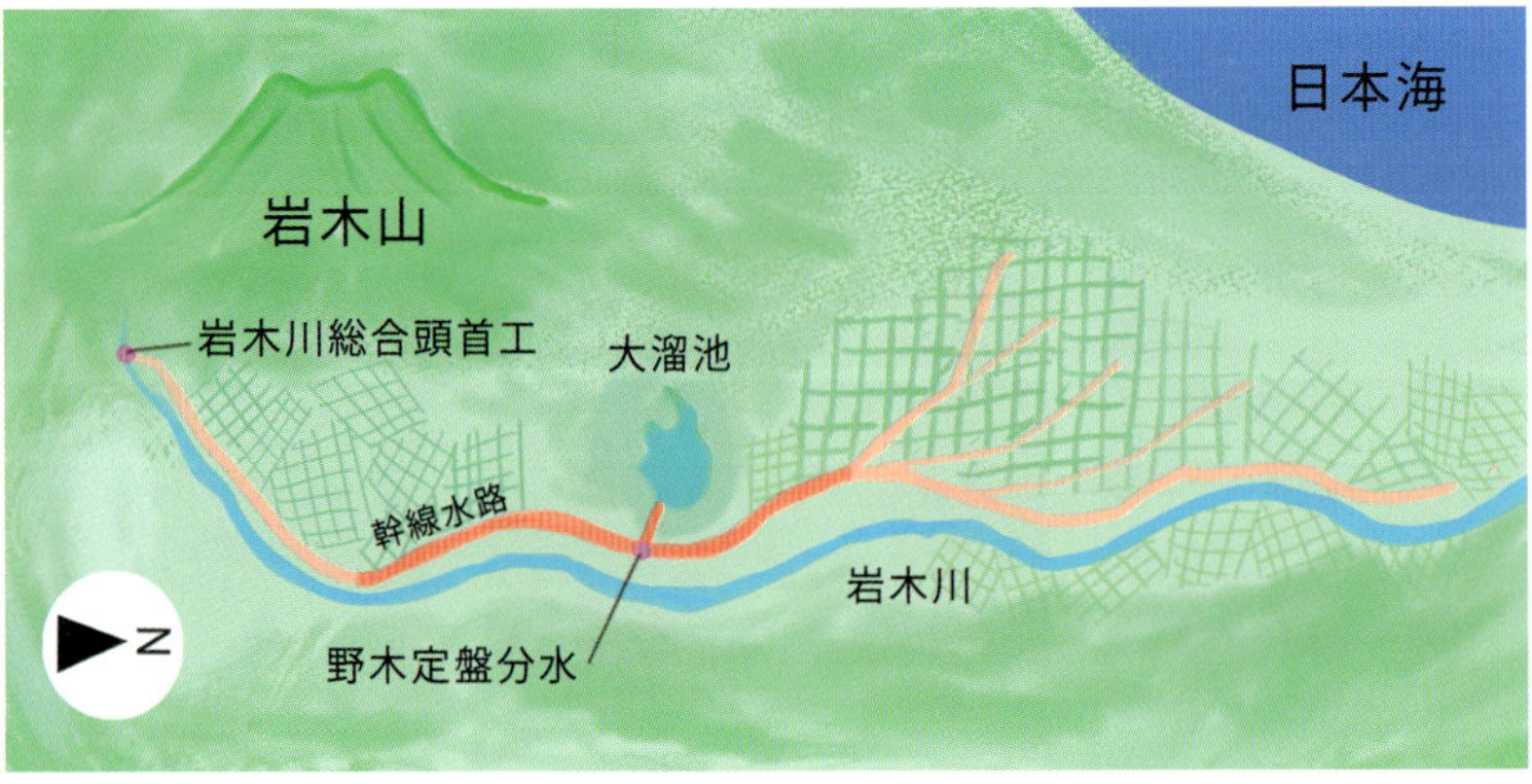

津軽平野は海抜0・3〜11・7メートルの沖積平野で、とりわけ五所川原以北は海抜5メートル以下の低湿地となる。今でこそ水田を中心に畑や宅地が点在する穀倉地帯だが、400年前までは荒涼とした土地が広がる不毛地帯だった。

これを豊かな土地に変えたのが、当初は長瀬堰と呼ばれていた今の土淵堰である。堰からの水利を活用し、津軽藩を中心に「国を富ませ、民を利する」として、農民の力によって新田開発や集落の形成などが進められ、青森県内でも有数の食料地帯として発展を遂げたのだ。

日本一の大溜池も見どころ

土淵堰の取水口は世界自然遺産白神山地を源流とした岩木川にあり、弘前市町田から北津軽郡鶴田町野木までの14・6キロメートルを流れる。その後は西保導水幹線用水路、東保導水幹線用水路の二股に分かれ、さらに枝分かれを繰り返し、地域の受益地区に用水を供給している。

野木定盤分水工の近くには用水補給のために350年前に完成した廻堰大溜池（まわりぜきおおためいけ）が整備されている。国営事業により補修され、現在は有効貯水量1万1000立方キロメートル、貯水面積2・8平方キロメートル、堤の長さは日本一を誇る4100メートルの大規模溜池だ。岩木山を望む風景の美しさから、現在は「津軽富士見湖」の愛称で親しまれ、周囲には公園が整備されている。一方でゲリラ豪雨などの際には、各ゲートの操作や取水停止などの排水管理を関係自治体と協力しながら進めることになっており、地域の防災にも役立っている。

DATA

名称――土淵堰
施設の所在市町村――青森県弘前市、つがる市、藤崎町、板柳町、鶴田町
供用開始年――1644年（寛永21年）
総延長――16km
かんがい面積（排水施設は排水面積）――8300ha
農家数（就業人数）――5508名
地域の特産品（伝統品・新商品等）――米、リンゴ、ゴボウなど
流域名――岩木川水系
所有者――西津軽土地改良区
アクセス――最寄駅は五能線陸奥鶴田駅、鶴泊駅
最寄ICは東北自動車道大鰐弘前IC

歴史

原野開拓に藩主と農民の協力が育んだ豊かな農地

岩木山の麓に広がる県内最大の津軽平野は、400年前は一面不毛の湿地帯であり、冬には西風による地吹雪にも苦しめられる原野だった。江戸時代に入り、津軽藩初代藩主・津軽為信（ためのぶ）は津軽統一を進める一方で領内繁栄のために諸般の産業開発の構想を練っていたとされ、津軽平野の新田開発を積極的に進め、大掛かりな水利施設の整備も行ったという。

土淵堰は1641年（寛永18年）〜1644年（寛永21年）に3代藩主・津軽信義が新田開発とあわせて、岩木川西側に広がる津軽平野に水を引くために、前身である長瀬堰として開削した。飯米の支給や年貢免除などで他領から人寄せし労働力を確保、予定地にすでに田畑があった場合は代替え地を用意するなど、工事を円滑に進める方策が講じられたという。そうして岩木川に頭首工をつくり、野木分水定盤までの16キロメートルにおよぶ開水路で水を引き、津軽平野西部の水田に用水を供給した。

現代のような測量技術がないなか、水路の路線選定は「堰筋見分（せきすじけんぶん）」という、荒地に残っている自然河川の流れた跡を踏査し、平地の高低を見分ける方法で行われたと考えられる。つい最近まで残っていた水路の蛇行はその名残といわれている。

管理に関しては「土淵堰奉行」とい

腰切り田と呼ばれた
昔の農作業風景

昭和19年～43年頃の野木定盤分水工

昭和33年以前の土淵堰取水口

う地位の高い職制を設け、雪解け時や豪雨で流域に水があふれて被害が生じた際の補修や改修など、水路の維持管理や配水管理にあたらせた。新田開発はその後も進められ、用水の供給面積は1800年代には約2840ヘクタールに広がった。

明治に入ると行政組織の変遷で、維持管理は農民、大庄屋、里正、関係戸長と移り、水門などは石造りに改造され、津軽平野西部への供給面積は1940年代には約4700ヘクタールに達した。

豪雨被害をきっかけに合口

土淵堰は岩木川の最下流部に位置するため、雪解け水が豊富な5月の代掻き時には用水が間に合うものの、渇水時には上流で先に取水してしまうため、浸透してくる伏流水のみとなり、周囲は慢性的な水不足になっていた。そのため、1941年（昭和16年）から国営西津軽土地改良事業がはじまり、1944年（昭和19年）には廻堰大溜池を嵩上げすることであらたな用水の確保を行い、野木分水定盤の上流部で土淵堰に注水し、

昭和43年頃の野木定盤分水後の並列した水路

用水不足を解消するための土淵堰の改修、基幹用排水路の整備が実施された。しかし、1958年（昭和33年）8月の台風による豪雨で、土淵堰を含めた上流の12の堰が流されてしまう。そこで、1961年（昭和36年）にかけての災害復旧工事では、土淵堰を含めた11の堰の取水口を統合し、1カ所にまとめる合口（ごうこう）を行い、頭首工と幹線用水の整備を行った。

1996年（平成8年）には恒常的な水不足と配水不良の解消と、用水の安定供給と維持管理の軽減をはかるため、水利の再編と老朽化した施設の改修を行う国営岩木川左岸農業水利事業を実施。学識経験者や地元住民の意見を取り入れ、魚の住処や景観などの環境に配慮した整備を行い、今も8300ヘクタールの農地にかんがい用水を供給しつづけている。

特産品

地域の農産物を美味しくいただく「つがるブランド認定加工品」

青森県の中西部に位置するつがる市は2005年（平成17年）に、西津軽郡木造町、森田村、柏村、稲垣村、車力村の1町4村が合併して誕生した、青森県でむつ市に次いで2例目の、ひらがな名の市である。

合併を機に、基幹産業である農業の活性化を目的に始まったのが「つがるブランド」。それぞれの町村が得意とする米、りんご、メロン、スイカ、トマト、ごぼう、ネギ、長いもの主力8品目を「つがるブランド」と認定し、その認定品を使用した加工品から審査を通ったものを「つがるブランド認定加工品」として、現在16品目を選定している。

「のんでみへんが！」は、真っ赤に完熟してから収穫した、つがるブランド認定品の桃太郎トマトを絞り、無塩・無添加で仕上げたトマトジュース。トマト本来の味わいが口いっぱいに広がる。同じトマトを使ったゼリー「たべてみへんが！」、ジャム「ぬってみへんが！」、「トマトアイス」も人気。

「アップルパイ 岩木づつみ」は、つがるブランド認定リンゴのふじ、紅玉を使用し、つがるのシンボル「岩木山」をかたどっている。爽やかな酸味と甘みが絶妙と評判だ。「アップルパイ スティック」やホール型の「アップルパイ マシェリ」、リンゴドーナツなども人気。

「牛蒡めん美人」は、つがるブランド認定農家が生産するゴボウを練りこんで作った乾麺で、口の中に広がるゴボウの風味や歯ごたえが美味しい。おからも入った「ごぼうかりんとう」や、ゴボウを2度焙煎して作る「牛蒡茶」などヘルシーな逸品も。

トマトを丸ごといただく
「のんでみへんが！」

山の形がかわいい
「アップルパイ 岩木づつみ」

食物繊維が豊富な「牛蒡めん美人」

水のある風景

水と緑と岩木山と先人の努力が調和のとれた美しさを生み出す

土淵堰の象徴といえば、受益地のどこからも美しい姿を望むことができる岩木山だろう。地元青森県出身の作家・太宰治は名作『津軽』のなかで、その山容を〈十二単を広げたようで、透き通るくらいに嬋娟（せんけん）たる美女〉とたとえている。実りの秋の田畑とのコラボの美しさはもちろん、なかでも公園として周囲が整備されている廻堰大溜池からの眺めは圧巻で「津軽富士見湖」と親しまれている。

豊かな森に囲まれた取水口や近代的に整備された分水工など、自然と人工物がつくりだす調和のとれた光景にも、先人の努力が偲ばれる。

岩木山の麓にまで広がる米の作付け状況

岩木川からの取水堰である岩木山統合頭首工

岩木山を望む廻堰大溜池にかかる鶴の舞橋

近代的に整備された、用水全体の要である野木定盤分水工

ふれあい公園の水面に一面の花筏

青森県

稲生川（いなおいがわ）

十和田湖由来の奥入瀬川の水で、広大な台地を潤し県内屈指の米どころと開拓者精神あふれる町並みが誕生

稲生川は歌人・大町桂月も愛した十和田湖を水源とし、上北郡東部の東西約40キロメートル、南北32キロメートルにわたる三本木台地を、東西に太平洋まで横断する人工河川である。用水を供給するエリアは、農業を基盤として発展し県内第4位の都市となっている十和田市を中心として2市4町にわたり、地域の耕作地は約5118ヘクタールと、県内屈指の米どころである。

十和田市の中心地である稲生町もまた、稲生川とともに人々によってつくられた町であり、開拓者精神が息づいている。かつては奥州街道の両側に柾（まさ）ぶき2階建ての、「こみせ」

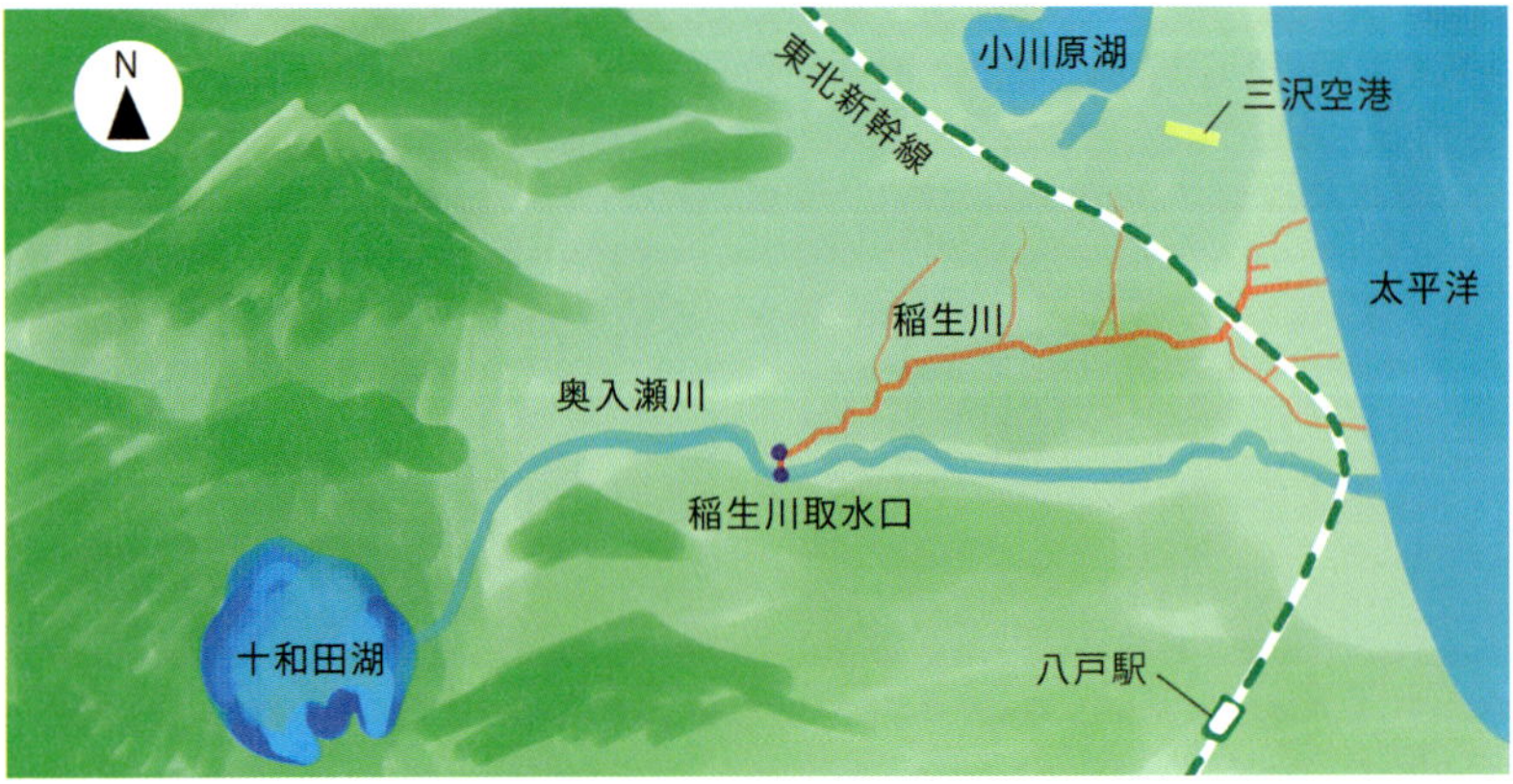

という庇状の屋根を持つ町屋が並び、美しい景観を誇ったという。

八甲田山の山並みもよく見える水路沿いには、地域住民が植栽した花々が咲き、とくに春は桜並木とせせらぎのコントラストが美しい。幕末の近代都市計画によってつくられた町の特徴は、碁盤の目のように整備されていること。とくに通称・駒街道と呼ばれる、軍馬補充部の並木道を活用して整備された「官庁街通り」は〈日本の道百選〉に選定されており、長さ1・1キロメートル、幅36メートルにおよぶ松と桜の並木は実に見事だ。

地域のふれあいの場として

現在では功労者である新渡戸傳(にとべつとう)の号である「太素」にちなみ、「太素祭」を開催して稲生川の上水を記念するなどして、新渡戸傳翁をはじめとする先人たちの偉業が称えられている。

また、地域住民による「せせらぎ活動委員会」は、水路に併設された「ふれあい公園」の植栽活動などの維持管理を行ったり、さまざまなイベントを催したりしている。今も稲生川はふれあい・学び・安らぎの場として、広く地域の人々に愛され、心の拠り所となっているのだ。

農林水産省の「疏水百選」のひとつに認定され、2007年(平成19年)には一般投票で全国第1位となった命の水「稲生川」は、2012年(平成24年)には(公社)日本ユネスコの第3回プロジェクト未来遺産に登録、2014年(平成26年)には(公社)土木学会の選奨土木遺産にも選出されるなど、地域共有の資源と再評価されている。

DATA

名称	稲生川
施設の所在市町村	青森県十和田市、三沢市、六戸町、おいらせ町、東北町、七戸町
供用開始年	1859年(安政５年)
かんがい面積(排水施設は排水面積)	5118ha
農家数(就業人数)	4366人
地域の特産品(伝統品・新商品等)	ながいも、ニンニク、長ネギ、ゴボウ
流域名	三本木原(相坂川左岸)地域
所有者	稲生川土地改良区・農林水産省
アクセス	最寄駅は東北新幹線七戸十和田駅 最寄ICは百石道路・第二みちのく有料道路 下田百石IC

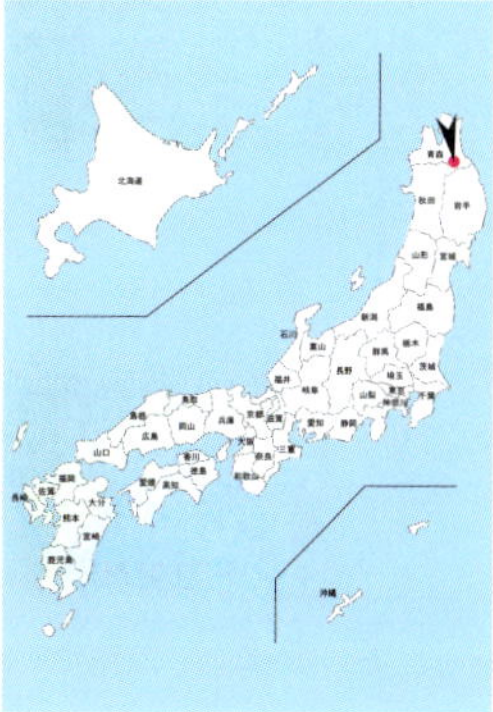

歴史

人が住むには適さない荒地を日本人の技術だけで開拓した

　十和田市を含む地域は、幕末までは三本木と呼ばれていた。十和田湖は十和田山の噴火によってできたカルデラ湖であり、三本木はその火山灰土壌がつくった扇状地である。火山灰質で保水性が悪く、雨水もすぐに地中へ浸透してしまうため、田畑が少ない荒涼たる平原だった。樹木も育たず、夏は暑い日差しが照りつける一方で、冷湿な北東風である「やませ」が冷害を引き起こし、冬は西北から吹く「八甲田おろし」でたびたび吹雪となるなど、農地には不向きな土地だった。

　この広大な三本木原を開拓しようとする構想を持っていたのが、南部盛岡藩士の新渡戸傳である。その計画は奥入瀬川から取水し、三本木原に上水し、太平洋岸まで達するあらたな川をつくり、広い台地をかんがいするというものだった。しかし、三本木原は奥入瀬川より最大で30メートルも高いため、上流に取水口を設け、途中に穴堰と呼ばれるトンネルを通す必要があった。

　そこで、傳は商人などと協力し、1855年（安政元年）に工事に着手。2・54キロメートルの鞍出山穴堰、1・62キロメートルの天狗山穴堰の2本の穴堰と約7・2キロメートルの用水路を掘り抜いた。途中からは江戸詰めとなった傳に代わって嫡子・十次郎が指揮をとり、1859年（安政5年）に三本木原への上水に成功。

　翌年には藩主・南部利剛（なんぶとしひさ）公により「稲生川」と命名された。工事着工前の1780年（安永9年）には51石ほどであった三本木の石高は、完成後の1865年（慶応元年）には930石余に達した。

開拓前の三本木原。荒涼とした台地が広がる

陸堰の壁面を固める作業

開墾測量機で測量をしている様子

隧道の壁には人力で掘り進めた跡が残る

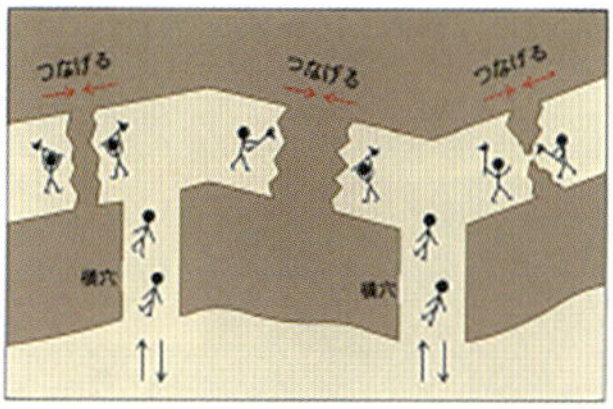

横穴を利用して隧道を開削したイメージ

先人の偉業を称える「太素塚」

穴堰を掘り抜いた技術集団

当時の日本の土木技術の多くは外国人技師の助力によるところが大きかったが、稲生川の開墾では「南部土方衆」と呼ばれる日本人技術者集団を中心に工事が行われた。２カ所の穴堰や大規模な盛土・切土を要する陵堰など、多くの難所を高い技術力で乗り越えた記録が残っている。

たとえば、すべて人力で行われたふたつの穴堰（あなぜき）の施工にあたっては、多くの横穴を掘り、そこから前後にトンネルを掘り進め、工区ごとにつなぐことで完成させている。これは特殊技能者を総棟梁とする「選穴普請」集団による、きわめて統率のとれた施工のなせる技であった。

完成後、太平洋岸までの通水には水量が足りないことがわかり、十次郎が中心となり、さらに上流に取水口を設け、穴堰を３本掘ることで稲生川に合流させる計画を立案。そして１８６６年（慶応２年）、穴堰工事に着手したが、翌年に十次郎が死去。計画は未達に終わった。

だが、その後も開拓は引き継がれ、１９３７年（昭和12年）から１９６６年（昭和41年）にかけては国営三本木開拓建設事業により、太平洋までの水路が完成。１９７８年（昭和53年）から２００６年（平成18年）には国営相坂川左岸農業水利事業により、恒常的な用水不足と排水不良の解消、用水の安定供給と維持管理の低減をはかった。また、環境の観点から学識経験者や地域住民の意見も取り入れ、一部の水路では地域住民がみずから施工・維持管理を行うなどの試みも行われた。

不毛の原野を青森有数の米どころに発展させた先人の偉業は、今の時代にしっかりと受け継がれているようだ。

特産品

野菜、湖魚、和牛、豚肉など十和田と奥入瀬の美味しいめぐみ

稲生川の流れる十和田市は、青森県の南部地方の内陸部に位置する、十和田湖や奥入瀬渓流といった豊かな自然で知られる。8月の平均気温が21・8℃と冷涼な気候であり、旧八甲田町の地域は豪雪地帯でもある。

水にも緑にも恵まれた環境のなか、十和田湖由来の奥入瀬の清らかな水が育んだニンニクをはじめとして、長芋やアクの少ないごぼう、白い部分が長いネギなどの野菜や米、和牛・豚肉といった畜産品、ニジマスなど、味わい深い特産品は数多い。

なかでも、十和田のニンニクは生産量日本一で、主に生産されているのは「福地ホワイト六片」という、身が雪のように白く、一片が大きい最高級品種。

黒にんにくや醤油漬けなど、様々な加工品も販売されている。色白でアクが少ない長いもは、シャキッとした食感や独特の粘りが特徴。春と秋の2回収穫されるが、春掘りが熟成されて旨み成分が凝縮しているのに対し、秋掘りはみずみずしく、皮ごと食べられるといった、それぞれに異なった味わいが楽しめる。

「ガーリックポーク」は特産のニンニクの粉末が入った飼料をたべて育った豚肉。口当たりの良い、柔らかな肉質が特徴で、ビタミンB_1が通常の豚肉の1.5倍含まれており、疲労回復などに効果が期待できる。「青森十和田湖和牛」もきめ細かい霜降りで極上の味わい。

十和田のきれいな水に育まれた「十和田湖ヒメマス」は、きれいなピンク色の身が特徴で、川魚特有の臭みが少なく、塩焼きやムニエルのほか、お刺身やカルパッチョでもおいしくいただける。

日本一の生産量を誇る「ニンニク」

特産のニンニクの粉末が入った飼料で育った「ガーリックポーク」

湖畔地域を中心に音色店で食べられる「十和田湖ニジマス」

写真提供：十和田市

水のある風景

奥入瀬の調和のとれた緑と十和田市の整備された街並み

八甲田の山裾に拓けた十和田市は田園都市である。十和田湖から発する奥入瀬川を水源とする稲生川では、頭首工からつづく道から望む八甲田山をはじめ、十和田湖と奥入瀬の美しい緑を堪能したい。

先人の技術を今に伝える頭首工や隧道など、開拓ゆかりの地でその遺徳を偲んだら、十和田市の中心地である稲生町へ。桜並木とせせらぎのコントラストが見事で、水路に沿った桜並木は散り際も美しく、同じ青森の弘前城さながらの、水路に敷き詰められたような花筏の光景が楽しめる。手づくりの水車などの見所も満載だ。

三本木町

ふれあい公園

十和田湖

稲生川頭首工

十和田市

奥入瀬

竹林を通る照井堰用水

岩手県

照井堰用水（てるいぜきようすい）

藤原三代の平泉の浄土思想に託した平和の庭園を潤し、農民の困窮も救いつづけてきた世界遺産・平泉を支える用水

中尊寺金色堂、毛越寺（もうつうじ）浄土庭園などがあり、世界遺産として知られる平泉を中心とした周辺地域を潤す照井堰。平泉といえば藤原三代による栄耀栄華が知られているが、照井堰も藤原氏の時代に開削がはじまり、浄土思想を表現した寺社の庭園を潤すなど、当時の文化に深いかかわりがあったとされている。

現在の水路形態は、素掘り水路、コンクリート水路、隧道、掛樋（かけひ）、水管橋、水路橋、水の高低差を利用し水を移動させる逆サイフォンなど。そのほかに構造物として、頭首工（とうしゅこう）、制水門、余水吐（よすいはき）、分水工などがある。

これらの施設は8路線で総延長は64キロメートルにもおよび、1073ヘクタールの広大な農地に用水を送りつづけている。

優雅な宴を支える水

照井堰用水は農業用水として供給されるほか、地域の生活用水としても利用されており、食事の用意や後片付け、食材や調理器具の洗浄など、炊事には欠かせない存在だった。洗濯も水路沿いに設けられた洗い場で行われ、住民たちが会話を楽しみ、日々の疲れを癒す場となっていた。

また、毛越寺浄土庭園の遣水（やりみず）に水を供給するなど、多面的な用途を持っていたことも興味深い。ちなみに毛越寺では例年春に、伝統的な貴族の衣装を身にまとった歌人たちが、平安時代中期につくられた遣水に浮かべた盃を傾けながら、短冊に和歌をしたため披露する「毛越寺曲水の宴」が催されている。

このように照井堰用水は、農地を潤しながら、人々の生活用水にもなり、世界遺産を構成する寺社仏閣の遣水や池にも疏水（そすい）するなど、「水による浄土思想」を見事に表現してきた。世界遺産「平泉」の原動力といっても過言ではない存在なのだ。

時代の変遷にともない、現在では計画的な通水網が整備され、満遍なく下流まで適切な用水の配水が行われている。また、維持管理費の負担軽減に向け、農業用水を活用した小水力発電も行っていて、すでに照井、荻野、八幡沢で3つの発電所が稼働しているほか、今後も増設していくという。理想郷を目指しつづけるその取り組みは、まさに浄土を思う心に通じている。

DATA

名称	照井堰用水
施設の所在市町村	岩手県一関市、西磐井郡平泉町
供用開始年	1180年頃
総延長	64km
かんがい面積（排水施設は排水面積）	1073ha
農家数	2064名
地域の特産品	もち米、平泉わんこそば
流域名	一級河川北上川水系磐井川流域
所有者	照井土地改良区
アクセス	最寄駅は東北本線平泉駅 最寄ICは東北自動車道平泉前澤IC

歴史
浄土思想に端を発した農民を救う水との闘い

照井堰用水の基礎が築かれたのは約800年前。平安時代末期の1180年頃に遡る。当時の平泉は藤原三代統治の時代。人口が10万人ほどの、京都や奈良と並ぶ大都市で「東北の都」と称されていた。が、一方で大量の食料が必要となり、水田が増えるにしたがって農民は水不足に苦しんでいた。

藤原秀衡の家臣であった照井太郎高春は、水の豊富な磐井川から用水を引こうと考え、川を丹念に踏査し、小河原の取り入れ口から800メートルの長さの穴堰を掘ることを決めた。しかし岸の土手の岩は硬く、げんのうや鏨で岩を砕く工事は困難をきわめ、ときには岩の下敷きになって死者も出たという。

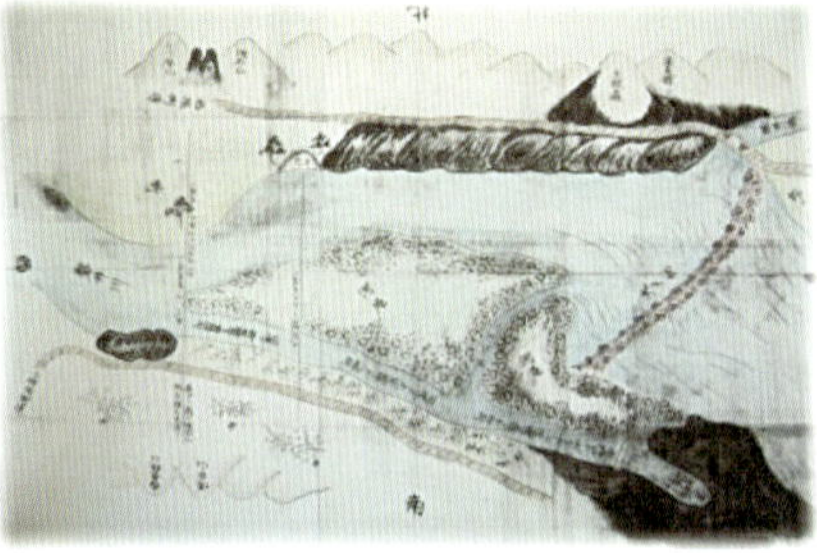
照井堰用水の取水口「大〆切頭首工」

「照井堰用水」1950年前後の工事の様子

高春の死後、あとを引き継ぎ工事をつづけた子孫たちの働きにより水路は完成。磐井川より土地が高かった五串村、赤荻村、山目村、中里村の各水田に水が引かれ、その面積は1000ヘクタールにもおよんだとされる。そして照井高春の功績から「照井堰」と呼ばれるようになった。

一方、これとは別の伝承もある。12世紀頃の平泉には、藤原氏が浄土思想にもとづいた理想世界を表現するために、中尊寺、毛越寺、現在は遺跡化した無量光院、観自在王院の四寺院が造られ、それぞれに大きな池をともなっていた。その池への導水路も発見されており、それが照井堰のはじまりというのだ。その場合、照井堰は庭園への導水路から発展した農業用水ということになる。

命をかけて大改修した恩人

いずれにしても、現在にいたるま

でにはいくつもの困難があった。たとえば、1643年（寛永20年）の大雨による「北照井大破損」では川の形状が変化したため、穴堰を廃し、川を斜めにせき止めて新堰を設けたが、1649年から3年連続で干ばつに見舞われてしまったという。そこで、当時の大肝いりであった大崎掃部左衛門は伊達藩に租税の免除を訴え、自身が借用するという名目で御蔵米を放出し、農民の困窮を救った。そして、同時に1652年（承応元年）に照井堰用水の大改修工事に着手。当初の予想以上に工事は困難をきわめ、長い年月と莫大な費用をかけてようやく完成した。

　しかし掃部左衛門は藩主や地頭から借用した御蔵米7・5トンの返石（へんこく）を督促され、返済に窮していた。その功績はたたえられながらも、不問に付すべきではないと代官の裁定が下り、1681年（天和元年）7月23日に夫妻とも処刑され、家族追放、財産没収の処分を受けた。が、その遺徳は偲ばれつづけており、大崎家の墓前には400年経った今も献花が絶えることがないという。

　その後は1854年（嘉永7年）に磐井川揚堰（現在の大〆切頭首工）の取水口に土砂が溜まり、各村長の立会いのもと、約47メートル上流に取水位置を移動するなどの工事が行われた。

　このように取水口や水路の修繕はそのときどきの有力者が受益者と協議し方針を決め、工事の際は農民の出役を常道として行われてきた。

　明治時代に入ってからは照井堰普通水利組合が維持管理を行ってきたが、1952年（昭和27年）に誕生した照井堰土地改良区を経て、現在は照井土地改良区が先人の思いとともに照井堰用水を守っている。

沢に架けられている水路橋

CGで再現した800年前の毛越寺

CGで再現した800年前の無量光院

特産品

農民の知恵が生んだ餅食文化 秀衡塗で食す平泉わんこそば

　照井堰用水が潤す一関・平泉の稲作地帯は、もち米づくりが盛ん。農作業の節目や冠婚葬祭のたびに餅をついて食べる風習があり、その回数は年間60日にも上ることが、この地に伝わる『もち暦』に記されている。そのルーツは江戸時代、仙台藩の命で毎月2回神仏に餅を供え平安息災を祈念したことにはじまる。しかし、白い餅はお供えのみで、貧しい農民はくず米に雑穀を混ぜた「しいなもち」しか口にできなかった。それをおいしく食べる工夫から、多彩な餅の食べ方が生み出されたといわれている。

　エゴマの実をすり潰し、甘じょっぱく味付けしたじゅうね餅や、沼えびを炒ってとろみのあるだし醤油を絡めた、香ばしいえび餅など、バリエーションは300種類を超える。

地元では、郷土に伝わる「もち食文化」を継承しようと「一関・平泉もち街道の会」を結成し、各飲食店で多彩な餅メニューを提供している。

　もうひとつ、郷土の常食から考案された名物が「平泉わんこそば」だ。通常の岩手名物わんこそばは、小分けしたそばをつぎつぎと椀に継ぎ足す方式だが、平泉わんこそばは、最初からいくつもの椀に小分けして出される盛り出し式。地元の味覚にこだわった、さまざまな薬味との相性をゆったりと食べ比べできる。

　元祖盛り出し式「平泉わんこそば」の店、芭蕉館では藤原氏ゆかりの伝統工芸「秀衡塗」の漆器提供している。中尊寺金色堂の仏教美術を彷彿とさせる、漆と金箔をふんだんに使った漆器でわんこそばを食し、藤原文化に思いを馳せるのもいい。

多彩な餅を一口ずつ楽しめる「もち御膳」

種類豊富な芭蕉館の「元祖盛り出し式わんこそば(特)」。☎0191-46-5155 西磐井郡平泉町平泉字鈴沢3-1 ㊮10：00～15：00 無休(12月～3月は木休)

素朴ながら華麗な味わいの秀衡塗の漆器

水のある風景

景観に調和した水路に誘われて世界遺産の歴史を感じる

照井堰用水は世界遺産の平泉の豊かな自然と文化遺産のなか、景観や環境に配慮した整備が行われ、そこかしこで美しい流れを楽しむことができる。最新の施設の機能美を堪能するのもよし、先人の幾多の苦労に思いを馳せ、ロマンを感じるのもよし、だ。また、水土里（みどり）ネットでは毎年「水土里ウォークin照井堰用水」というウォーキングイベントを実施している。毛越寺の裾野や中尊寺月見坂などを通水し、最後に衣川に落水する、照井堰の水路に設置されたウォーキングトレイルをたどりながら、水路の施設や平泉の世界遺産の歴史を学ぶことができる。

風情あふれる毛越寺の遣水

環境に優しい石積み水路

下萱頭首工

毛越寺庭園にある大泉ケ池には照井堰用水の水が流れ込む

内川（うちかわ）

岩出山城を守り、農業振興に寄与した伊達政宗公由来の用水「伊達な小京都」の中心を流れる親水公園として市民に愛される

緑を最大限に生かした清流は市民の憩いの場になっている

内川がある岩出山は、宮城県仙台市から北50キロメートルに位置する。南に奥羽山脈の船形連峰、北に秀峰・栗駒山を望む風光明媚にして山紫水明な土地で、昔から多くの人が暮らしてきた。池の景観が見事な庭園を持つ、かつては伊達家家臣の学問所であった「有備館（ゆうびかん）」など、雅な風情を醸し出している岩出山は「伊達な小京都」と称され、その魅力は全国的に有名だ。

伊達政宗の名により開削された内川の水を取水するのは、山あいを流れる江合川に設置された大堰頭首工である。高さ14・4メートル、幅9メートルの木造

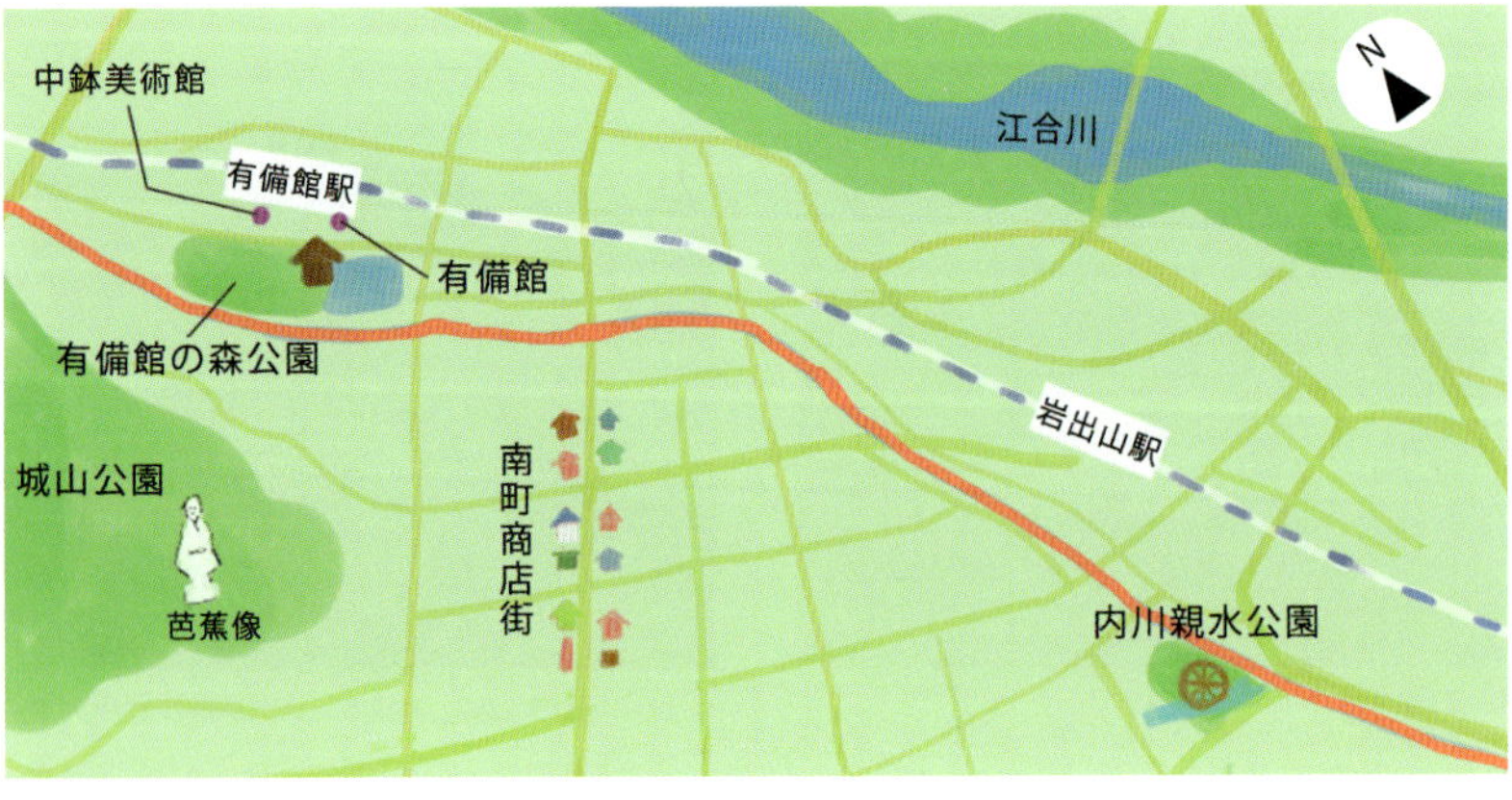

取水門は「他に類を見ない大きさ」ということで「大堰」と呼ばれている。

伊達政宗が仙台城へ移った後も、明治維新まで岩出山伊達家の居城であった岩出山城。その外堀の役割もはたしていた内川は、大崎市岩出山の中心部を流れた後、大崎の農地3300ヘクタールに農業用水を供給する。高さは2・3メートル、平均幅は6・8メートル、水深は2・4～1・5メートルほどで、その延長は約9・4キロメートルにおよぶ。

住民の思いを実現した改修

内川は農業用水としての機能だけでなく、親水公園としての機能も有しており、景観を考慮した雑割石(ざつわりいし)二面水路で施工されている。その結果、水路幅を現況と同程度にしながら現況の水際線の確保に努め、地域や住民にとって親しみやすい自然空間をつくりだしている。

また、有備館を会場にした内川の歴史の勉強会や環境保全活動、内川夏まつり、内川水土里ウォークなどが開催されるなど、地域住民の郷土学習、情操教育にとっても非常に重要な場となっている。

もちろん、地域住民も内川のことをこよなく愛しており、内川周辺で活動を行っている「戸田浦の錦鯉を守る会」では、錦鯉の放流を行っているほか、環境保全活動の一環として丸山や小泉といった内川の下流域で、ホタルの里づくりなどの活動も手掛けている。

かつて内川流域にはホタルが生息し、地域住民はその水で米を研いで食べていたという。内川がふたたびそんな川になる日を望みたい。

DATA

名称	内川
施設の所在市町村	宮城県大崎市
供用開始年	1591年(天正19年)
総延長	9.4km
かんがい面積(排水施設は排水面積)	3312.9ha
農家数(就業人数)	3100名
地域の特産品(伝統品・新商品等)	しの竹細工、酒まんじゅう、岩出山凍り豆腐
流域名	北上川水系江合川
所有者	大崎土地改良区(操作受託者)
アクセス	最寄駅は陸羽東線岩出山駅、有備館駅 最寄ICは東北自動車道古川IC

歴史

伊達政宗の命で開削された山紫水明の地を流れる清流

内川を語るとき、伊達政宗を抜きに語ることはできない。1567年（永禄10年）に山形の米沢城内で誕生した伊達政宗は、1591年（天正19年）に岩手沢城に移り住み、町の名称を岩出山にあらため、城下の整理、町割りなどに着手し、内川の開削の命を下した。

その目的は敵の侵入を防ぐための城の外堀づくり、稲作をはじめとする農業振興のための用水の確保、人災や天災への備えのためといわれている。宮城県内の大規模な水利施設は主に江戸の藩政時代に開発されているが、内川もそのひとつで、内川という名前は、城下を取り巻く内側に川があったから名付けられたとされる。

内川は国の指定文化財、有備館があることでも知られている。1663年（寛文3年）に岩出山城の二の丸が焼け落ちたとき、2代目・伊達宗敏の仮御殿として建てられ、後に3代目・伊達敏親が1691年（元禄4年）に春学館と名付けて、家臣の子弟を教育する郷学として使用されたが、翌年には現在の岩出山上河原町に移築され、名も有備館とあらためられた。

改修前の旧取水門。開削から明治42年まで使用された

回遊式池泉庭園として知られ、池を取り囲む庭園が四季折々に、優美な佇まいを見せてくれるが、その池の水は内川から引き入れたものである。東日本大震災で屋敷が倒壊するまでは、現存するものとしては日本最古の学校建築といわれていた。

有備館の復興は、文化財としての価値を損なうことのないよう、倒壊した部材を極力再利用して行われた。景観との調和に配慮しつつも、目に触れない部分にコンクリートの基礎や鉄骨フレームを設置することで耐震補強も行い、2015年（平成27

年）に工事は完成。ふたたび一般に公開され、毎年8月の第一土曜には茶会やコンサート、夜間には幻想的なライトアップなどが楽しめる「有備館まつり」が行われている。

平成の大改修で憩いの場に

伊達政宗による開削から400年後の1991年（平成3年）からは、大崎西部地区国営かんがい排水事業と県営水環境整備事業の共同工事により、内川の大改修が行われた。

内川に深い愛着を持つ町民有志200余名が、1988年（昭和63年）に郷土の歴史、景観、地域づくりやまちづくりを考える「内川を考える会」を結成。独自の調査研究を行いながら、行政や工事関係者と話し合いを重ねたという。おかげで、地域住民からは内川の景観保持を強く望む声が多く出され、農業用排水路に標準的に使用されているL型コンクリートフリュームでの水路整備ではなく、天然石による石積護岸を採用することに。さらに沿線にある樹木を最大限に活用して、内川沿いに遊歩道や親水広場を設置するなど、地元住民の意向を十分に配慮した計画の見直しを行った。

秋の収穫もひと段落した1991年（平成3年）9月末から、内川を断水して開始した工事は計画通りに進み、翌年の3月下旬には完成。大堰頭首工の水門が開かれ、無事に通水された。

1996年（平成8年）頃には地域住民が「内川環境美化連絡会」を設立、2002年（平成14年）には「内川ふるさと保全隊」も組織されるなど、内川の清流を守る活動は今も盛んに行われている。

改修前の二ノ構橋付近

改修前の浦北橋付近

特産品

みちのくの小京都に伝わる しの竹細工や酒まんぢう

内川のせせらぎがまちの中央を流れる大崎市岩出山は、岩出山伊達家の城下町だ。京都の冷泉家からの御輿入れによって京文化が伝えられた歴史があり、特産品にも都の薫りが残る。

日用品ながら繊細な網目が美しい「しの竹細工」は、享保年間（1720年頃）に岩出山伊達家4代城主の村泰公が京都から職人を呼び寄せ、武士の手仕事として奨励したことにはじまる。明治になると農閑期の内職として受け継がれ、約300年にわたる伝統がある。現在では「竹工芸館」（☎0229・73・1850 大崎市岩出山字ニノ構115番地）を拠点に、独自の技が守り伝えられている。竹の皮だけを用い、なめらかな表皮を内側にして編み込むザルやカゴは柔軟で弾力があり、手にやさしく水切れが良い。

岩出山名物「酒まんぢう」も、村泰公ゆかりの一品だ。享保2年（1717年）に京都に上った際、義父の冷泉中納言に饗された茶菓子に感動し、菓子職人の太右衛門をともなって岩出山に帰ったという。以来、岩出山に開かれた「花山太右衛門商店」（☎0229・72・1004 大崎市岩出山字二の構147番地）では、昔ながらの製法で「酒まんぢう」を作りつづけている。小麦粉と濁酒のみで練った皮を炭火で発酵させ蒸し上げるまんじゅうは、むっちりとした皮にほのかな酒の香が漂う。

冬の風物詩「岩出山凍り豆腐」は、江戸末期に斎藤庄五郎という人物が奈良で製法を学んで持ち帰り、農家の冬の換金食品として広まった。豆腐を凍らせて熟成させた乾燥食品で高野豆腐同様に戻して煮物などにする。仙台雑煮にも欠かせない食材だ。

丁寧な手仕事で作られる「しの竹細工」

中は上品なこしあんの「酒まんぢう」

弾力に富んだ食感の「岩出山凍り豆腐」

水のある風景

整備された遊歩道を散策
有備館で古に思いを巡らす

1997年（平成9年）に大改修され、水路環境とともに遊歩道が整備された内川は、風情あふれる川沿いにカフェなどが点在し、住民や観光に訪れる人の憩いの場となっている。なかでも東日本大震災後に復興した有備館は、四季折々のイベントが楽しめるイチオシのスポット。日本刀を展示している中鉢美術館も見所のひとつなので、あわせて足を運びたい。雄大な流れの大堰頭首工は、普段は入ることができないが、水土里ネットが開催するウォーキングイベントなどで特別に見学ができることもあるとか。興味のある方はチェックしてみてほしい。

自然の緑の中を流れる内川

地元の住民の努力によって守られている清流

改修後の浦北橋付近

2005年に改修が完成した現在の水門

改修後の北楯頭首工

山形県

北楯（きた だて）大堰（おお ぜき）

芭蕉ゆかりの最上川の水で庄内平野を穀倉地帯に変えた水神として祀られる北館大学助利長の偉業を清流にたどる

松尾芭蕉が『奥の細道』で最上川に落ちる「白糸の滝」を訪れ〈五月雨を 集めて早し 最上川〉と詠んだのは1689年（元禄2年）の夏のこと。水量の豊かさを彷彿とさせるが、北楯大堰の歴史はその70余年以前に遡る。おそらくは芭蕉も、この地の新田開発の歴史を目にしていたことであろう。

白糸の滝の下流にあるのが、1965年（昭和40年）に取水を開始した草薙頭首工と最上川取水口だ。このふたつの施設から取水された水が、最上川の左右の岸に広がる水田地帯に張り巡らされた水路を通じて、約

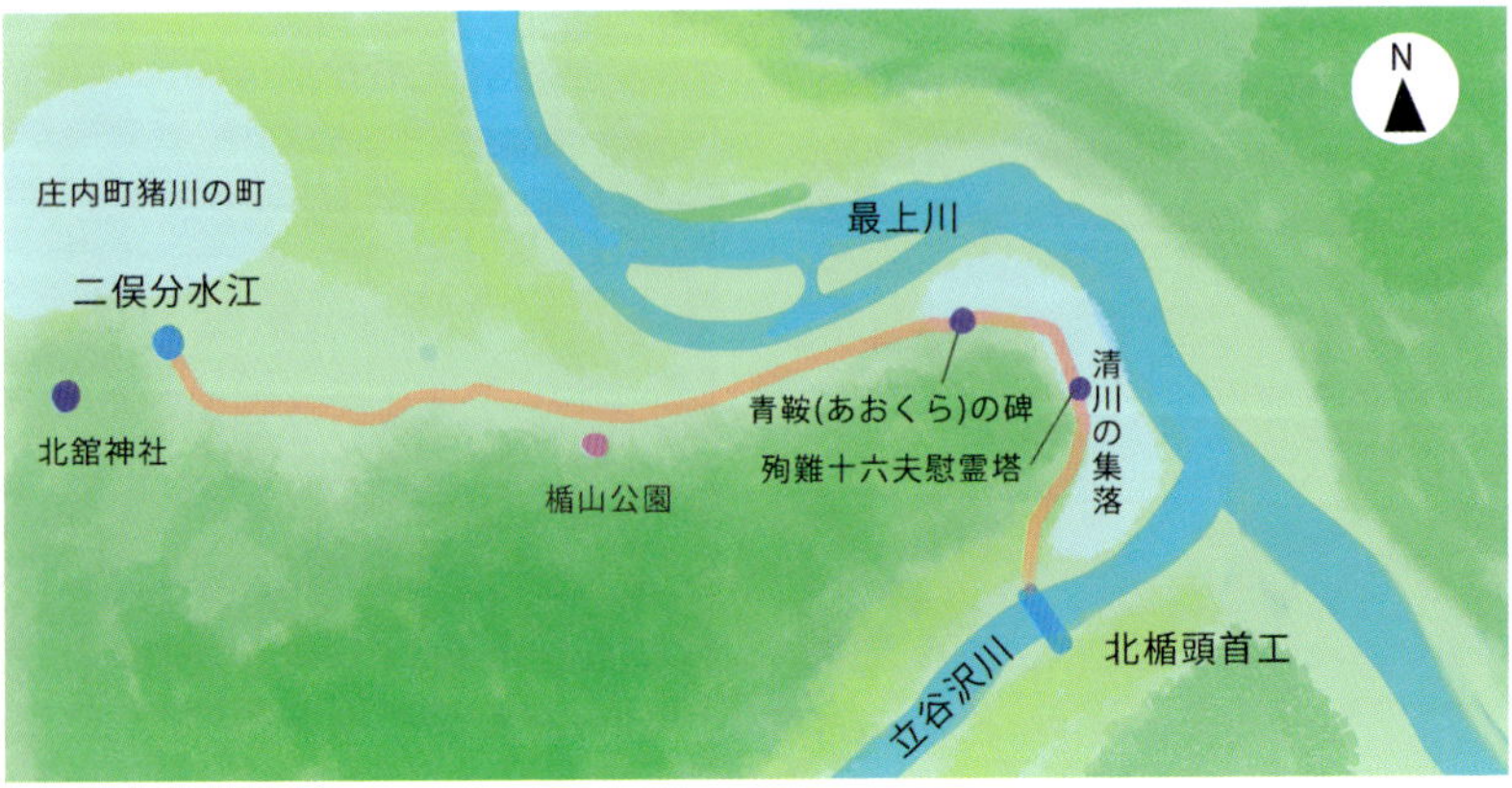

1万3000ヘクタールの水田に供給されている。

なかでも最上川左岸地域は「平成の名水百選」にも選ばれた、良質な水質を持つ立谷沢川(たちやざわがわ)から導水された水の恩恵もあり、こちらで生産される「つや姫」「生え抜き」といった庄内米は、全国でもトップクラスのおいしさを誇るブランド米である。

北舘神社に先人の偉業を偲ぶ

その美しい山容から出羽富士とも呼ばれ、山麓周辺に住む人々の守り神として、古くから信仰の対象となってきた鳥海山（標高2236メートル）。庄内平野はその麓に広がっているが、400年前頃の最上川左岸地域は、豊富な水量を持つ最上川と、その支流である京田川を左右に持ちながら、川床が低いため水利が悪く、平坦な地形でありながら不毛な土地となっていた。次頁の歴史の項でも紹介しているが、この未開拓の土地を、日本でも有数の穀倉地帯に生まれ変わらせた立役者が、北楯大堰を開削した狩川城主・北舘大学助利長(きただてだいがくのすけとしなが)であり、「北楯大堰」の名は功労者である北舘大学助利長の名前にちなんで名付けられたものだ。1778年（安永7年）には、その功績をたたえる領民により社殿が建てられ、水神として祀られた。

その後も農家の組織を中心として社殿の整備、改築、神社への昇格などが進められ、1921年（大正10年）に「北舘神社」に改称、1973年（昭和48年）には現在の地に新社殿が建てられた。毎年5月には例大祭が行われ、地元住民がその遺徳を偲んでいる。

DATA

名称	北楯大堰
施設の所在市町村	山形県東田川郡庄内町
供用開始年	1612年（慶長17年）
総延長	4.9km
かんがい面積（排水施設は排水面積）	2880ha
農家数（就業人数）	1405名
地域の特産品（伝統品・新商品等）	米（つや姫、生え抜き）、酒米（亀の尾）
流域名	最上川水系立谷沢川
所有者	最上川土地改良区（操作者）
アクセス	最寄駅は陸羽西線清川駅、狩川駅 最寄ICは日本海東北自動車道 酒田IC

歴史

月山の雪解け水が平野を潤し多くの村が次々と誕生した

400年前頃の庄内平野の最上川左岸地域は水利が悪く、平坦な地形でありながら不毛な土地であった。1601年（慶長6年）狩川城主に赴任した山形城主・最上義光の家臣・北館大学助利長は農民の困窮を救うため、10年の歳月をかけて調査を進め、川床が高く月山の雪解け水が一年中流れる立谷沢川に着目。立谷沢川から導水する水路を、最上川に沿って通す計画を立てた。

だが、立谷沢川から水を引くには、月山に連なる山地が迫る傾斜地に水路を設置するため、難しい工事が必要となる。最上義光の許可を得て、1612年（慶長17年）にはじまり、1日当たり7400人の人員を投じたこの工事は困難をきわめた。なかでも山裾を掘削する箇所では地滑りで16人が殉職し、最上川を埋め立てて水路を設置する箇所では、何度も作業員が激流に流されたという。しかし北館大学助利長は作業員をよく統率し、10キロメートルにおよぶ水路をたった4カ月で完成させたのである。

その後も延長工事が進められ、総延長30キロメートル超の開水路が完成。約5000ヘクタールの新田開発が進んだことにより46の新しい村がつぎつぎと誕生し、1669年（寛文9年）には、ほぼ現在の村落の景観となった。

明治3年の用水開削計画図

昭和24年の吉田堰改修の様子

吉田堰との一体管理で効率化

多くの村が北楯大堰の恩恵を受ける一方、最上川左岸地域のなかでも標高の高い吉田堰区域は水利に恵まれず、畑や原野となっていた。その村々のために最上川から取水する新堰の開発が、今の余目町（あまるめまち）あたりの大

改修前の北楯頭首工。すぐそこに山が迫っているのがわかる

明治時代後期の北楯頭首工

農家だった佐々木彦作により計画され、1879年（明治12年）に着工したものの、最上川の大洪水に遭い、完成にはいたらなかった。

紆余曲折を経て佐々木の遺志が実現したのは、1910年（明治43年）のこと。吉田堰と呼ばれる頭首工および水路が完成し、あらたに約1200ヘクタールの新田開発が行われた。

頭首工や水路の管理は、1875年（明治8年）頃までは、身分の高い役職である「郡奉行」が所管し、「大堰守」「杖突（つえつき）」などの役職が現場の水路の維持管理や配水管理を担当していた。その後、政府の方針の転換で1885年（明治18年）以降、管理に関する負担は農民に移されることとなり、農家、農民による管理組織に移管された。

さらに1955年（昭和30年）には、北楯大堰の不安定な取水量と冷水障害、吉田堰の取水口の川床の低下などの問題を解決するために、一体的な用水の再編・改修を行う必要性が高まり、両土地改良区が合併、「最上川土地改良区」が設立された。1972年（昭和47年）にかけて県営用水改良事業が行われ、最上川にある旧吉田堰取水口の上流約1・5キロメートルの左岸に取水口を設け、約3キロメートルのトンネルで地区内に導水。北楯取水口で取水した水を一部合流させた後、北楯大堰、吉田堰の水路にそれぞれ分水した。

1993年（平成5年）から2011年（平成23年）にかけては頭首工や水路の改修とあわせ、水管理システムも整備され、合理的な用水配分と管理の省力化がはかられている。北楯大堰の誕生より400年。かつて不毛の地であった受益地域の米の平均収穫量は、1000平方メートル当たり600キログラム以上という、全国でも有数の穀倉地帯となっている。

特産品

おいしい米の原点「亀ノ尾」は幻の酒造米として今も健在

北楯大堰を礎とする米どころ、庄内。食味ランキングで特Aの常連といえばコシヒカリ、あきたこまち、ひとめぼれだが、これらはすべて庄内町が生んだ品種「亀ノ尾」をルーツとしている。

庄内米「つや姫」も亀ノ尾の系譜を継ぐ

亀の尾仕込みの純米大吟醸「KOIKAWA」

熱々のごはんによく合う「しょうゆの実」

亀ノ尾の生みの親は、阿部亀治といって研究熱心な農民だった。亀治は山形県が冷害に見舞われた年、村中で多くの稲が倒れたなかで1株だけ元気に3本の穂を実らせている稲を見つける。それを田の持ち主から譲り受け、4年の試行錯誤を経て1897年（明治30年）に優良新品種として亀ノ尾を完成させたのだ。冷害に強く、少ない肥料でよく育つ亀ノ尾は大正時代の半ばまで全国で主流品種として栽培されていた。

その亀ノ尾にふたたび脚光を当てたのが、テレビドラマにもなった漫画『夏子の酒』（尾瀬あきら著）だ。作中で幻の酒造米と呼ばれる「龍錦」のモデルは、ほかでもない「亀の尾」である。「ノ」の字に「の」が当てられているのは、亀ノ尾の子孫品種であることを意味しており、現在、亀の尾は酒蔵の自家栽培などにより全国で収穫されているという。庄内町の鯉川酒造（☎0234・43・2005 東田川郡庄内町余目字興野42）が醸す純米大吟醸「KOIKAWA」は、庄内産の「亀の尾」100％の旨みが凝縮された味わい深い酒だ。

そんな日本酒のアテにも、ご飯のお供にもなるのが、庄内地方の名物「ハナブサ醤油」（☎0234・43・3012 東田川郡庄内町余目字町161）の「しょうゆの実」。大豆・米・小麦を混ぜ、麹を加えて熟成させた発酵食品だ。浅漬けの素や肉・魚の下味として、風味豊かな調味料にもなる。

水のある風景

鳥海山を堪能したら狩川城跡地の楯山公園へ

日本でも有数の美しさを誇る鳥海山は、地元の信仰の対象ともなっている霊峰で、まさに庄内平野のシンボル。気象の変化が激しいことから、四季の彩りも鮮やか。水馬鹿とも呼ばれた北館大学助利長を祀る北舘神社などで、水路を開削した先人の偉業をたどりながら、移り変わる山の眺めを楽しみたい。現在、北館大学助利長の居城だった狩川城跡は「楯山公園」として整備されている。庄内平野を一望できる小高い丘の上にあり、春は約200本のソメイヨシノが咲き誇り、その美しさは山形新聞社主催の観光地投票で山形県1位になったこともある。

庄内平野から鳥海山を望む

清河を流れる現在の北楯大堰

庄内平野の父・北館大学助利長を祀った北舘神社

田園地帯を流れる改修後の北楯大堰

歴史的価値の観点からも整備されている十六橋水門

福島県

安積疏水（あさかそすい）

大久保利通が夢見た、奥羽山脈にトンネルを掘り抜く国家的大事業
猪苗代湖の水を安積原野に通す「一本の水路」が郡山を育んだ

福島県郡山市は県の中央部に広がる、県内でも有数の水田農業地帯として知られるが、明治初期までは奥羽街道の一宿場町だった。年間降雨量が１２００ミリメートルにも満たないため、広大な土地は荒涼とした安積原野が広がる不毛の荒野であった。その郡山がわずか1世紀余で、福島県の経済県都と呼ばれる都市へ発展できた原動力が安積疏水である。

安積疏水の水源は郡山市の西20キロメートルに位置する、標高５１４メートルの天空の湖・猪苗代湖である。そこから郡山との間にそびえる奥羽山脈に水路を通し、殖産興業につなげようとす

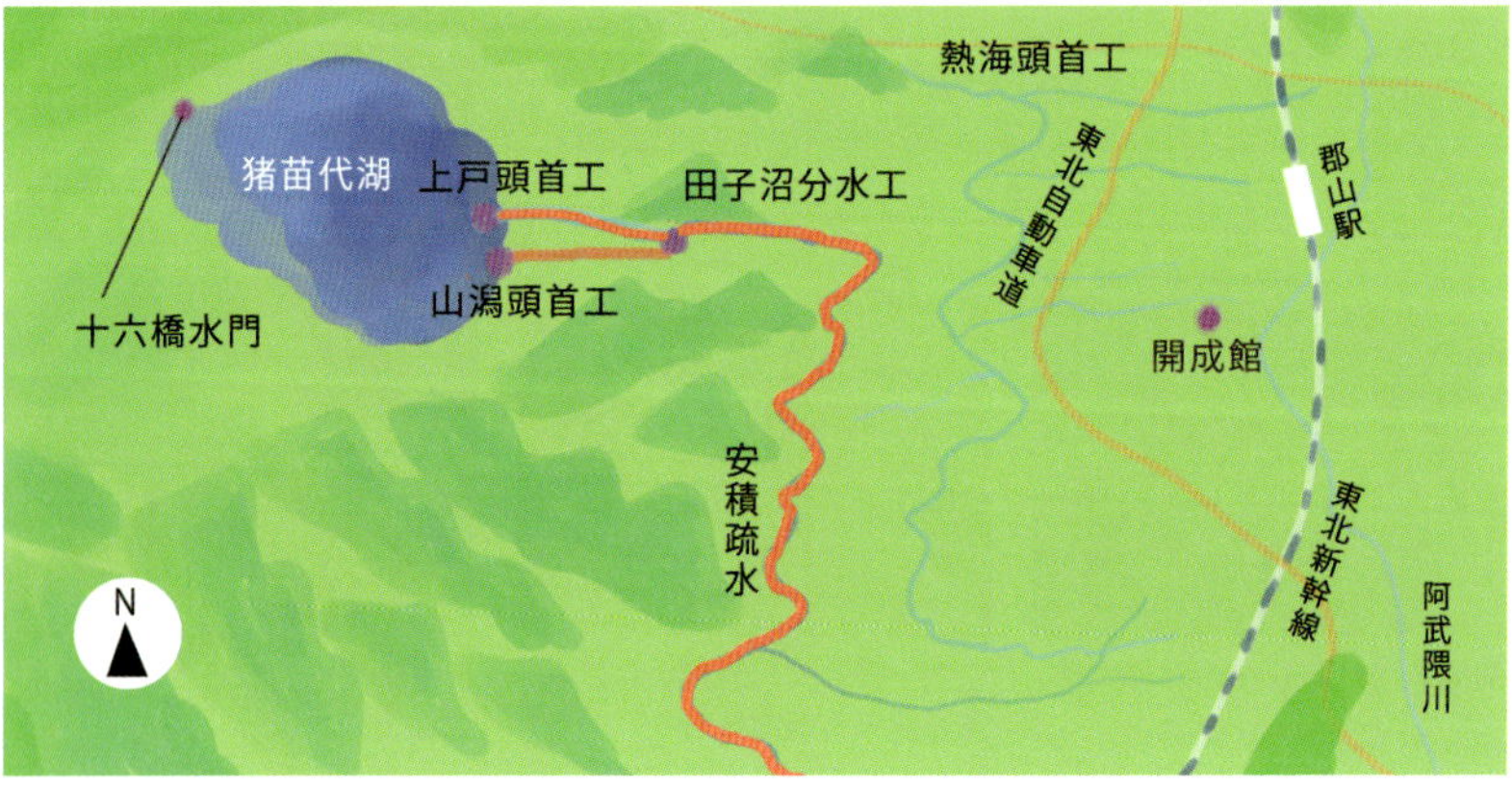

る壮大な夢を描いたのは、明治の元勲・大久保利通だった。大久保利通自身は事業開始目前、不平士族たちによる凶刃に倒れてしまうが、亡くなる直前まで開拓にかける熱い思いを語っていたという。この大事業によってつくられた「1本の水路」には、「新しい日本をつくる」という夢を描いた、明治の日本人の大いなる思いが込められているのだ。

水力発電にも利用される

安積疏水はかんがい期の4月26日～9月10日まで、猪苗代湖から最大15・179立方メートル／秒を取水している。猪苗代湖に設置される取水口は、山潟取水口から1962年（昭和37年）に上戸頭首工に変更されており、ここから郡山方面へ分水している。

沼上隧道の田子沼分水口で東の郡山方面と南の須賀川方面に分岐され、南へ向かった水は、途中の安積疏水管理用発電所で発電しながら、新安積幹線を通り、須賀川方面の農地へ配水される。東へ向かう水路は途中の沼上発電所、竹ノ内発電所、丸守発電所で電力を生み出したのちに、安積疏水幹線から郡山市、本宮市、須賀川市の農地に水を送り届ける。

安積疏水のシンボルともいえる、猪苗代湖の水位を調整する「十六橋（じゅうろっきょう）水門」は、すべての工事に先駆け着工された工事だった。1942年（昭和17年）に約1キロメートル南に小石ヶ浜水門がつくられて利水施設としての役目は終えたが、現在も台風や大雨などのときに猪苗代湖の水位を調整する洪水防止施設としての役割を担っている。

DATA

名称	安積疏水
施設の所在市町村	福島県郡山市、須賀川市、本宮市、猪苗代町
供用開始年	1882年（明治15年）
総延長	470km
かんがい面積（排水施設は排水面積）	8535ha
農家数	8518名
地域の特産品（伝統品・新商品等）	米（「あさか舞」）、創作鯉料理
流域名	一級河川阿賀野川水系猪苗代湖
所有者	安積疏水土地改良区
アクセス	最寄駅は磐越西線上戸駅、猪苗代駅 最寄ICは磐越自動車道猪苗代磐梯IC

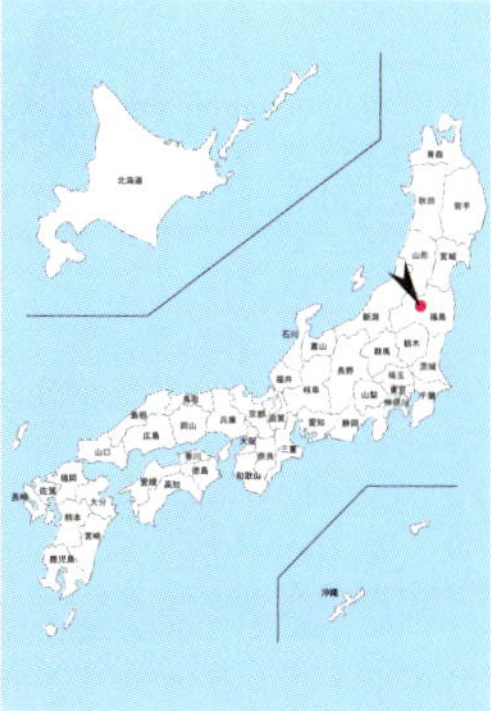

歴史

明治政府が国運を賭けた 安積疏水開発の壮大なドラマ

猪苗代湖は琵琶湖、霞ヶ浦、サロマ湖につぐ日本で4番目の面積を誇る湖である。その豊富な水を郡山地域に引くことは江戸時代から画策されていたが、水利の問題や莫大な工事費がネックとなり、実現にはいたっていなかった。

明治の初めの郡山は奥州街道の一宿場町であった。だが、河川の流域が狭小で急勾配のため利用しにくく、大きな河川である阿武隈川も開墾地より高低差が20～30メートルあったため、用水として利用できず、毎年のように干害を受けていた。当時3600ヘクタールの水田がありながら、その収穫は半分にも満たず、広大な土地の多くは原野として放置されていた。

1873年（明治6年）、福島県は二本松藩の士族を入植させ、開墾事業を開始。県の説得に応じた豪商たちにより、開墾のための出資会社「開成社」が設立され、2年ほどで216ヘクタールの田畑と人口700人の桑野村が誕生した。

1876年（明治9年）、郡山を訪れた内務卿・大久保利通は、この開墾の成功と郡山の地理性に着目し、当時の日本の重要課題であった士族授産、殖産興業の解決策として安積原野の開墾を決定した。

1878年（明治11年）11月、オランダ人技師ファン・ドールンを現地に派遣し、猪苗代湖から安積原野一帯の調査を行い、猪苗代湖から引

明治15年頃の十六橋水門

昔の山潟取水口

昔の幹線水路

水する計画を検証、復命書を提出させた。この壮大な事業のために、九州久留米藩など全国9藩から2000名近くが移住したという。

1879年（明治12年）に国直轄の農業水利事業第1号として着工され、十六橋水門、山潟取水口、591メートルの沼上隧道、52キロメートルの水路、78キロメートルの分水路からなる安積疏水が建設された。工事は3年間行われ、総事業費は当時の金額で国家予算の約3分の1に匹敵する40万7100円に達し、総人員85万人が従事した。

1本の水路で農工商業が発展

安積開拓の大事業は、当時の日本の政治上の問題や経済上の問題と密接な結びつきがある。明治維新後、武士はすべての特権を失い、その不平不満が相つぐ士族の反乱となって政府を苦しめていた。国営開墾による士族授産策は不平不満を持つ士族に土地を与え、その生活安定をはかる治安対策の一面もあったのだ。そして、そのために必要な数千ヘクタールの開墾地のかんがいには猪苗代湖からの導水が不可欠だった。だからこそ、政府は財政が厳しい状況でありながら、この事業を決断したのだろう。

安積疏水の完成は、郡山地域の水稲生産において著しい効果をあらわしただけではなく、1898年（明治31年）には水路の落差を利用した水力発電に利用されるようになり、現在も沼上、竹ノ内、丸守の3発電所で使われている。なかでも沼上発電所は、当時としてはきわめて珍しかった長距離高圧送電を日本で初めて成功させ、その結果、安価な電力を求め紡績会社などがつぎつぎと誕生。工業化が進んだことにより商業も盛んになり、郡山地域は急激に発展を遂げた。

農業の振興のみならず、中核都市・郡山の形成に一役買った安積疏水、かんがい用水の価値をあらためて感じさせてくれる世界かんがい施設遺産である。

特産品

開拓精神が育むブランド食材と地元の恵み満載のご当地カレー

安積疏水によって郡山は豊かな農畜産物の宝庫となった。なかでも米の収穫量は福島県内第1位。ブランド米「あさか舞」はコシヒカリとひとめぼれの2種類があり、どちらも食味検定試験で何度も「特A」にランクされているおいしい米だ。

２００３年（平成15年）からは郡山農業青年会議所のプロジェクトとして「郡山ブランド野菜」の選定もはじまった。伝統野菜にこだわらず、郡山の風土と相性のよい品種を選び抜き、栽培方法を研究して、新しいブランドとなり得る野菜を一年に一品決めている。メンバーの農家は頻繁に勉強会を開き、みずから厳しい安全基準を課し、おいしさで選ばれる野菜作りに取り組んでいる。茶豆にも負けない甘さで見た目も艶やかな緑色の枝豆「グリーンスイート」や、しっとりとなめらかな舌触りで焼き芋にしただけでスイーツのようなサツマイモ「めんげ芋」など、これまで10種を超えるブランド野菜が生まれている。

ブランド肉には黒毛和種雌牛の「うねめ牛」と、じっくり育てた三元豚「里の放牧豚」がある。うねめ牛は、安積の里に由来する采女（うねめ）伝説にちなみ、采女が羽衣をはおるようなイメージの繊細で優雅な肉質と食感が自慢。里の放牧豚は年間を通じて野外で飼育され、肉質は細やかで程よい弾力があり、味にコクがあって脂がさっぱりしているのが特徴だ。

こうした農畜産物の恵みをもっと発信しようと生まれた新名物が、ご当地グルメ「こおりやまグリーンカレー」。ルーは緑にかぎらず、賛同する飲食店がそれぞれ地元の食材で特徴的なカレーを提供している。

郡山ブランド野菜「御前人参」は生食が美味

美しい霜降り、繊細な口当たりの「うねめ牛」

地元の食材で作られる「こおりやまグリーンカレー」

写真提供：郡山市

水のある風景

猪苗代湖と郡山市内の両方に歴史の記録を訪ねて

安積疏水のスケールを感じるためには、水源である猪苗代湖は外せない。鏡のような美しい湖面に満々と湛えられた水の豊富さ、美しさは圧巻だ。また、16門の石造りでできた十六橋水門も見逃せない。

郡山市内でもそこかしこで安積開拓について当時を偲ぶことができる。事業の中心となった開成社が開拓用につくった池がある開成山公園は、桜の名所としても名高い。また、市内を流れる水路をたどりながら、歴史に思いを馳せたい向きは「安積開拓発祥の地開成館」へ。入植者の住宅などが残され、当時の様子がうかがえる。

夏の緑など、四季折々に美しい十六橋水門

空撮で様子がよくわかる、現在の上戸頭首工

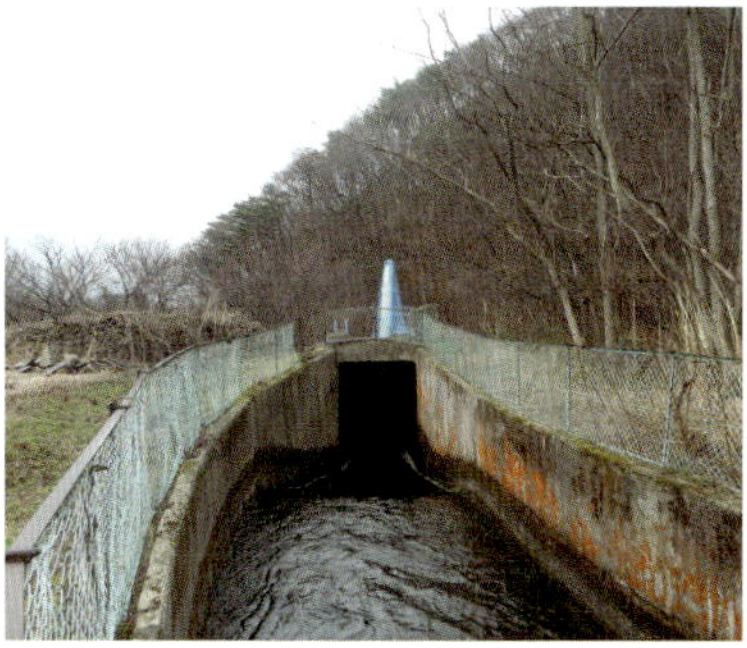

隧道を流れる現在の幹線水路

上戸頭首工を間近に。その向こうには猪苗代湖が広がる

「金堀り」という専門家が開削した「掘割」

茨城県

十石堀（じゅっこくぼり）

山の素材を活用し「金掘り」が開削した自然の渓谷のような用水
300年以上の間、大きな改修をせずに機能しつづけている

大北川の支流・加露沢と瀧ノ沢から取水し、北茨城市西部の山間および尾根沿いを蛇行しながら流れる十石堀は、農民みずからの発意と計画により、1669年（寛文9年）に開発された用水施設である。その概要は、用水路延長13キロメートル、取水水門2カ所、分水工2カ所、最大取水量0・36立方メートル/秒、受益面積は78ヘクタール。最大の特徴は一部鉄筋コンクリート3面張りに改修されている区間もあるが、水源から約2キロメートルの導水路である「掘割」は、自然の地形を巧みに生かして開削され、建設後350年が経過した現在でも建設当時の姿のまま利用されていることである。

岩や石の難所の工事には「金掘り」と呼ばれる鉱山採掘や築城に従事し

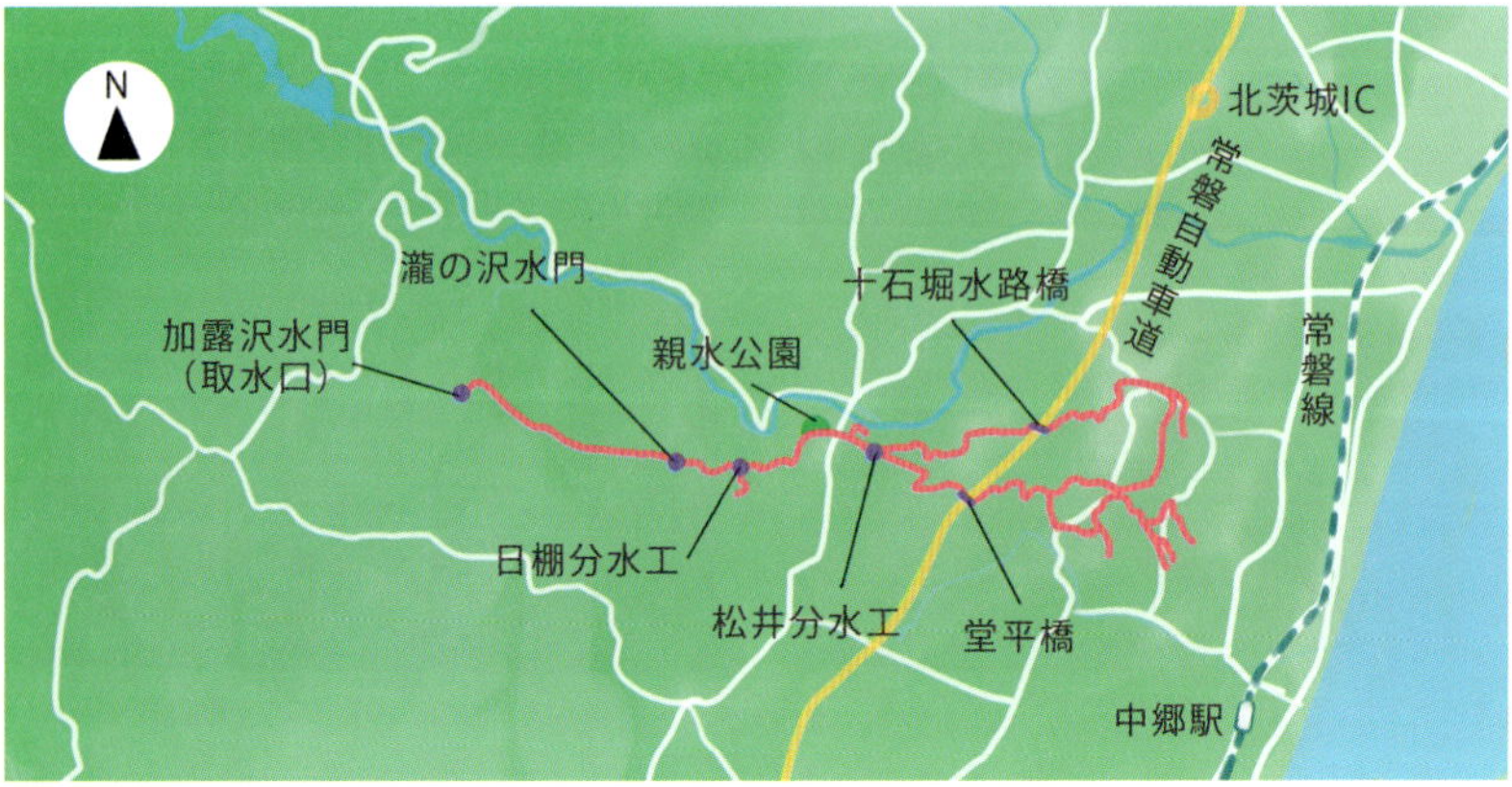

た、当時の先進的な土木技術者を雇い入れたが、彼らが開削した「掘割」は、あたかも自然の渓谷のようだ。

　用水は加露沢に設けられた加露沢水門で取水され、掘割を通り、自然の地形を利用した水路である瀧の沢を流下する。その落下した水を瀧の沢水門で取水し、東西方向の山の斜面にある勾配1パーセント、約2・3キロメートルの用水路を通して台地へ導く。そして、その区間の用水路は自然の沢地形を利用したり、そのつど、急峻な山の地形を切り拓き、水の勢いを制御する落差工を設けたりして機能しているという。

マラウイ共和国から視察団

　十石堀は建設後に大規模な改修を行っておらず、その歴史的価値から2019年（平成31年）1月に北茨城市指定史跡に指定されている。

　また、2007年（平成19年）にはJICA（国際協力機構）の小規模灌漑開発技術協力プロジェクトの一環として、マラウイ共和国の政府職員が同地を視察。マラウイ共和国では農民による自助努力で維持管理できるかんがい施設の普及を目指しており、大いに刺激になったという。

　十石堀は地元の松木地区、日棚地区、粟野地区の農家が350年間にわたってメンテナンスをすることで維持してきた。なお、功労者の沼田主計は十石堀が完成した後、集落の小高い丘に祠が建てられ祀られるこに。その祠は今も「関平の山の神」と呼ばれ、地域住民に守られている。また、常磐線磯原駅東口脇の「ふれあい公園」内には沼田主計の偉功をたたえる顕彰碑がある。

DATA

名称	十石堀
施設の所在市町村	茨城県北茨城市
供用開始年	1669年（寛文９年）
総延長	13km
かんがい面積（排水施設は排水面積）	78ha
地域の特産品（伝統品・新商品等）	米（ひたち舞い）
流域名	大北川水系支流
所有者	十石堀維持管理協議会
アクセス	最寄駅はJR常磐線南中郷駅 最寄ICは常磐自動車道北茨城IC

歴史

沼田主計が農民と協力して わずか半年余で完成

十石堀が位置する北茨城市は、市域の85パーセントを占める山地と台地が海岸近くまで迫っており、17世紀の十石堀開削以前は、台地状の農地の水源は雨水のみだった。近辺に大北川はあったものの川床が低く、台地に水を汲み上げることはできず、毎年のように水不足に悩まされ、農民たちは困窮していたという。

当時、松井村（現中郷町）の村長であった沼田主計は農民らと協力し、水不足の解消と新田の開発を目的として、直線距離で6キロメートルはなれた標高300メートルの奥深い山中にある大北川の支流・瀧の沢と加露沢を探し出し、そこを水源として自然の地形を巧みに利用しながら、急峻な山の斜面に延長13キロメートルにもおよぶ用水路の建設を計画、当時としては革新的な用水路の建設を村民とともに計画し、郡奉行所に申請した。

藩は困難が予想される工事を危ぶみ、工事を許可しなかったが、集落の小高い丘に礫の刑場を設け、死を覚悟して用水路の計画・建設に挑むという、沼田主計の命を賭した決意に動かされ、1668年（寛文8年）に建設を認めたという。

急峻な山の斜面に用水路を建設するためには、高度な測量技術が必要になるが、農民らは猟銃を目標点に設置した射的に水平に発射し、その着弾点との距離から、基準地と目標点の高低差を計算するという手法を用いた。また、石が出た区間の用水路の建設については、火を焚いて熱した岩を水で急激に冷やし、亀裂を生じさせて破砕したと伝えられている。

建設当時の記録と絵図

加露沢の取水口

なお、水源となるふ

磯原駅東口の公園に建つ沼田主計の顕彰碑

JICAプロジェクトによるマラウイ共国の現地視察の様子

たつの沢は、良質な地下水を豊富に保水する風化花崗岩であり、導水路である「掘割」とつなぐことで、さらに安定した水量を確保することができた。

十石堰の総延長の約15パーセントは、自然の地形や地質を生かした路線設計となっており、自然環境への負荷が少ないうえ、建設資材に関しても農民たちが山から調達したため、建設費用は領主が見積もった額の約10分の1でまかなうことができたという。また、こういった自然を生かした技術により、わずか半年後の1669年（寛文9年）の3月に完成にいたったという。

窯業など地域経済に貢献

十石堀の建設後、松井地区ではあらたに16ヘクタールの新田が開発され、生産高は1・5倍に増加した。日棚地区、粟野地区にも用水が供給されたのに加え、地形の類似する周辺の地域では、五ヶ江用水や高田用水など15カ所ものかんがい施設が建設され、北茨城市の水田1050ヘクタールを中心とする地域農業の礎が築かれた。領主は十石堀の建設と新田の開発に功績があった沼田主計をたたえ、開発した新田のうち沼田主計にかかる租税を免除した。その石高が約十石であったことから、用水路は十石堀と呼ばれるようになったという。

その後、花崗岩で形成された山裾にある日棚地区では、十石堀の水を用いて、花崗岩が風化して生じる粘土岩を水車で砕いて精製し、陶器の製造に適した蛙目（がえろめ）粘土を生産。そして、これを用いた「松岡焼」が広く営まれるようになって江戸でも評判となり、地域経済も大いに潤ったという。十石堀は地域の農業を活性化するとともに、地域にあらたな産業をもたらしたのだ。

特産品

復活した伝統の陶器と高級&希少なグルメ

十石堀が完成したおかげで、日棚地区に「松岡焼」という陶芸が生まれた。この日棚地区は、日立市からいわき市にかけての常磐炭層下にあり、全国でも珍しい特性を持つ蛙目粘土を産出している。

一般的な陶芸用粘土に比べ、キメが細かく表面が美しく仕上がり、成型時に磨きをかけるとグッと光沢が得られ、江戸時代にはこれを用いた松岡焼が藩の経済を潤したという。

同じく蛙目粘土を用いた「天心焼」は、1995年（平成7年）に商品化され、北茨城市オリジナルの陶器ブランドとなった。その名は北茨城市の五浦海岸を愛し、岸壁に立つ「六角堂」を思索の部屋とした岡倉天心にちなんだそうだ。多くの作家により湯飲みや花瓶、照明器具などが製作され、その独特な風合いが高い評価を得ている。

また、2004年（平成16年）には「どぶろく特区」に指定され、関東では初の、農家がみずから育てた米で醸造した自家製どぶろくを郷土料理とともに味わえる3軒の農家民宿が生まれた。

牛肉も名物で、北茨城市内の山間部の花園地区で生産されたもっとも格付の高い最高級和牛を「花園牛」ブランドとして期間限定で販売している。全国の和牛品評会で最高賞を受賞するほど肉質はきめ細やかで、脂身もサラリとして品があると評判だ。都内はおろか、地元でも取り扱いはわずかという貴重な逸品となっている。

独特の風合いが特徴の「天心焼」

関東ではなかなか味わえない、自家製どぶろく

「花園牛」とろけるような霜降り肉は絶品

水のある風景

憩いの場である親水公園から歴史を学びに取水口をたどる

1991年（平成3年）から延長1キロメートル、1995年（平成7年）から延長1・2キロメートルの護岸工事が行われた後の1996年（平成8年）には、十石堀の持つ機能の周知をはかることを目的として、景観に配慮した石積の水路や親水公園などが整備され、地域住民やハイキングに訪れる人の憩いの場となっている。十石堀の歴史や地質遺産の案内などの活動も行われているほか、地域の小学校に歴史の教材として取り上げられ、校外学習も行なわれるなど、建設から350年を経た今も、十石堀は地域における教育や観光の資源として重要な役割をはたしている。

日棚分水上空より受益台地を望む

十石堀を巡る地域活動の様子

現在は高速道路を横断して水を送る水路橋

石岡にある「十石堀親水公園」からは取水口へたどることができる

1976年に完成した西岩崎頭首工

栃木県

那須疏水（なすそすい）

那須野ヶ原の不毛な扇状地を、農業と酪農の王国に一変
明治時代の日本人の最先端の土木技術が詰まった名疏水

那須疏水は福島県の安積疏水、滋賀県・京都府にまたがる琵琶湖疏水とともに「日本三大疏水」のひとつに数えられる。栃木県の那須野ヶ原は砂礫とローム層という地質のため、水が地下に潜ってしまい、明治初期までは「手にすくう水もなし」といわれた広大な荒野であったが、那須疏水の完成により、受益地の那須塩原市、大田原市は栃木県内でも随一の農業地域に生まれ変わった。

那須疏水築造当時の様子を間近に見ることができる施設が那須疏水公園だ。現役の施設から、今は使われなくなった旧取水施設なども公園内

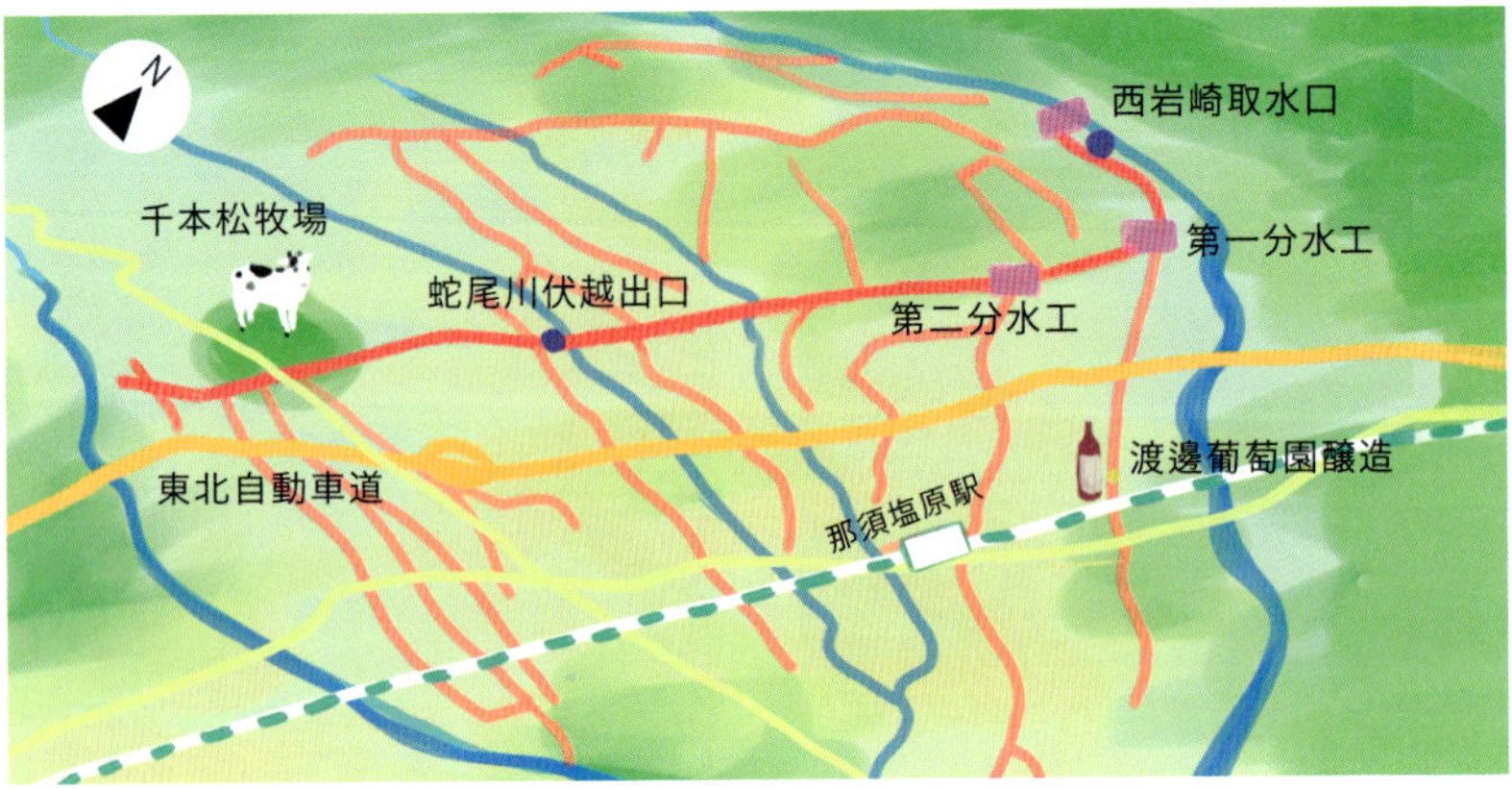

に整備され、社会学習や各種イベントの拠点として利用されている。川岸での水遊びも楽しく、今はヒッソリと小山の麓に残る取水口に、当時の工事の困難さが偲ばれる。訪れる人は多くないが、2006年（平成18年）には国の重要文化財に指定されている。

当時の最先端の技術を結集

那須疏水の大きな特徴のひとつに、驚異的で卓越した技術が駆使されていることがあげられる。2カ所の掘削された隧道は総延長1・1キロメートルであるが、西岩崎・亀山間の全長922メートルの亀山隧道には、換気と工事の進捗をはかるために2カ所の横坑を設けて、3区間に分けて施工している。西岩崎の取水口につづく岩崎隧道は出口のほうから掘削しているが、火山性の軟弱な岩質のため崩れやすく、全区間を切石によって幅160センチメートル、高さ165センチメートルの五角形の断面に築造し、両側の石積みにはセメントを塗り補強している。

扇状地の中央を流れる熊川と蛇尾川の横断部は、伏越（ふせこし）というサイフォンでそれぞれ46メートル、267メートルの距離をつないでいる。両河川は伏流河川であり、伏越はその下を通すため、入口では5メートル、出口では7メートルと深い構造となっており、施工の際には川床を掘削し、伏越本体をつくってから埋め戻す手法が用いられた。伏越には切石が用いられ、接着剤として松脂が使用されるなど、石積みによる工法には高度な技術が要求された。

那須野ヶ原を豊かな農地と美しい観光地に変えた那須疏水は、当時の最先端の技術の結晶だったのだ。

DATA

名称	那須疏水
施設の所在市町村	栃木県那須塩原市
供用開始年	1885年（明治18年）
総延長	16km
かんがい面積（排水施設は排水面積）	2600ha
農家数（就業人数）	約2300人
地域の特産品（伝統品・新商品等）	米、野菜（ウド・トマト・イチゴ・キャベツ・ネギ・ブロッコリー・ナス・アスパラ）、那須牛、日本酒、天然ハチミツ、高冷地野菜（大根・ほうれん草・カブ）、牛乳、乳製品、ワイン、ブルーベリー
流域名	一級河川那珂川水系那珂川
所有者	那須疏水土地改良区
アクセス	最寄駅は東北新幹線那須塩原駅 最寄ICは東北自動車道黒磯板室IC

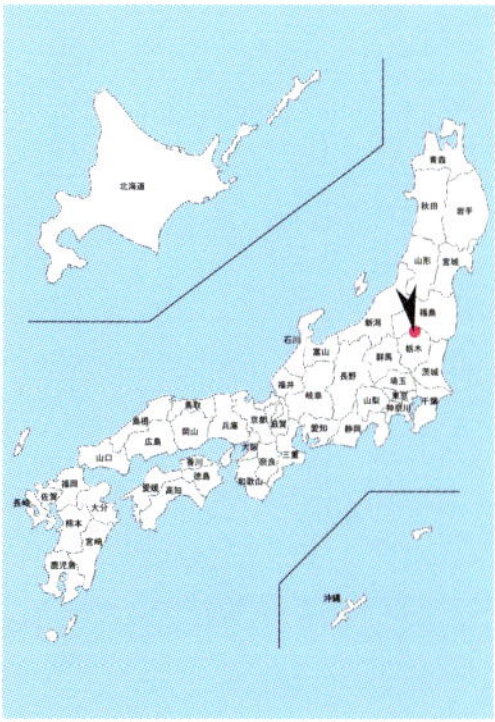

歴史

生活用水にも困っていた地域を農業王国に変えるまでの軌跡

栃木県の県北に広がる那須野ヶ原は、北側の那珂川と南側の箒川に挟まれ、中央部に水が表にあらわれない伏流河川の熊川と蛇尾川が流れる、面積4万ヘクタールの広大な扇状地である。

水を汲む農婦。水運びは重労働だった

かつての那須疏水幹線水路

地質は堆積した砂礫と火山灰のローム層からなっており、明治初期までは表流水はなく、地下水も深いため、かんがい用水はもちろん飲用水も不足しており、数キロもはなれた河川から桶を担いで生活用水を運ぶ生活がつづいていた。

そうしたなか、1885年（明治18年）に明治政府の殖産興業政策下において、県令や那須開墾社など地元有力者の働きかけにより、政府の直轄事業として那須疏水の開削がはじまった。

水路開削に実績のある政府の土木官僚が指揮し、選りすぐりの土木技術者150人が任にあたるなど、政府の威信をかけて設計・測量・工事が行われた。そして開始から5カ月後には通水式を迎えるという、驚異的なスピードで総延長16キロメートルの幹線水路の工事が完成。翌年の1886年（明治19年）には総延長59キロメートルの4つの分水路も開通した。

その後、水田開発は徐々に進んでいった。地下に水が染み込んでしまう地質の問題から、思うように水田面積は増えなかったものの、生活用水が確保されたことで、各戸に洗い場が設けられ、製材や製粉などに利用される水車がつぎつぎとつくられるなど、生活は飛躍的に向上した。

だが、水田開発が進み生活が豊かになる一方で、水をめぐっての争いも頻発するようになってしまった。
そこで、那須疏水では一定の割合で正しく分ける工夫として、独自の水利秩序である「背割分水方式」を考案。その結果、水争いは画期的に減り、水田面積も開削当初はわずか40ヘクタールであったが、1913年（大正2年）には255ヘクタール、昭和に入る頃には500ヘクタール近くにまで増えた。

1928年（昭和3年）に改修された西岩崎取水口

水を公平に分配するために考案された背割分水

畑地や酪農にも大きな恩恵

1905年（明治38年）には河床の変化により、取水口を約200メートル上流に移動する工事を実施したが、1915年（大正4年）に暴風雨による大洪水で崩壊したため、ふたたび旧取水口へと移動する工事が行われた。さらに1940年（昭和15年）には暴風雨で崩壊した取水口の改修、1953年（昭和28年）には那須疏水土地改良区による取水口の改修などが実施された。

1967年（昭和42年）には、那須疏水土地改良区をはじめとする複数の水利組合の強い要望のもと、国営那須野原開拓建設事業が着工され、那須野ヶ原総合開発が実現した。その結果、那須疏水幹線水路や分水路の改修が進み、1976年（昭和51年）には那須疏水の取水口として西岩崎頭首工が建設された。

国営事業により改修された水路網は、水稲のほか、梨やイチゴといった特産品などの畑地かんがいとしても利用され、牛乳生産本州一の那須塩原市の酪農にも寄与。広大な原野を田畑に一変させ、生活用水を供給するなど、那須疏水は地域を動かす原動力となった。今も那須塩原市、大田原市は栃木県を代表する農業生産地域として発展をつづけている。

特産品

生乳本来の風味が生きた乳製品 自社畑のブドウから造るワイン

那須野が原では明治の開墾時代のロマンを伝える製品が今もこだわりを持ってつくりつづけられている。

那須疏水沿いに広がる緑豊かな「那須千本松牧場」（☎0287-36-1025 那須塩原市千本松799）は1893年（明治26年）、松方正義が欧米式農場を開いたことにはじまる。自家製堆肥で育てた牧草と、遺伝子組み換えをしていない配合飼料で健康に育った牛の良質な生乳は、低温長時間殺菌（65℃で30分加熱）により「千本松牧場牛乳」となる。高温殺菌牛乳に比べて手間はかかるが、栄養素が損なわれにくく、生乳に近い淡い香りと甘み、コクのある味わいを楽しめる。アイスクリームも生乳の豊かな風味を生かし、しつこくない甘さと後味に仕上げている。また、牛乳を丁ねいな手作業で4時間煮込んでつくるミルクジャムは魅惑の甘み。すっきりとしたアイスクリームにトッピングすると絶妙なマリアージュが生まれる。

1884年（明治17年）創業の「渡邊葡萄園醸造」（☎0287-62-0548 那須塩原市共墾社1-9-8）は、130余年の歴史を持つワイナリーだ。創業当初より手掛けてきた日本の固有品種のマスカット・ベリーAや、高樹齢のナイアガラの完熟したブドウなどを厳選して、クラシックラベルシリーズを造っている。一方、フランス・ボルドーで研鑽を積んだ4代目当主が2002年（平成14年）から植えはじめたフランス産ボルドー醸造用品種のメルロやカベルネ・ソーヴィニヨンを使って生み出すモダンラベルシリーズもある。ここはひとつ、趣の異なるシリーズを飲み比べてみてはいかがだろうか。

さらっとしてコクがある「千本松牧場牛乳」

濃厚なミルクジャム「ドルセ・デ・レチェ」

渡邊葡萄園醸造のモダンラベルシリーズ

水のある風景

雄大な疏水の施設を間近に見ることができる公園

那須塩原は豊かな農業地帯であると同時に、栃木県内でも有数の観光地である。

農業や酪農の発展を支えた那須疏水の旧施設を間近で見ることができる「那須疏水公園」は一見の価値アリ。1975年（昭和50年）に下流に移設した西岩崎頭首工や、明治から昭和にかけて完成したふたつの取水口などに日本かんがい史の一端を垣間見ることができる。

そして那須疏水の恩恵を受けた那須塩原は酪農王国でもある。特産の新鮮な牛乳を使ったソフトクリームなどの乳製品、パンなどのグルメは絶品、こちらも見逃せない。

現在のサイホン出口

幹線水路の第一分水の現在の姿

桜の季節の幹線水路

扇状地の地形がよくわかる那須野ヶ原の全景

群馬県

雄川堰（おがわぜき）

**江戸時代の武家屋敷が残る町並みを古から流れる清流は
農業に加えて、群馬の伝統的な製糸産業まで育んできた**

昔と変わらない清流が流れる雄川堰

東京都心から100キロメートルほどのところにある群馬県甘楽町。富岡市との境界には鏑川が流れ、町内を南から北に雄川、白倉川、天引川など数本の中小河川が鏑川に注いでいる。

街中からは妙義山、榛名山、赤城山の上州三山をはじめ、上信越国境の山々や浅間山が一望でき、通りには城下町の趣を残すいくつもの武家屋敷やそこに付随する国指定名勝、楽山園などが美しく残されている。まさに自然と歴史と文化を兼ね備えた風光明媚な町である。そして、その街中を網目状に流れているのが雄川堰だ。

雄川堰の水源は稲含山から流れる雄川で、小幡の南3キロメートルほどの

翁橋下手に、高さ7メートルの堰堤を設けて取水している。大堰とも呼ばれる雄川堰用水路の全長は約20キロメートルで、武家屋敷地区の東側を北に流れながら、途中で二手に分流し、横町を迂回してふたたび大手門前で合流、町屋地区を貫流して下流の福島・新屋地区では水田地帯を潤している。

武家屋敷内の網目状に張り巡らされた小堰と呼ばれる水路には、大堰の3カ所の取水口から安定した水の供給がはかられ、陣屋内の生活用水などに使用されてきた。

卓越した土木技術に驚嘆

大堰、小堰の構造は独特だ。わずか50センチメートルほどの堰をつくるのに幅2・5メートル〜3メートル、深さ1・5メートル〜2メートルの溝を掘り、その内側に約1メートルの幅で「カネ」と呼ばれる粘土と石灰を混ぜたもので突き固め、その表面に石積みをすることで、堰が水に洗われないように工夫されている。おかげで、石積みであっても水漏れがなく、400年以上経った今も安定した水量を下流へ供給することができている。土木機械がなかった時代に、これほどの土木技術があったことに驚きを隠せない。

雄川の取水口から650メートル下流にある「吹上の石樋」は1866年（慶応2年）に、小幡藩最後の藩主・松平忠恕の命により木樋から架けかえられたもので、2個の石で組まれた底石は段差がわからないほど精巧に仕上げられている。この石材加工技術にも驚嘆させられる。

雄川堰は歴史的にも文化的にも、重要な文化財として、今も甘楽町に潤いを与えているのだ。

DATA

名称	雄川堰
施設の所在市町村	群馬県甘楽郡甘楽町
供用開始年	不明（およそ400年前と推定）
総延長	約20km
かんがい面積（排水施設は排水面積）	104ha
農家数（就業人数）	470名
地域の特産品（伝統品・新商品等）	下仁田ネギ、雄川ネギ、上州和牛、こんにゃく
流域名	一級河川　雄川流域
所有者	群馬県甘楽町
アクセス	最寄駅はJR高崎線高崎駅から上信線上州福島駅 最寄ICは上信越自動車道富岡IC

歴史

古より受け継がれた堰を織田宗家と松平氏が受け継ぐ

「大堰」と呼ばれる石積みでできた雄川堰の構築年代は、いまだに不明となっているが、およそ400年前と推測されている。

また、雄川堰用水取水入口改修記念碑（昭和18年建設）には〈雄川堰ハ上古人創立スル所ト伝ウ〉と刻まれており、藩政時代以前から「古雄川堰」が存在したと考えられている。雄川堰は古くから住民の生活用水や非常用水、水田のかんがい用水などに利用されてきたのだ。

大堰に設けられた3カ所の取水口から分水し、武家屋敷地区内に張り巡らされている「小堰」と呼ばれる水路は、織田信長の次男・織田信雄が大坂夏の陣での功績により、1615年（元和元年）に大和国宇陀郡3万石と上州小幡2万石を家督相続した後、織田宗家として小幡に陣を築いた際に整備したものである。

信雄は大和3万石をみずから領し、子の信良に上州小幡2万石を与えたと伝わる。その後、1642年（寛政19年）まで領内の福島に藩邸が置かれた。

1626年（寛永3年）に信良が43歳で没すると、2歳の嫡男・信昌が家督を相続、信雄の命により信雄の四男・高長が後見役となった。そして、1629年（寛政6年）に小幡への藩邸移転が計画され、地割、用水割、水道筋、見立てなどが実施された。小幡が選ばれた理由のひとつには、雄川堰から豊富な用水を確保できることがあったと考えられる。

織田氏小幡藩はその後、8代152年つづいた。が、1767年（明和4年）に織田氏が出羽・高畠へ移されると、代わって松平氏が藩主となった。以来、明治まで松平氏が藩邸の主となった。織田氏および

昔の雄川堰の様子

その後を継承した松平氏はいずれも御用水奉行を置き、水の大切さを説き、雄川堰の管理に力を入れたと伝えられている。

製糸業の発展にも寄与した

戦後に上水道が整備されるまで、雄川堰の水は重要な生活用水であり、野菜や農機具を洗う洗い場や風呂などで利用されてきた。水車による精米・精麦・製粉はもちろん、明治以降は製紙工場などの動力源としても大切な役割をはたしてきた。

また、1878年（明治11年）に設立された小幡精糸会社、尾上精糸会社は雄川堰の水力が得られる場所を選定して建設され、1898年（明治31年）には合併し、甘楽社小幡組に。雄川堰の水力を利用した大規模な製糸工場は、地域の発展の基礎を築くとともに、世界遺産に認定された群馬の絹産業にも大きく寄与することになった。

織田宗家七代の墓が立つ崇福寺の旧境内

養蚕農家の町並みと桜並木

1957年（昭和32年）に小幡簡易水道が完成した頃から、雄川堰は生活用水路ではなく生活排水路となり、とくに合成洗剤が普及した昭和40年代には、生活排水で「死の川」となってしまう。昭和50年代に入ると「昔のようなきれいな堰にしよう」と地域住民が声を上げ、清掃活動がはじまり、1982年（昭和57年）には雄川堰の12カ所にゴミ上げ用のスクリーンが設置され、地元住民が毎日たまったゴミ上げを実施するようになったという。

こうした住民の取り組みや公共下水道施設の整備などで、1985年（昭和60年）には環境庁（当時）より日本名水百選の認定を受けるまでに水質も改善した。今の雄川堰には昔と変わらないきれいな水が流れている。

特産品

いずれ劣らぬご当地ネギ 後継者育成を始めた養蚕業

かつては野菜や農具を洗う日常風景があった雄川堰。その光景はもう見られないが、甘楽町では今でも野菜づくりが盛んに行われている。

甘楽町はナスとキュウリが名産だが、群馬の特産品といえば「下仁田ネギ」だ。白い部分が太いどっしりとした姿が特徴的で、そのままでは辛みが強いが、熱を通すとたいへん甘くなり、食感もトロトロに。主役級の野菜として全国にその名をとどろかせている。同じく甘楽町の特産品であるブランド牛「上州和牛」とは相性がバツグンで、すき焼きには最高だ。その品質は気候や土壌に大きく左右されるようで、甘楽郡下仁田町とその近郊でしか本物のおいしさは出せないといわれている。

また、知名度こそ下仁田ネギほどではないが、風味の良さで料理に欠かせないのが「雄川ネギ」である。こちらは青ネギで薬味や味噌汁の具にするが、中太なので使いでがある。

加工品ではこんにゃくの生産量が全国トップクラス。㈱ヨコオデイリーフーズが運営する「こんにゃくパーク」(☎０２７４-６０-４１００ 甘楽郡甘楽町小幡２０４-１)では、こんにゃく製品の詰め放題や、いろいろなこんにゃく料理を味わえる無料バイキングが楽しめる。

雄川堰の水力を利用して発展した絹産業も忘れてはならない。甘楽町では大正時代初期には約7割の世帯が養蚕を営んでいたが、昭和の高度経済成長期以降、減少の一途をたどった。しかし、群馬県が２０１６年(平成28年)から「ぐんま養蚕学校」開始し、後継者育成に乗り出してから、甘楽町でもその修了生が養蚕のあらたな担い手に加わった。まちの財産が未来へと引き継がれている。

霜が当たっておいしくなる「下仁田ネギ」

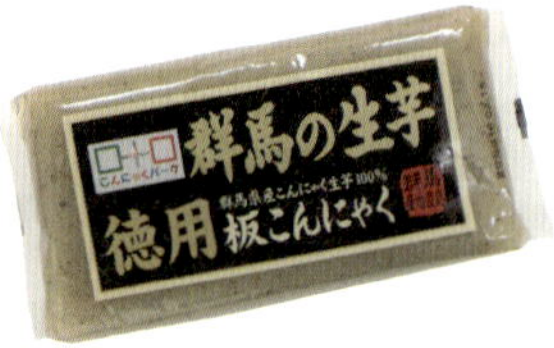

ヨコオデイリーフーズの「群馬の生芋徳用板こんにゃく」

絹糸の原料となる蚕が作った繭

水のある風景
武家屋敷に流れる水路と桜並木を堪能できる

雄川堰でまず訪れたいのは、小堰が網目状に張り巡らされた武家屋敷地区。とくに水路沿いの桜並木は美しく、4月上旬の桜祭りでは武者行列が行われ、多くの観光客が訪れる。国指定の名勝である楽山園は織田氏によって造園された、江戸時代初期の池泉回遊様式の庭園で、2012年（平成24年）に10年の歳月をかけ復元整備が行われた、群馬県内に唯一残る大名庭園である。その名は論語の「知者は水を楽しみ、仁者は山を楽しむ」の故事から名付けられたという。雄川堰の水はこの庭園のほか、旧小幡藩武家屋敷松浦市屋敷などにも注がれている。

大堰の取り入れ口の内、二番口

当時の石の加工技術に目をみはる「吹上の石樋」

国指定の名勝である楽山園。池に囲まれた庭が美しい

大堰と呼ばれる雄川堰の桜並木

群馬県

長野堰用水（ながのせきようすい）

埋樋（サイフォン）や分水堰など高度な土木技術の結晶 市街地となった今も高崎市民に潤いを与えている

1962年（昭和37年）に設置された円筒分水堰。水の流れが美しい

群馬県最大の都市・高崎は高崎台地を中心に栄えた。街中には用水が縦横に流れ、道路の地下にもそこかしこに暗渠（あんきょ）がある、まさに水の都のような雰囲気だ。

しかし、烏川と井野川に挟まれた高崎の市街地は、そのふたつの川よりも標高が高く、かつては川の水を利用することができなかったという。この問題を解消し、高崎を肥沃な土地に変えたのが長野堰である。

事実、「長野堰なくして、高崎なし」と語り継がれるほど、長野堰の水は農業用水のみならず、地中に染み込んで井戸水としても住民の生活を支

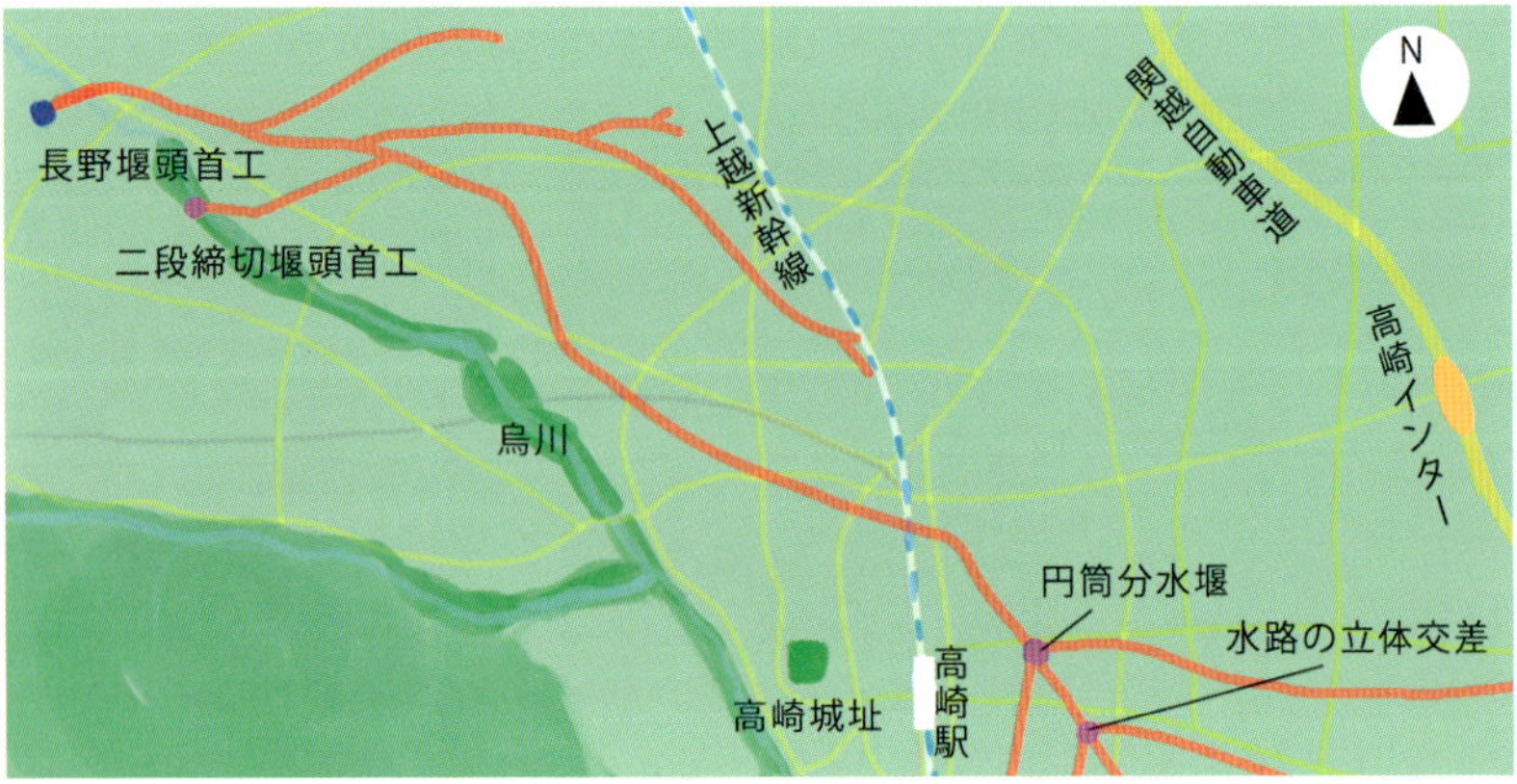

えた。風呂屋、醤油蔵、酒蔵などの産業の発展に寄与し、防火用水としても使用された。今の市役所の位置にはかつて、井伊直政が初代藩主を務めた高崎城があったが、その名残を示す堀には、今も長野堰の水が使用されている。

ちなみに、この豊かな水量は水車などにも利用され、生活のエネルギーとなっていたため、周辺の前橋や伊勢崎に比べ、電気が通じるのが10年遅れたという話も残っている。

昔の名残と沿線の花を楽しむ

かつては素掘りだった長野堰は1931年（昭和6年）には玉石の石積み水路となり、1979年（昭和54年）頃には3面がコンクリートに改良され、水路の幅が狭くなり、空いた両脇や暗渠となった水路の上が生活道路として使用できるようになった。水路の一部には古い玉石積みの箇所も残っているので、昔の名残を探して散策するのも楽しい。

長野堰は一級河川の烏川から最大約6・8トン／秒を取水し、幹線水路は14カ所の水門で分水しながら、8・6キロメートル下流の円筒分水堰でさらに4支線に分岐している。分岐した4支線水路の延長は17・1キロメートルと長く、最盛期には1700ヘクタールの水田を潤していた。近年も大雨時の市街の排水に貢献するなど、その役割は時代とともに広がっている。

また、地域の小中高校生や近隣住民がポケットパークと呼ばれる堰周辺の小公園に2000株の色とりどりの花を植栽していることからも、地域住民に愛されている様子をうかがい知ることができる。

DATA

名称	長野堰用水
施設の所在市町村	群馬県高崎市
供用開始年	1645年以前（正保）国絵図（国立国会図書館蔵に長野堰用水の表記あり）
総延長	17.1㎞
かんがい面積（排水施設は排水面積）	378ha
農家数（就業人数）	1280名
地域の特産品（伝統品・新商品等）	米、小麦、梅、梨
流域名	一級河川利根川水系烏川
所有者	長野堰土地改良区
アクセス	最寄駅はJR高崎線高崎駅 最寄ICは関越自動車道高崎IC

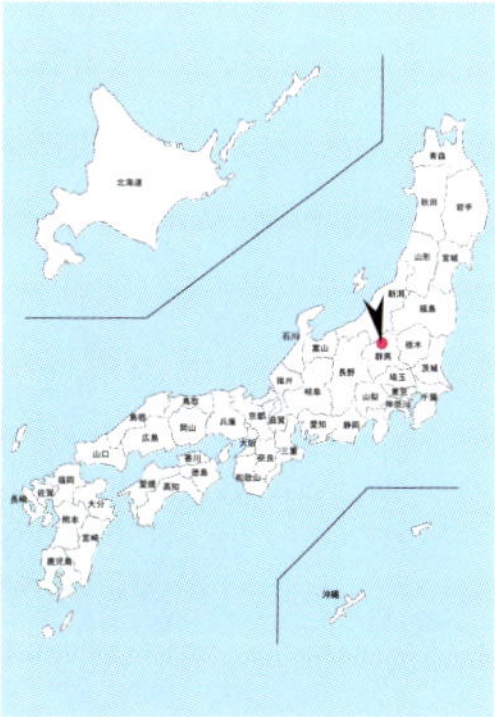

歴史

榛名湖の豊富な水の恵みが高崎大地の発展を支えた

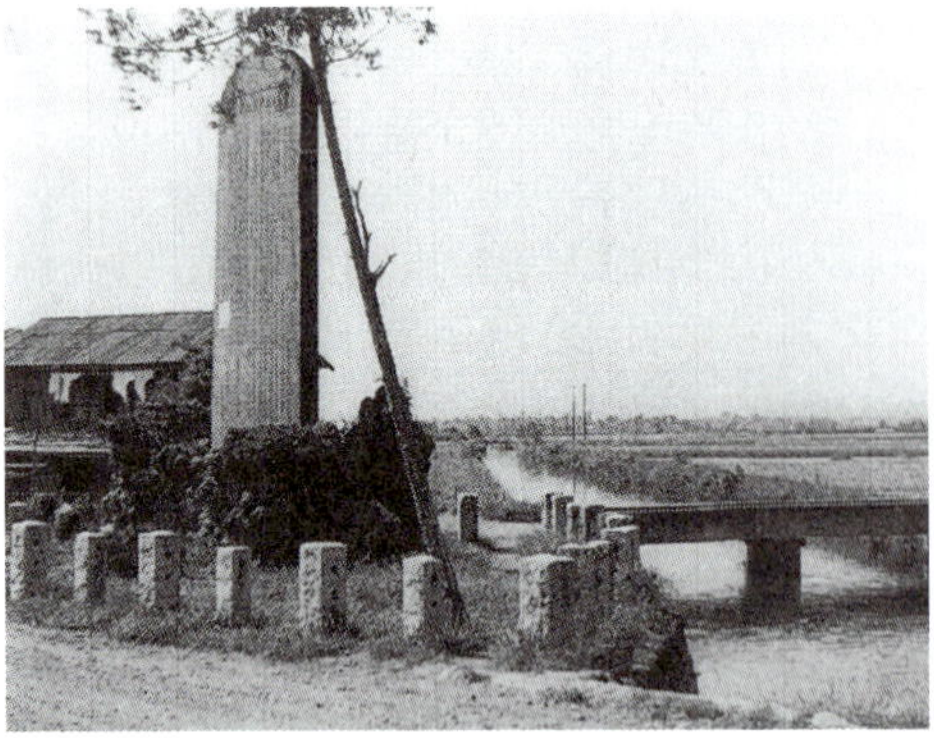

改修の事績が残る高小田の碑（1934年頃）

長野堰のもっとも古い記録は、江戸時代初期の1625年（寛永2年）につくられた寛永国絵図だが、その水路の歴史は平安時代まで遡る。900年頃に平城天皇、阿保親王、在原業平を祖に持つ上野国主の長野康業が、かんがいのためにつくった小規模な用水がはじまりという伝承が残っているのだ。

そして1500年頃、今の長野堰の原型を箕輪城主の長野信成・業政親子が整備したと伝えられており、江戸時代に入ると郡奉行所、堰奉行所が設置され管理を担ってきた。

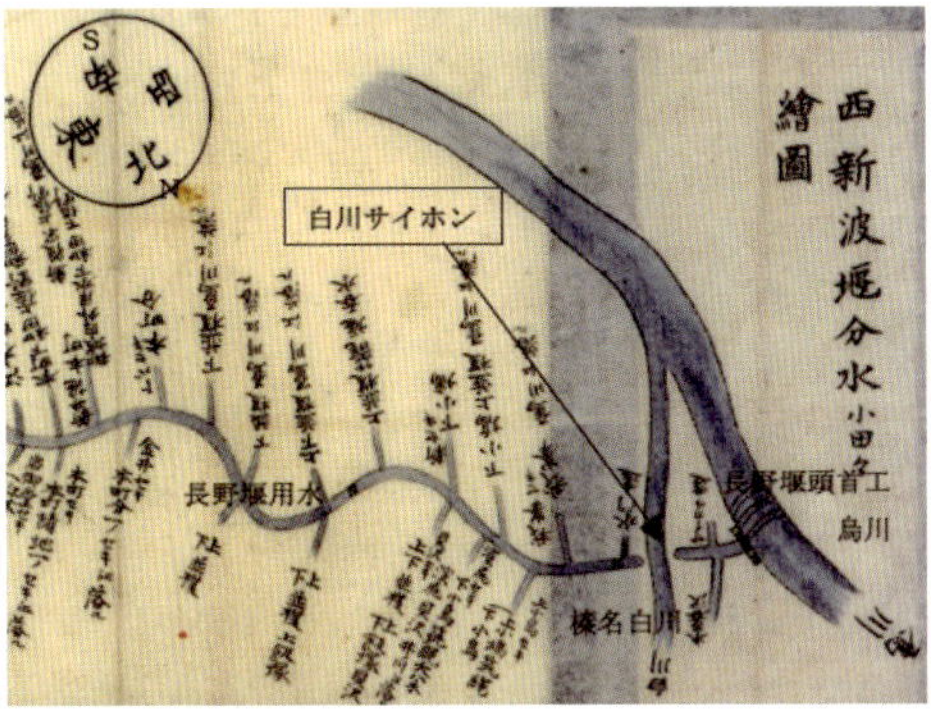

古い絵図に残る水路は今とほぼ変わらない

だが、長野堰の源流となる烏川は水量が少なく、干ばつのたびに水不足が発生。榛名湖の豊富な水を農業用水に使うことは、代々の為政者の切実な願いだった。そこで、8代高崎藩主・大河内輝貞は藩内の水利の改善のために榛名湖の東、榛原の南に位置するスルス岩の麓に穴を穿ち、榛名湖の水を長野堰につながる榛名白川に疏水する計画を立て、1708年（宝永5年）に工事の願いを徳川幕府に提出した。だが、榛名湖の水を沼尾川から利用していた岡崎新田村がこれに反発、最終的には岡崎新田村の水利を侵害しないよう、取水口の高さを1尺7寸（51・5センチメートル）高くすることで工事が許された。ところがその後、輝貞が幕府の命により越後村上藩に移されたことで、工事はいったん中断となる。それから数年後、ふたたび高崎城主となった輝貞だが、諸般の事情により工事は未完のまま断念された。スルス岩の南面にある幅1・5メートル、高さ1・8メートル、長さ25メートルの穴は、右京太夫と呼ばれていた輝貞にちなみ「右京の泣き穴」と呼ばれるように。また、工事に反対した岡崎の人々は「右京のバカ穴」と呼んだという。

水源である烏川左岸に設置された頭首工

明治時代に増水の夢が実現

「長野堰増水のために榛名湖の水がほしい」という悲願が実現したのは、輝貞の無念より2世紀ほど後のこと。1890年（明治23年）6月に水利組合法により長野堰普通水利組合が組織され、1901年（明治34年）に榛名湖の南西に位置する天神峠の麓に隧道を掘り、長野堰の源流である烏川に合流する榛名川に水を引き入れる工事の許可を県知事に申請したのだ。このときも岡崎新田村は「余水はない」と工事に反対したが、話し合いを重ね、宝永年間のときと同じように、取水口の高さを1尺7寸（51・5センチメートル）高くすることを条件に1903年（明治36年）7月に工事の許可が下り、1904年（明治37年）10月に長野堰側天神峠隧道工事は竣工。それ以降、長野堰は渇水時に榛名湖の水を利用しているし、岡崎側との関係も良好で、今でも田に水を引く時期には岡崎側の責任者立ち会いのもと、水門を開ける行事がつづいているという。

そして、1962年（昭和37年）には長野堰のシンボルである円筒分水堰が完成。この堰は下流の4堰に受益面積に応じて公平に水を配分できるように計画された珍しい分水方式で、これにより渇水時の水争いがなくなったという。さらに1972年（昭和47年）には現在の長野堰頭首工が設置され、14カ所の水門は6台の監視カメラとともに中央集中制御装置で管理されるようになった。

特産品

小麦の恵み、上州地粉うどんと農家の副業だった目無しだるま

　長野堰がもたらした地元の農産物は米、そして二毛作で栽培していた小麦である。また、小麦の加工品である高崎うどんは調和のとれた食感で人気を集めている。市内には人気うどん店も多いが、市民にとっては乾麺で買ってきて、家庭で楽しむのがより一般的。群馬県は乾麺の生産では全国10位、麺の原料となる小麦では4位という小麦大国なのだ。なかでも高崎産小麦「きぬの波」は、うどんの製麺に最適で、安全でおいしい上州地粉うどんを支えている。

　最近では同じ小麦由来のパスタが「高崎パスタ」として人気を博している。毎年秋には市内で一番おいしいパスタを決める「キングオブパスタ」というイベントが開催され、イタリアンから専門店まで、オリジナリティあふれるメニューを開発し、競い合っている。

　また、群馬は和歌山につぐ梅の生産量を誇っており、県内の3大梅林のうちの箕輪、榛名は高崎市内に位置している。そのため、市内は毎年3月になると梅祭りでにぎわうし、名産の梅を使用した加工品も多い。

　さらに、高崎市内の榛名地区は梨の産地としても有名だ。栽培がはじまったのは明治以降だが、上里見町字上神の「里見の大なし」は樹齢130年余り、樹高12メートルの巨木で、県の指定文化財となっている。

　全国的に有名な高崎発祥の目無しダルマもかんがいの賜物といえる。200年ほど前の天明の飢饉の頃、高崎市の少林寺達磨寺の9代目住職・東嶽和尚が達磨像をもとに木型をつくり、農閑期の副業として七草大祭の縁日で売らせたのが、ダルマ市のはじまりといわれている。

キングオブパスタ2018年優勝の「トラットリア バンビーナ筑縄店」のえびジェノパスタ(1050円)。☎027-377-0929
高崎市筑縄町13-8
㊖11:00～15:00(LO14:30)、17:30～22:00(LO21:30)、日祝～21:30(LO21:00)

上州地粉の食感がおいしい高崎うどん

高崎だるま市は例年1月1日、2日に開催

水のある風景

ユニークなかんがい設備と花を楽しめるポケットパーク

長野堰ではユニークな施設をたどりたい。まず訪れておきたいのは頭首工。烏川から水を取るための施設で、水量の多いときは水が豪快に流れ落ちる迫力ある光景が見られる。街中では1962年（昭和37年）に完成した円筒分水堰を見ることができる。水を1回地下に落とすことで安定させ、下流の水田面積に応じて平等に配分する設計になっている。そのほか、用水沿いには散策途中で一休みできるポケットパークもある。また、倉賀野堰水路と矢中堰水路の上を上中居堰水路が立体的に交差している姿は、テレビ番組で「珍しい景色」として紹介され話題に。

今も受益地に実りをもたらしている

街中を流れる水路沿いには市民が植えた花が咲き誇る

「右京の泣き穴」は人里離れた山奥に

1904年に完成した榛名湖隧道

見沼代用水（みぬまだいようすい）

米将軍・徳川吉宗の国家的プロジェクトと先端技術で誕生 日本一の規模を誇る大用水路が江戸の経済を支えた

ゆったり流れる利根川の大堰からの取水地点

見沼代用水は、日本最大の流域面積を持つ利根川の中流域から取水し、江戸時代から現在まで埼玉県東部の広大な農地を潤しつづけている幹線延長約80キロメートルの用水路である。新田開発による米の増産を奨励し、「米将軍」と呼ばれた8代将軍・徳川吉宗の命で国家的プロジェクトとして開削され、当時としては日本最大の規模を誇ったとされる。

埼玉県は平坦な地形や日照時間が長く穏やかな気候、肥沃な土壌に加え、大消費地である東京に近いという地理的条件に恵まれた農業県である。畑作のネギ、ほうれん草、小松

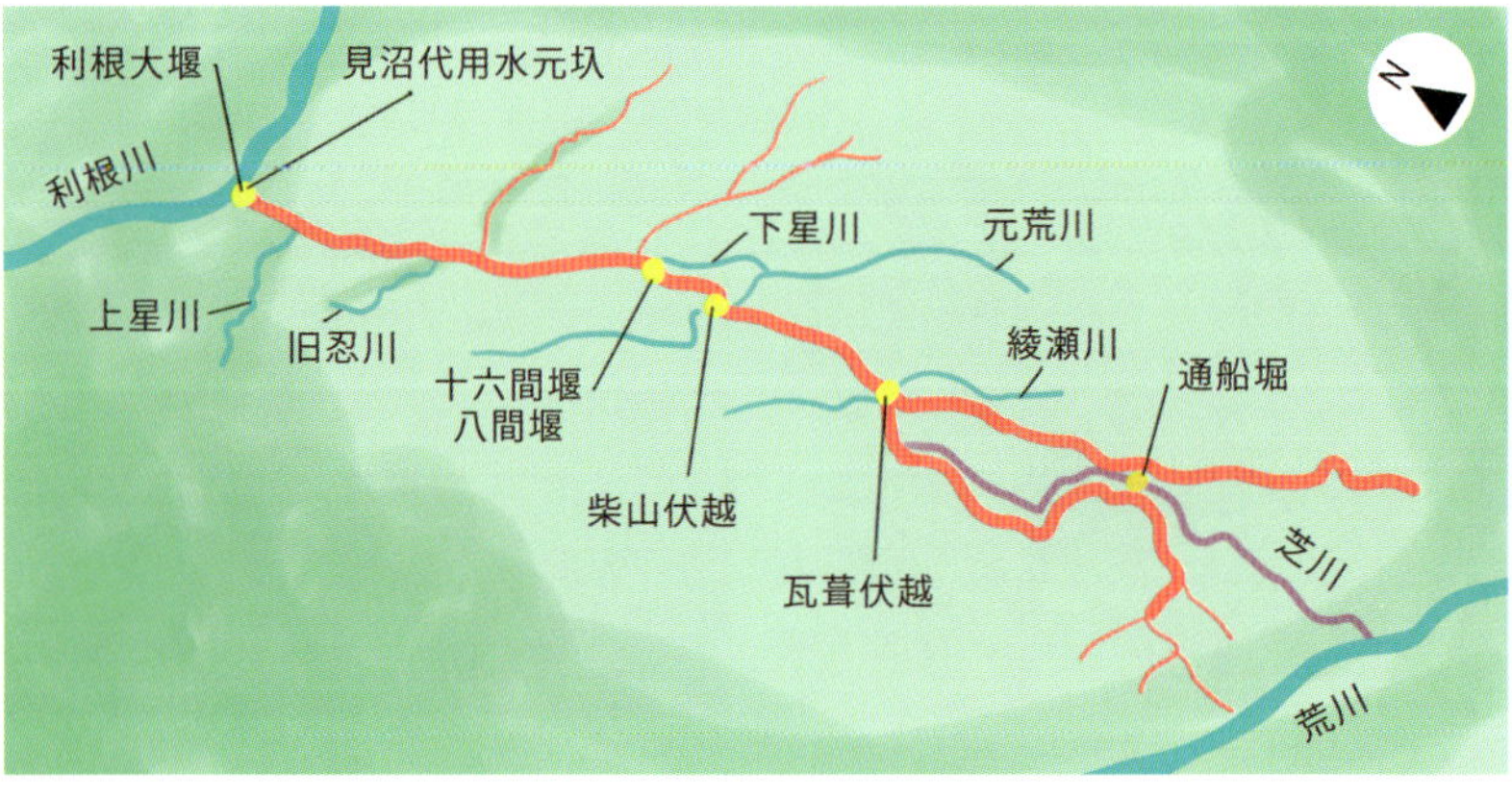

菜、サトイモなどは全国1位の生産量を誇り、米も盛んに栽培されている。広大な水田が広がる農業地帯を支える見沼代用水のかつての水源であった見沼溜井周辺は、台地状の地形が河川によって侵食され、見事な「開析谷(かいせきだに)」となっている。水路がその岸の等高線に沿って開削されたことから、その水路線形が谷あいの斜面林と相まって、美しい農村景観を形成している。都市化が進んだ現代でも、その景観の一部は保全されているという。

当時の技術水準の高さに驚く

建設から290年余が経過し、通水機能を維持するために土水路・木造建造物から煉瓦、鋼製、コンクリート造りへと改修されたものの、用水路は現在も当時と同じ路線で流れている。また、1968年(昭和43年)に複数の取水口を合口した利根大堰が建設された際も、その取水位置が最良とされており、開削当時の技術水準の高さが証明された。

2005年(平成17年)には開祖・井弥惣兵衛為永の銅像を見沼自然公園内に建立し、その偉業をたたえるとともに、用水の地域資源としての重要性をアピールしている。

近年、都市化の進展によるゴミの不法投棄や生活排水の流入、異常気象やゲリラ豪雨などによる水路周辺からの洪水流入が課題となり、地元行政などの協力・理解が不可欠となっている。土地改良区では、関係する流域市町をメンバーとした「見沼代用水協力協議会」を1979年(昭和54年)に組織し、用水路の清浄化と維持管理に努めている。

DATA

名称	見沼代用水
施設の所在市町村	埼玉県行田市、羽生市、加須市、鴻巣市、久喜市、桶川市、上尾市、蓮田市、白岡市、春日部市、さいたま市、越谷市、川口市、草加市、戸田市、北足立郡伊奈町、南埼玉郡宮代町
供用開始年	1728年(享保13年)
総延長	83.1km
かんがい面積(排水施設は排水面積)	1万1340ha
地域の特産品(伝統品・新商品等)	米、クワイ、梨、イチゴ
農家数(就業人数)	1万9652人(組合員数)
流域名	利根川水系利根川
所有者	見沼代用水土地改良区
アクセス【利根大堰】	最寄駅は秩父鉄道行田市駅 最寄ICは東北自動車道羽生IC

歴史

近代土木技術の祖といわれた「紀州流」の技術を結集して完成

18世紀初頭、8代将軍・徳川吉宗は米の増産によって江戸幕府の財政を改善するため、新田開発を奨励した。しかし、狭い地形を有効に活用したため池を水源としていたため、この地のかんがい面積はすでに限界に達していた。そこで吉宗が招聘したのが、当時、優れた土木技術として評価されていた「紀州流」の井澤弥惣兵衛為永だった。井澤は1663年（寛文3年）に紀州那賀郡溝口村（現在の海南市野上新）に生まれ、28歳で紀伊藩に仕え、水利・新田開発を担当した。当時、小田井用水路などの大用水の工事をいくつも成功させていた、大畑才蔵に水利技術を学んだ井澤によって用いられた技術は、それまでの川の流れを受け入れ、蛇行した河道や溜井などの自然地形を生かす「関東流」に対し「紀州流」と呼ばれていた。その特徴は、河道を強固な築堤と護岸などの水制工により直線上に固定し、利水と治水を同時に実現するというもので、その考え方は日本の近代の河川計画のもとになっている。

江戸時代の見沼代用水元圦の鳥瞰図

かつての見沼代用水元圦の様子

井澤は開発しつくされた平野のなかの池沼や約5000ヘクタールをかんがいする水源であった見沼溜井を水田に変えることを思いついた。そして、見沼溜井に代わるあらたな水源を約60キロメートルはなれた利根川に求めたのだ。

工事は井澤の現地調査・水準測量にもとづく綿密な設計により、幕府直轄工事として行われたが、その際には工期短縮のため、さまざまな工夫がなされた。そのひとつとして、

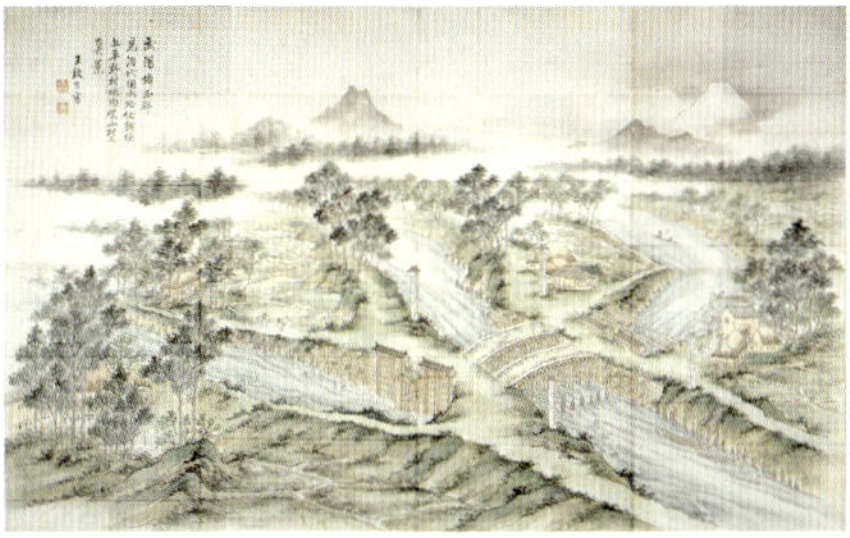

柴山伏越の全景を描いた古図。川が上下に交差していることがわかる

舟運の発展に貢献した見沼通船堀の1910年代の閘門

幕府は沿線の村々に工事への出役を呼びかけ、各村に工事費用を支払う「村請け」を実施。現在の工区割りにも通ずるもので、村ごとに施工区域を決め一斉に施工を進捗させることで、工期の短縮が可能となった。

　また、樋や堰などを木材で組み立てる木造施設は、江戸で大工職人が設計図通りに加工したうえで現地に運び込む、現在の施工の先駆けともいえる手法を採用した。

　こうした合理的かつ労働集約的な手法だけでなく、精度の高い水準測量機である「水盛器」なども積極的に用い、工事はわずか6カ月間という驚異的なスピードで完工。この紀州流の工法を採用したことで、1728年（享保13年）には水路53・2キロメートル、排水路31・3キロメートル、分水門や水門などの樋堰115カ所、橋梁130カ所におよぶ農業用水路が完成したのである。

「通船堀」で舟運も発展した

　重要構造物である利根川からの取水施設「元圦（もといり）」、流量を制限する「八間堰・十六間堰」、河川を横断するための「伏越」（逆サイフォン）や水路橋である「掛渡井」などは当時の最先端の技術で設計・施工され、それまで例をみない規模の木造構造物となった。もちろん、その効果は絶大で、1800ヘクタールの新田の開発と、既存の水田をあわせた約1万5000ヘクタールの水田へ安定した用水供給を可能とし、当時の食糧増産と財政再建に大きく貢献した。また、高低差が3メートルもある用水路と排水河川をつなぐ閘門式運河「通船堀」をパナマ運河の約180年前に導入し、舟運による広域物流システムと江戸の繁栄を支えた。

特産品

人気ドラマの舞台となった足袋の街の歴史とB級グルメ

利根大堰のある行田市は、2017年（平成29年）にTBSで放送されたドラマ『陸王』の舞台となった「行田足袋」で知られる。老舗の足袋製造業者がランニングシューズ開発に挑戦するストーリーだが、行田は江戸時代より足袋づくりが盛んで、かつては全国の8割を生産する「日本一の足袋の町」として知られていた。明治時代から昭和にかけて建てられた「足袋蔵」と呼ばれる足袋の商品倉庫を眺めながら、見沼代用水の舟運が江戸に出荷される足袋の流通に寄与したであろうことに思いを馳せれば、足袋もまた用水の恵みと思えてくるだろう。

ちなみに、行田市のB級グルメとして有名なのは、足袋製造会社で働いていた女中さんたちのおやつとして出されていたという「ゼリーフライ」と「フライ」である。ゼリーフライはおからとジャガイモを丸めて揚げた庶民のおやつで、少し酸味があることから「ゼリー」となった説や、小判型をしていることから「銭」が訛って「ゼリー」になった説などがある。なお、フライは同じタネを、クレープやお好み焼きのような形に焼いたものであり、揚げたものではない。

海なし県である埼玉の人々は、昔から利根川の恵みである川魚を多く食べていた。なかでもナマズは、埼玉県内各地にナマズ釣りのポイントがあるほどメジャーで、行田市を中心とした多くの飲食店で味わうことができる。脂肪が少なく、淡白な白身は鶏肉を思わせるような弾力があり、フライなどにすると実に美味である。そのほかにも唐揚げなどで食べるドジョウも香ばしくておいしい。

行田はかつて足袋製造で栄えた

そこかしこの料理店で食べられるナマズ料理

素朴な味がどこか懐かしい「ゼリーフライ」と「フライ」

水のある風景
利根川の規模を堪能したら各地の遊歩道を巡る

日本最大の河川・利根川に建設された「利根大堰」は、そのスケール感において一見の価値がある。広い河川敷は格好のレジャーの場にもなっており、車で乗り入れてバーベキューや川遊びを楽しむ家族連れやグループでにぎわっている。

また、行政や市民団体は57キロメートルにもおよぶ遊歩道や、40キロメートルを超える日本有数の桜並木を整備し、管理することで、住民の憩いの場となる水辺環境を創出している。ウォーキングイベントやホタルの幼虫放流会なども各地で開催され、地域住民に向けた見沼代用水の役割などの啓発活動も行われている。

見沼通船堀のかつての様子を再現

用水沿いには各地で桜並木が整備されている（写真はさいたま市）

星川と見沼代用水の分岐である十六間堰・八間堰の現在の様子

見沼代用水が潤す見沼田んぼを空撮

東北 関東 甲信越 北陸 東海 近畿 中国 四国 九州

山腹を流れる上江用水

新潟県

上江用水（うわえようすい）

周辺の村々の反対や難工事の連続を乗り越えた農民たち 世代を超えて掘り継いだ水路に込められた熱い思い

上江用水は新潟県南西部の妙高市と上越市の高田平野に位置する。高田平野には上江用水と中江用水の二大用水が流れているが、その成り立ちはきわめて対照的だ。中江用水が藩営事業としてわずか4年間という短期間で開削されたのに対し、上江用水は多くの農民の努力を結集し、ときには田畑を手放してまで私財を投じた指導者たちによって、130年かけて掘り継がれたのだ。

当然、その努力は絶大な成果をもたらした。上江用水の開削以前、この地域では小さい河川を堰き止め、池に水をためてかんがいを行ってい

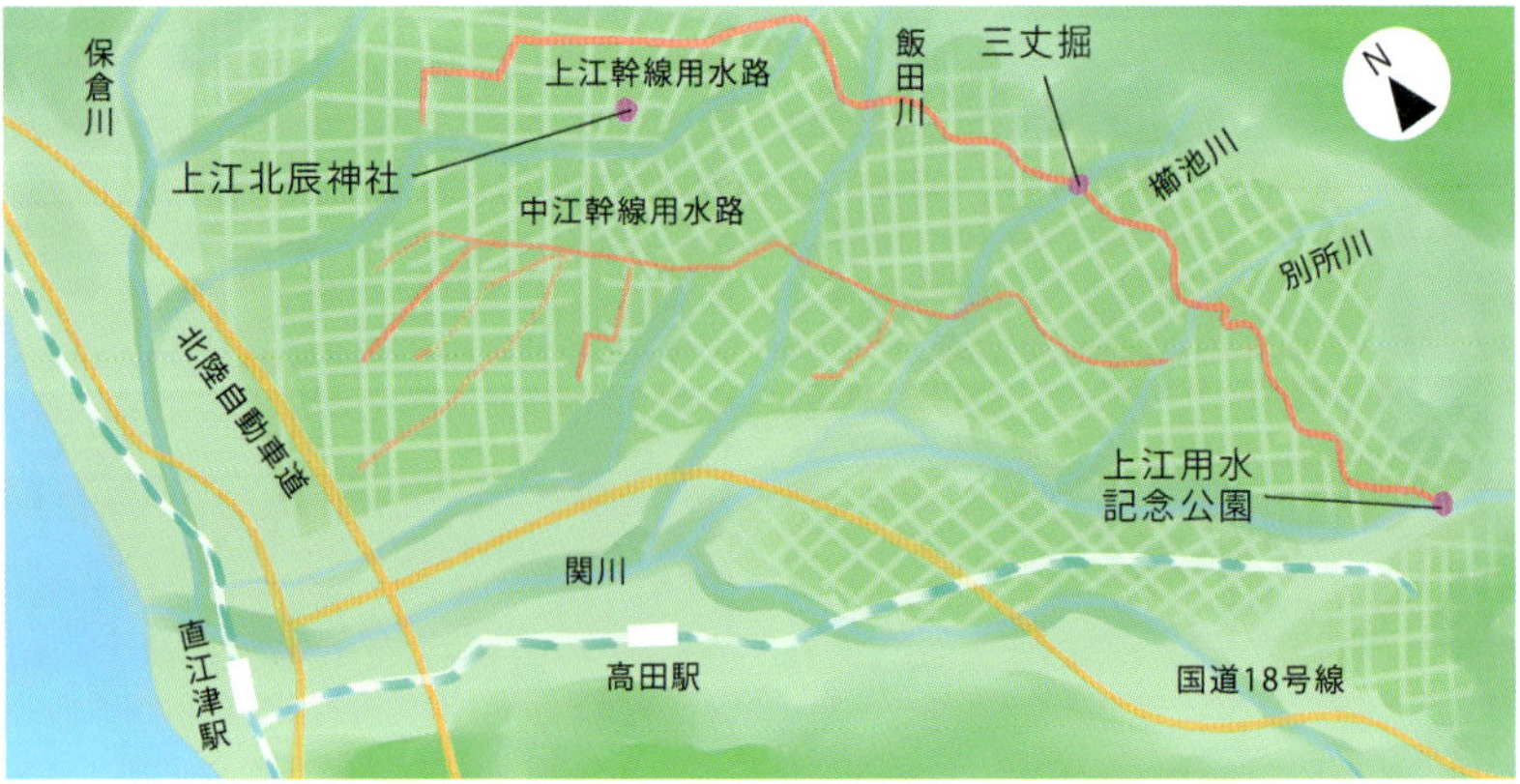

たが、9月の収穫まで十分な水量を確保することができず、安定した米作りができなかった。それが上江用水開削後は安定した配水により、地域の60以上の村々で稲作が盛んになり、石高も当時の高田藩15万石のうち、8パーセントを占める1万2000石を超えるまでに。そして今、この地域は新潟県有数の穀倉地帯となり、食味が良く高品質な上越産米を安定的に全国に供給する食料生産基地となっている。

かんがいと発電が共存共栄

高田平野の地形の悪い東方山麓部に沿って用水を通し、河川をいくつか横切る上江用水は、当然、難工事だった。その悪条件のなかで全長26キロメートルにおよぶ大規模な用水を完成させたことは、全国的にも珍しい。

水力発電所が多いことも、上江用水のひとつの特徴だ。明治中期以降、電力会社による電源開発事業が盛んとなり、関川にも1907年（明治40年）に最初の水力発電所が建設された。現在では上流部から中流部にかけて12カ所の水力発電所が設置されており、発電所経由で上江用水に導水され、農業用水と発電用水の共存が実現している。

発電所経由となったおかげで、農業専用ダムとして建設された笹ヶ峰ダムからの水は水量のロスが少なく、安定的に上江用水に届き、さらに関川からの取水堰が不要となったため、取水施設の管理費などの農家負担が大幅に削減された。上江用水と水力発電との共存共栄は、純国産で再生可能なクリーンエネルギーを生み出すことにも貢献している。

DATA

名称	上江用水路
施設の所在市町村	新潟県上越市、妙高市
供用開始年	1648年（慶安元年）
総延長	約26km
かんがい面積（排水施設は排水面積）	約2646ha
農家数（就業人数）	約1800名
地域の特産品（伝統品・新商品等）	米（水稲単作）
流域名	一級河川　関川水系
所有者	関川水系土地改良区
アクセス	最寄駅は北陸新幹線上越妙高駅 最寄ICは北陸自動車道上越IC

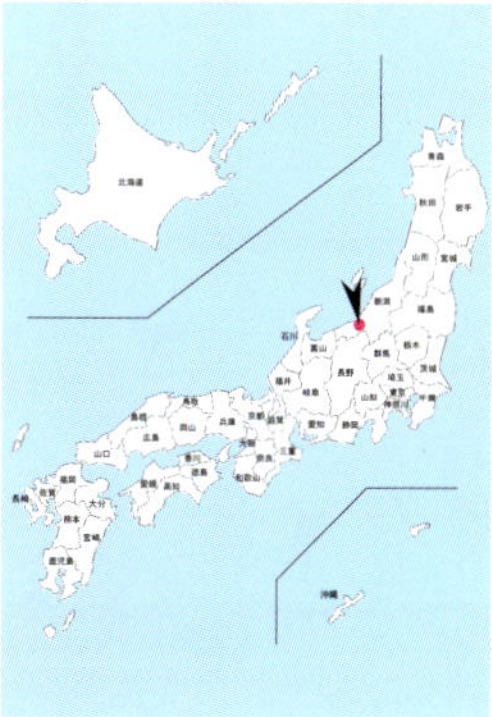

歴史

130年にわたり掘り継いだ農民の思いが稲の実りに結実

　上江用水の開削がはじまった時期は定かではないが、上杉謙信・景勝の時代の1573年（天正元年）といわれている。そしてその後、富里久八郎が中心となり、1648年（慶安元年）にかけて妙高市川上地内から吉木新田地内までを開削したという。

　1650年（慶安3年）からは清水又左衛門が統率指導し、上越市米増地内から上深沢地内までを開削した。その功績をたたえ没後58年目の1752年（宝暦2年）には農民から清水家に清水又左衛門の僧形の石仏座像が贈られた。勘定書役として忙しい日々を送った姿を写し、右手に筆、左手に帳面を持つ珍しい石仏で、今でも清水家の屋敷内に祀られている。

　このふたりの功労者の業績を引き継ぎ、上江用水を完成に導いた最大の功労者が川浦村庄屋の下鳥富次郎である。その祖父・源助、父・源右衛門は干害に苦しむ農民を救おうと、度々代官所に上江用水の掘り継ぎを申請したが、周辺の村の反対で聞き入れられず、無念のままこの世を去ったそうだ。

米増地内上江用水改修工事の様子

水神として祀られた富次郎

　祖父と父の遺志を継いだ富次郎は私財を投じて水路の掘り継ぎを決意するが、反対する村の農民が江戸奉行所に反対を願い出たことにより敗北。なんとか打開策をはかりたい富次郎は、源流を妙高山の裏谷にある苗名滝に求めるなど計画を何度も練り直し、

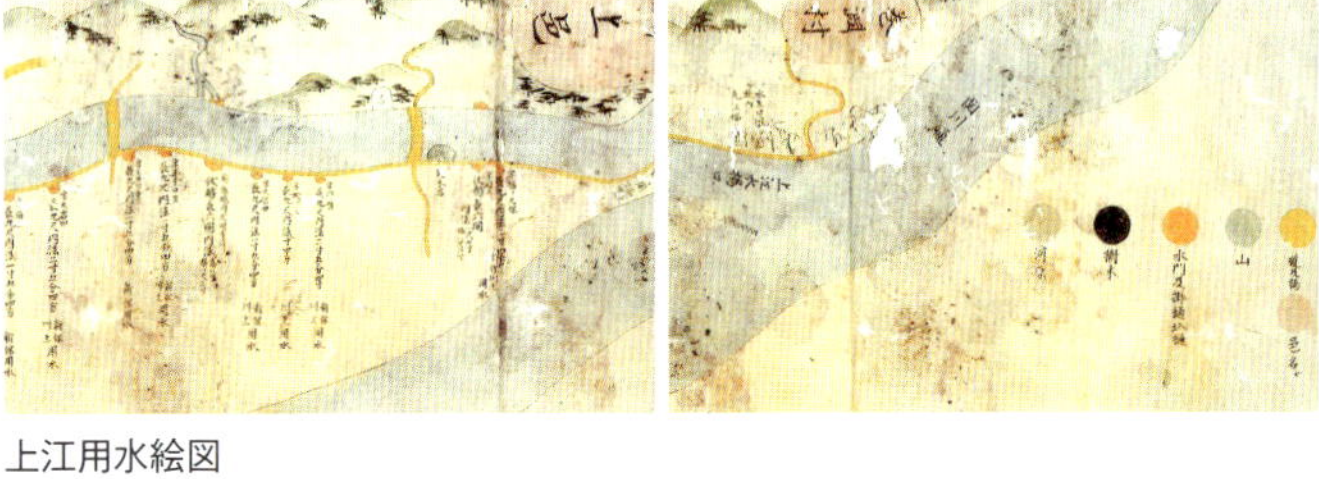

上江用水絵図

粘り強く願い出ることで、1775年（安永4年）にようやく幕府から「三か年の見試し」が許可された。

冨次郎はみずからの私財・田畑を投げ打って費用に充てたが、工事は困難をきわめた。なかでも最大の難工事は、岡嶺丘陵の最高部から地下三丈までの633メートルを貫く「三丈掘」という隧道であった。櫛池川の下を掘削する工事はもっぱら人力によるもので、何度となく土砂崩れなどにあったが、延べ1万1700人余の農民が作業に携わり、3455両（現在の価値に換算すると約4億5000万円）の莫大な費用をかけ、1781年（天明元年）にようやく完成したという。

清水又左衛門地蔵尊

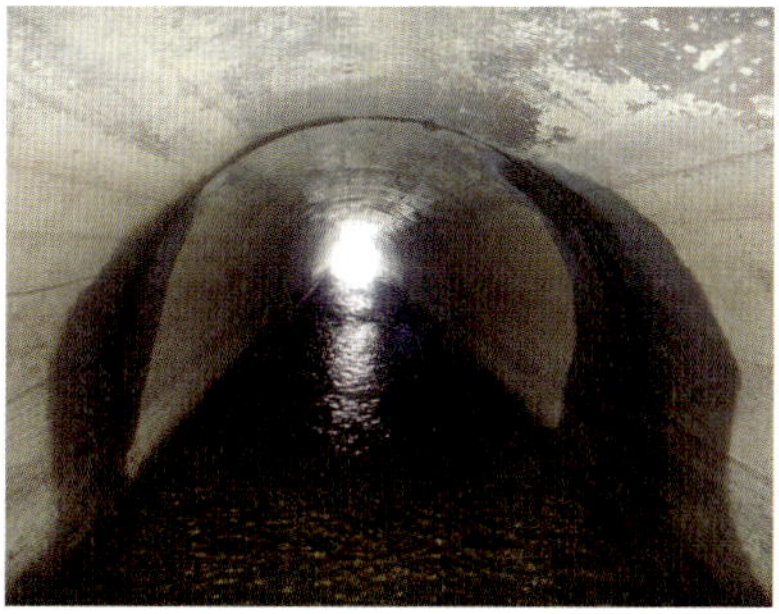
三丈掘内部

しかし開削当時、関川沿いにあった上江用水は、関川の氾濫のたびに流失した。そこで1810年（文化7年）には川上集落の松岡伊右衛門の屋敷の下に幅約3・3メートル、高さ1・7メートルの馬蹄形で長さ220メートルの「川上繰穴隧道」を掘削することに。個人の屋敷下に水路を通すという発想は、当時としては画期的であり、上江用水を安定的に通水したいという農民たちの情熱のあらわれといえる。

1931年（昭和6年）には豪雨災害により隧道内部が崩落し、その復旧工事が行われた。近年、隧道の詳細調査したところ、歪みもなく内部補強の必要もなかったことがわかった。当時の施設が今も通水に支障なく機能しているのは、実に素晴らしいことだ。

上江用水最大の功労者・冨次郎は没後の1820年（文政3年）に上江北辰神社の大明神（水神）として祀られた。今でも毎年7月17日の祭礼には、地域の農民は農作業を休み、先人の偉業を偲んでいる。

特産品

米どころの多彩な米菓 風土が育む地酒や伝統野菜

今でも現役で高田平野の水田を潤す上江用水路。雪解け水が集まる苗名滝（なえなたき）を源とし、春にはミネラル成分を豊富に含んだ大量の水を平地に運んでくる。その水の恵みが、甘み・旨み・粘りの三拍子揃ったおいしい米を実らせるという。

米どころだけあって、せんべいやかきもちなどの米菓のバリエーションが豊富だ。JR高田駅近くにある「越の国 いろり庵」（☎025-526-7570 上越市本町3-2-21）では、自社の製品だけでなく越後の米菓を選りすぐって販売している。地元産もち米を使用し、高田公園の桜の間伐材入りチップで燻した「燻製おかき」は、ビールのおつまみにピッタリと評判だ。

上越地方の良質な水と米は日本酒造りにも最適だ。代表的な「雪中梅」は「端麗旨口」の酒といわれ、すっきりとしたキレと甘口の旨みを兼ね備えた地酒だ。蔵元の丸山酒造（☎025-532-2603 上越市三和区塔ノ輪）は農村地帯にあるため、農作業の一日の疲れを癒し、飲みすぎずとも満足できる酒だと評判だ。

また、豊かな水とこの地の気候風土に育まれた伝統野菜11品目（高田シロウリ、仁野分しょうが、みょうが、頸城オクラ、オニゴショウ、ばなな南瓜、なます南瓜、曲がりねぎ、ずいき、とうな、ひとくちまくわ）と、特産野菜5品目（なす、オータムポエム、アスパラ菜、カリフラワー、枝豆）をあわせた計16種類が「上越野菜」として認定されている。農商工が連携して普及に取り組んでおり、地元のスーパーや八百屋で手に入るほか、飲食店でも調理法に工夫を凝らして提供している。

スモークの風味がくせになる「燻製おかき」

品のよい甘みでキレのある「雪中梅 普通酒」

上越の気候・風土が育んだ「上越野菜」のとうな

水のある風景

山の中に点在する施設に先人の熱い想いを感じる

城下町の風情を残す高田平野を26キロメートルにわたって流れる上江用水には見所も多い。上流部の上江用水記念公園は旧取水口跡地で、当時の取水堰の石を使って復元した旧取水口のモニュメントや桜が楽しめる。近くには山を掘り抜いた川上繰穴（くりあな）隧道もあるので、そこにも足を運びたい。また、その近くの川上権現社は隧道工事の安全祈願のために建立され、今も毎年4月21日には地元民によって例祭が執り行われている。中流には上江北辰神社もある。最大の難工事であった三丈掘の最大の功労者である下鳥冨次郎が祀られている。あわせて参拝してほしい。

旧上江用水取り入れ口

三丈掘岡嶺丘陵

上江用水記念公園

板倉分水池

村山六ヶ村堰疏水

1000年の昔から高原を潤してきた歴史ある用水
傾斜地ならではの独特の施設や工法にも注目したい

吐竜の滝

近年、移住先人気ランキング1位となっている山梨県北杜市。八ヶ岳南麓にあって、年平均気温11℃、年間降水量約1150ミリメートルと、日照時間が長く少雨の地域だ。そして、この地にある村山六ヶ村堰疏水は1000年前から標高600メートル〜1000メートルに広がる農地約470ヘクタールを潤し、周辺の集落に生活用水、防災用水を供給しつづけている。

村山六ヶ村堰の水源は標高1200メートルほどに位置する泥洑（でいお）湧水（千条（ちすじ）の滝）などの湧水群と、八ヶ岳から発する川俣川の渓谷にある「吐竜の滝」である。そして、その構造は取

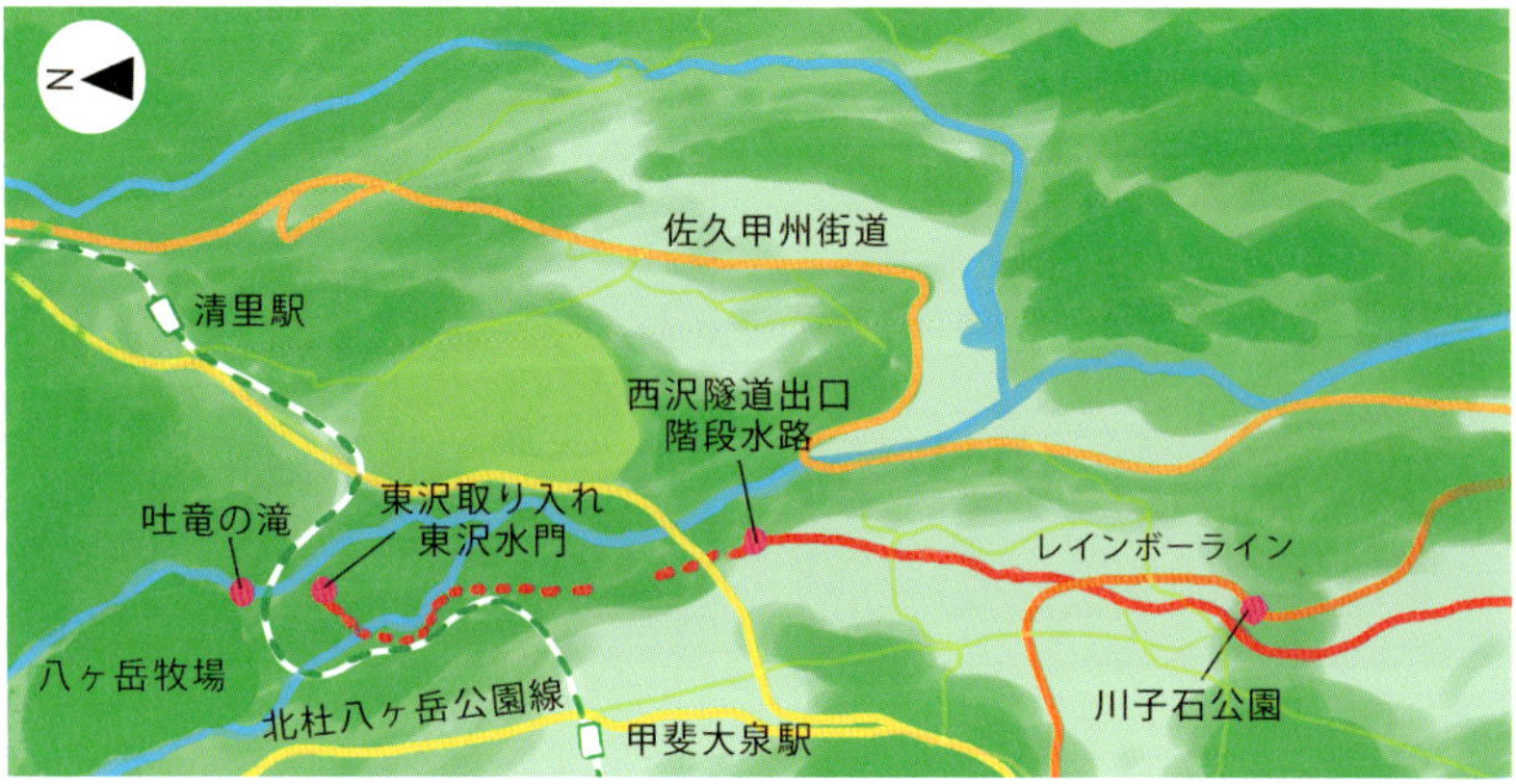

水口や素掘り隧道、水路橋で谷山を越え、階段状に水を落下させる「階段工」のほか、等高線に即して山腹を縫うように開削した石と石を上手に組み合わせることで強度を担保した「空石積み水路」、配水管理のための分水工などの施設からなっている。

住民とともに施設を継承

しかし、台地の農地や集落を縫うように張り巡らされ、数多くの分水を余儀なくされた水路は、降雨時の山腹からの土砂流入と日頃の漏水で、維持管理がなかなか難しいといわれてきた。そのため、近年では農業従事者の減少と維持管理に要する負担増で、管理体制の脆弱さが懸念されてきている。

このような状況を踏まえ、村山六ヶ村堰土地改良区では、村山六ヶ村堰の恵みを次世代に伝えるため、小水力発電施設を導入し、維持管理費の軽減と地球温暖化抑制を目指すことにした。さらに最近では、地域住民とともにＮＰＯ村山の郷・育む会を立ち上げ、地域の小学生向けの水路ウォーキングや伝統行事の体験会、地域の女性や文化協会と連携した資源再発掘調査などに取り組み、あらためて村山六ヶ村堰とその周辺地域の美しい景観や伝統文化などの価値を学び、施設の継承をはかっているという。

このように長い歴史を持ちつつ、さまざまな取り組みをつづける村山六ヶ村堰は、対外的にも高く評価され、２００６年（平成18年）には農林水産省より全国疏水百選に認定されている。

DATA

名称	村山六ヶ村堰疏水
施設の所在市町村	山梨県北杜市
供用開始年	約1000年前
総延長	16km
かんがい面積(排水施設は排水面積)	470ha
農家数(就業人数)	約500世帯
地域の特産品(伝統品・新商品等)	米、トマト
流域名	一級河川塩川流域　富士川水系
所有者	村山六ヶ村堰土地改良区
アクセス	最寄駅はJR小海線　甲斐大泉駅、清里駅 最寄ICは中央自動車道長坂ICß

歴史

縄文集落の遺跡の地に発展をもたらした謎の用水

村山六ヶ村堰のある地域は、全国有数の縄文遺跡の宝庫として知られている。国指定の史跡である「金生(きんせい)遺跡」「梅ノ木遺跡」をはじめ、その数は965カ所にも上り、縄文集落は約5000年前頃より湧水の周辺に点在していたと思われ、気候の変動によって移動していたことが類推される。

その後、900~1000年代には、農耕を中心とする集落が定着し、朝廷直轄の馬牧場ができたことから、名馬の産地としても知られるようになった。

旧用水路

原堰分水所

村山六ヶ村堰の成立の起源は定かではないが、900~1000年頃にかけて開削されたとされる。標高1150メートルと高地であり、雨や河川が少ない厳しい傾斜地だったため、かんがい、生活用水の確保は難工事だったと思われる。

その頃の甲斐源氏・逸見清光の居城と伝えられる国史跡の「谷戸(やと)城跡」や甲州街道の「台ヶ原宿」などを見るにつけ、村山六ヶ村堰の開削が農業の発展や集落の形成に大いに貢献したと考えられる。

時は下り、1700年代には現在にも通じる30集落分の取水や、維持補修の普請、賦課金などの水年貢、管理人といった人夫などの取り決めが記録されているが、同時に集落ごとの稲、小麦、栗、稗、大豆などの営農計画や収穫量も記載されており、それにもとづく用水量や賦課金が設定された痕跡があるなど、きめ細かな計画策定が行われていた。ま

丸戸分水所

東沢取水口

た、効果的なかんがいを実現するため、他地区からの出水と落ち合わせ、川を締め切り箱堰で川を渡し、約14キロメートルの支線水路を導水するなど複雑な水利形態となっている。傾斜地ならではの独特な建設技術が発達したようだ。

旧六ヶ村が合同で行う「堰さらい」や用水の安全を祈願する「水神祭」など、集落としての行事を含め、現在の農業水利や集落形成の骨格となる体系が、すでに整えられていたことも記録からうかがえる。

近代でも生活向上に貢献

古来より農耕集落の発展に寄与してきた村山六ヶ村堰疏水であるが、近代においても地域の食糧生産、生計の向上などに貢献している。実際、このかんがいによって１８９０年（明治23年）の農地は約３５０ヘクタールであったが、１９３０年（昭和5年）頃には約５０４ヘクタールに拡大している。また、１９７０～１９８０年代には「高根トマト」を中心とした高原野菜の生産拡大に貢献し、農業収益の飛躍的な向上をもたらしている。

さらに、防火用水の確保という点でも村山六ヶ村堰疏水は活用されており、集落が発展するたびに上流の集落へ分水を依頼し、賦課金や管理負担の拠出といった交渉を通じて実現してきた。そのため、今でも下流の集落が上流の集落が管理する水路の草刈りを行うことが取り決められ、地域のなかには住民が先祖代々の申し伝えとして作業をしているところもあるという。

村山六ヶ村堰疏水は施設の老朽化に対応しながら、今も適切に保全管理されているのだ。

特産品

長い日照時間、少雨の条件下においしさが増す農産物

北杜市は山梨県の北西部に位置し、2004年（平成16年）11月に北巨摩郡の明野町、須玉町、高根町、長坂町、大泉村、白州町、武川村の7町村が合併して誕生した。それぞれの地域の特産物が数多く存在する。特に水田は山梨県内で最大の面積を有しており、武川町の河川流域の、米づくりに適した花崗岩質の砂質土壌で栽培されている武川米は、全国のブランド米に負けないおいしさだが、収穫量の少なさから武川町内のみで限定販売される「幻の米」といわれている。同じ土壌で名水を誇る白州町の「白州米」も美味と評判で、白州町では酒造りも行われている。

また、当地は日照時間が長く、降水量が少なく、年間の寒暖差が大きいことなどの条件を利用した作物が特産となっている。明野町で生産される「浅尾ダイコン」は、恵まれた日照時間により、辛味と甘味のバランスが程よいと人気がある。

須玉町には津金地区を中心にりんご園が多く存在し「つがる」「富士」などの糖度が高く、蜜を含んだ品種が栽培されている。

高根町では桃太郎の品種のトマトが生産されているが、昼夜の温度差により着色が良く、鮮度が高くなるという。

長坂町では町村合併以前からブルーベリーの生産を行なっており、気象条件や土壌条件を生かし、高品質で大粒のブルーベリーが特産となっている。

おいしい湧水、長い日照時間、寒暖の差といった気象条件は蕎麦の栽培にも適しており、大泉町では「信濃1号」という、高冷地に適した秋そばの栽培が行われていて、市内の蕎麦処ではおいしい蕎麦がいただける。

浅尾地区で生産されている浅尾ダイコン

アントシアニンの機能性が注目されているブルーベリー

湧水で打ったおいしいそばを市内でいただける

水のある風景

吐竜の滝をはじめとするトレッキングフィールド満載

八ヶ岳の南山麓、リゾート地である清里より展開する村山六ヶ村堰疏水のシンボルといえば、その水源でもある吐竜の滝であろう。小さい滝が何段にも重なるように優美に流れ落ちる姿は、多くの人に愛されている。とくに秋の紅葉時は美しく、トレッキングコースに欠かせない。周辺には高原の自然を堪能できるトレッキングフィールドが多く点在するので、四季折々の高原の花や八ヶ岳の美しい山容とともに楽しみたい。

また、階段型水路など、傾斜地の用水ならではの施設も見所のひとつ。下流にある川子石公園では石積みの自然型水路を見ることもできる。

西沢隧道出口

階段水路

東沢水門

自然型水路

東北
関東
甲信越
北陸
東海
近畿
中国
四国
九州

長野県

滝之湯堰・大河原堰

（たきのゆせぎ・おおかわらせぎ）

急峻な河川沿いの岩肌をくり抜き、人口の滝で川を横断する当時の最高技術と画期的な発想が織りなす芸術的な名堰

人工の滝である「乙女滝」

長野県茅野市は八ヶ岳、白樺湖、蓼科高原などの観光資源を多く抱える、諏訪地方で最大の地方都市である。見所のひとつに、1995年（平成7年）に縄文時代のものとしては初めて国宝指定された「土偶（縄文のビーナス）」が収蔵されている尖石縄文考古館がある。その駐車場脇には滝之湯堰からの水が流れ、開削者である坂本養川（ようせん）の像が立っている。

滝之湯堰は滝ノ湯川から取水し、八ヶ岳の西山麓に広がる田園地帯に水を供給する全長13・5キロ

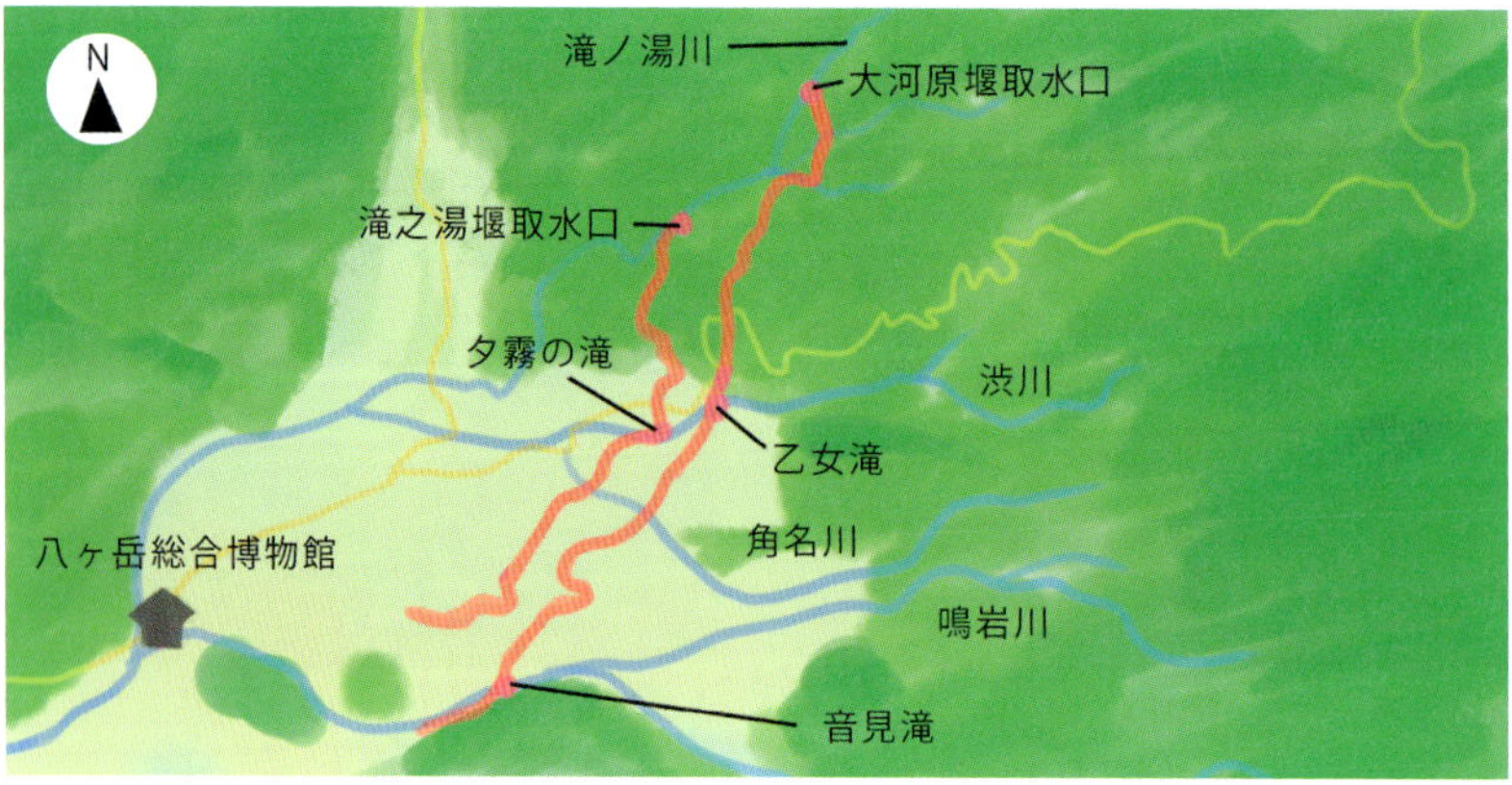

メートルの幹線水路で、天明の飢饉では農民の被害を最小限に食い止めたと伝えられている。ちなみに、同じ滝ノ湯川を水源に持ち、より上流から取水する大河原堰も坂本養川が開削したもので、その長さは全長14・4キロメートルにおよぶ。

両堰の上流地帯は八ヶ岳中信高原国定公園に位置し、自然豊かな地域である。水路が蓼科高原の別荘地内を通過し、一般市民が訪れる機会も多いことから、景観に配慮した石積み水路にしたり、管理道路の一部遊歩道化などが行われている。

遠足の定番として愛される

滝之湯堰、大河原堰の最大の特徴は、卓越した土木技術と、地形を生かした画期的な発想にある。たとえば水路のつくれない河川沿いの硬い岩をくり抜く工法からは、当時の卓越した技術がうかがえる。そして何よりも、河川を横断する構造として人工の滝をつくった発想はまさに秀逸で、滝之湯堰の「夕霧の滝」、大河原堰の「乙女滝」などは人工の滝とは思えないほど美しく、人気の観光名所にもなっている。

滝が農業用水の一部であることを知らない人も多いが、地元の小学校では用水開発の歴史や坂本養川の取り組みを授業に取り入れており、遠足でもコースの一部となっている。また、毎年4月には通水に支障のある木々を取り払う滝之湯堰の「定式修繕」、大河原堰の「薮切り払い」や取水口の河川内に小堤防をつくりなおす「湛え込み」という作業を行うなど、両堰とも受益者により手厚く管理されつづけている。

DATA

名称	滝之湯堰・大河原堰
施設の所在市町村	長野県茅野市
供用開始年	滝之湯堰1785年（天明5年）、大河原堰1792年（寛政4年）
総延長	滝之湯堰13.5km、大河原堰14.4km
かんがい面積（排水施設は排水面積）	771ha（滝之湯堰456ha、大河原堰315ha）
農家数（就業人数）	滝之湯堰1013名、大河原堰689名
地域の特産品（伝統品・新商品等）	セロリ、レタス、高原キャベツなど
流域名	天龍川水系上川流域
管理者	茅野市滝之湯堰土地改良区、茅野市大河原堰土地改良区
アクセス	最寄駅はJR中央本線線茅野駅 最寄ICは中央自動車道諏訪IC、諏訪南IC

歴史
天明の飢饉から農民を救った坂本養川の「繰越堰」

石積水路

滝之湯堰と大河原堰は200年以上前に、現在の長野県茅野市宮川にあたる田沢村の名主であった坂本養川の高島藩への献策によって開削された農業用水路である。当時、高島藩は財政力の強化と農業生産の拡大を目指して、新田開発に力を注いでいたが、18世紀半ば頃には水不足から開田の動きも減り、各地で水争いが多発する状況となっていた。

そんな折、坂本養川は殖産興業のため、近畿地方や関東地方の各地を歴訪し、各地の水利や開拓地の実情をつぶさに調査し、帰郷後2年かけて八ヶ岳西麓地域の地理を調べながら測量を行い、荒地に新田を開発するにあたって「繰越堰」という、当時としては新しい水利体系を構想し、1775年（安永4年）以降、用水の開発を高島藩に何度となく請願した。

渋川の横断水路橋。一般の人は入れない

ちなみに、この繰越堰とは、東西に流れる複数の河川を用水路で結び、比較的水量の多い北部の滝ノ湯川、渋川などの余水を順々に南部の水不足地帯へ送ることで、その沿線の農地をかんがいする仕組みである。

そして、1782年（天明2年）から7年間にわたる「天明の大飢饉」で農業生産を増大する必要に迫られていた高島藩では、1785年（天明5年）に最初の繰越堰となる滝之湯堰を、1792年（寛政4年）にはその上流に大河原堰を開削し、以降、１８００年（寛政12年）までの15年間で15の堰を開削した。なお、15の堰による当時の開田面積は約３００ヘクタールにおよぶが、その半分の約１５０ヘクタールは滝之湯堰と大河原堰の開削にともなうものである。

　ともあれ、あらたな堰の開削によって荒地の水田化が進み、現在の集落の基礎ができるとともに農業も商業も活性化していった。また天明の大飢饉の後半期では、このかんがいによって農民の飢餓を最小限に食い止めることにも成功している。

開削者の坂本養川像

岩をくり抜いた水路。一般の人は入れない

現在も採用されている「芝湛」

　この滝之湯堰、大河原堰には、構造にもおもしろい特徴がある。そのひとつが「芝湛（しばたたえ）」という取水方式だ。河川に木、石、枝葉などで小堤防を築いて、堰き止めて取水する構造であり、あえて漏水させることによって、河川下流へも水を流す仕組みになっている。

「落差工」という人工の滝を使っての河川横断構造も独特である。滝之湯堰には「夕霧の滝」、大河原堰には「乙女滝」という人工の滝があるが、これらは滝ノ湯川から導水してきた用水について、渋川を横断させるためにつくられたものである。渋川の河岸の急峻な崖を一気に落下させ、渋川に流入する前に集水した水を掛樋という水路橋で渡し、渋川からの補給水とあわせて下流へ導水しているのだ。両滝とも岩盤部を巧みに加工し、下流部では自然石で水勢を減らす工夫がなされている。

　まさに先人の知恵、こういった取水・導水・河川横断の構造が開削当時と変わらない状態で利用されていることには、まったくもって驚きを禁じえない。

特産品

冷涼な気候が甘さを増す高原キャベツや西洋野菜

滝之湯堰・大河原堰のある長野県の茅野市が位置する諏訪地方は、1年を通して降水量が少なく、湿度の低い穏やかな気候が特徴で、夏は涼しく、冬も晴天率が高い。街並みは標高700～1200メートルに広がり、冬の晴れた日は放射冷却でマイナス10℃以下に冷え込むことも多いが、雪は少ない土地柄である。

茅野市ではそんな冷涼な気候を生かして、バラエティ豊かな農産物を栽培している。なかでもセロリやレタス、カリフラワーといった、海外由来の洋菜類は大正時代に市内で生産を開始して以来、現在までに品種改良と独自の栽培技術を確立してきた。

他にも低地栽培物に比べて葉が柔らかく、甘みも強くなるキャベツは「高原キャベツ」といわれて、夏から秋に向けて旬を迎える。葉が美しく巻きがしっかりとしていて水分も多いので、生でも加熱してもおいしい。

また長野県では「信州伝統野菜認定制度」を1991年（平成3年）から開始しており、野沢菜をはじめとして70以上の野菜を「信州伝統野菜」に認定している。そのなかには茅野市でしか見ることのできない珍しい野菜も含まれている。

「糸萱かぼちゃ」と「諏訪紅蕪」がそれにあたる。糸萱かぼちゃは茅野市北山の標高1000メートルを超える地層で育つかぼちゃで、薄い緑色で、重量感があり形は大きめ。ホクホクとしたきめの細かい食感で、自然の甘みが特徴だ。諏訪紅蕪は茅野市原産で、野沢菜が普及する前は漬け菜として、伊那地方まで栽培が広がった時期があった。ともに運良くレストランなどで見かけたら試してみたい。

涼しい気候と水分を好むセロリは高地でおいしくなる

レタスは高原野菜の代名詞的存在

夏から秋にかけて甘くなる高原キャベツ

水のある風景

美しい2本の滝と管理道路
坂本養川の遺徳を偲ぶ施設も

渓谷が深い滝之湯堰、大河原堰は自然の地形を生かしたユニークな構造が見所。なかでも「夕霧の滝」「乙女滝」のふたつの人工の滝は、自然の滝さながらの景観の美しさから人気の観光地となっている。また、滝之湯堰の管理道は（一社）日本ウオーキング協会の「美しい日本の歩きたくなる道500選」に選定された「蓼科高原・縄文文化と高原浴のみち」の一部に含まれているので、そちらもオススメ。それから、茅野市八ケ岳総合博物館では、当時の八ケ岳西麓地域の水不足を解消した郷土の偉人として坂本養川が紹介されているのでこちらも要チェックだ。

急流部の水路を水が流れる様子

人工の滝である夕霧の滝

改修された水路の様子

水路に積もった雪が美しい

受益地を流れる拾ケ堰

長野県

拾ケ堰（じっかせぎ）

長野県でも有数の観光地・安曇野は拾ケ堰の賜物
緩やかに流れる水と八ヶ岳の景観が旅人を誘う

拾ケ堰はその歴史的、農業生産的な重要性だけでなく、県内有数の観光地である安曇野の景観を形成することにも一役買っている。安曇野の観光パンフレットには、かならずといっていいほどこの拾ケ堰が登場する。常念岳など雄大な北アルプスの山容を背景に、周辺の緑豊かな田園風景のなかを悠々と流れる拾ケ堰は、安曇野の景観になくてはならない存在となっているのだ。

また、頭首工からの高低差がわずか5メートルと、きわめて緩い勾配を流れることから、場所によっては水が高いところに上っていくかのように見

えるのも、拾ケ堰ならではの風景といえるだろう。

こうしたことから、行政も拾ケ堰を農業のみならず、重要な地域資源と認識しており、景観に配慮した石積み水路区間を設けたり、「安曇野型」と呼ばれる全線統一の環境配慮型の安全フェンスを設置したりしている。また「安曇野市野外広告物条例」では特別に「拾ケ堰」を指定し、周辺３００メートル区間の野外広告物を規制しているほか、「安曇野市地下水の保全・涵養および適正利用に関する条例」では、その前文に「豊満な水を湛える拾ケ堰、残雪の北アルプスが映える水田の水面、本流となって湧き出る湧水、これらはいずれも安曇野を代表する風物である」とし、拾ケ堰が安曇野を代表する地域資源であると位置づけている。

「ジッカ」と地元で親しまれる

周辺は水辺公園やほぼ全線にわたり自動車道路が整備され、地域住民の憩いの場や観光客の人気スポットになっている。「大王わさび農場」にある水車小屋は、安曇野を象徴する景色として有名だが、これは１９９０年に公開された黒澤明監督の映画『夢』のロケに使われた当時のままに保存されている。

なお、拾ケ堰は地域住民から「ジッカ」という呼称で親しまれているが、それは吉野村、成相町村、新田町村（以上、豊科）上堀金村、下堀金村（以上、堀金）、矢原村、柏原村、保高村、保高町村、等々力町村（以上、穂高）の10カ村をかんがいしたことにちなんでいる。名実ともに親しみに満ちたかんがい施設遺産だ。

DATA

名称	拾ケ堰
施設の所在市町村	長野県安曇野市、松本市
供用開始年	1816年（文化13年）
総延長	15km
かんがい面積（排水施設は排水面積）	780ha
農家数（就業人数）	1135名
地域の特産品（伝統品・新商品等）	コメ、リンゴ、夏秋イチゴなど
流域名	千曲川水系犀川・梓川・奈良井川・烏川
所有者	長野県拾ケ堰土地改良区
アクセス	最寄駅はJR大糸線豊科駅 最寄ICは長野自動車道安曇野IC

歴史

大河川を越え、用水路を交差し当時の叡智が結集された用水路

拾ケ堰が開削される前から安曇野は、優良な農地として知られていたが、水が地下に染み込みやすい地質だったため用水が不足し、農民は貧しい暮らしを強いられていたという。

そこで、農民の困窮を憂いた当時の庄屋・等々力孫一郎は、周辺の村々の長を説得し、松本藩の許しを得て、梓川を飛び越えた先の奈良井川から取水するという用水路づくりを計画。調査・測量のために26年もかかったという。ときに、等々力孫一郎は慎重にルートを選定した後も、手づくりの測量機や竿、縄などを使って土地の高低をふたたび慎重に測っていったという。15キロメートルのルートをたった9人で測量したそうだが、現在の地図で拾ケ堰のルートを確認すると、標高570メートルの等高線に沿って流れていることがよくわかる。当時の測量技術の高さがうかがわれる逸話である。

測量の様子

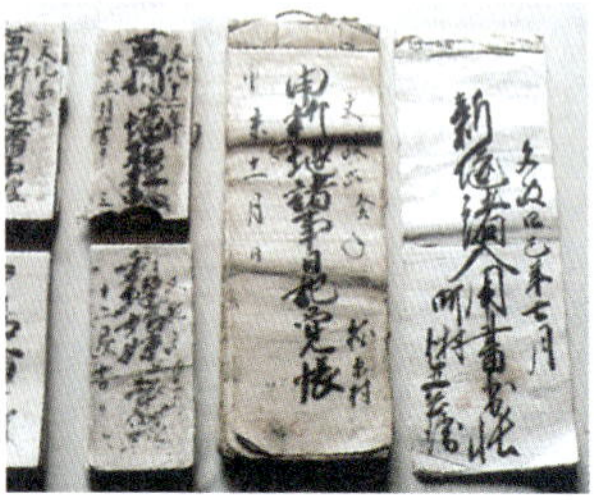

関連文書、測量器

画期的な技術の結晶で完成

等々力孫一郎はこの測量をもとに設計図と工事計画を策定し、1816年（文化13年）2月から、本格的な工事を開始した。しかし、1日2000人を投入したこの大工事は、多くの困難に直面した。奈良井川の取水口付近では高い崖を切り崩さなければならず、梓川の川越しをはじめ、多くの用水路を横切る立体交差をつくる必要があったのだ。

梓川の横断に関しては「牛枠」と呼ばれる、木材と自然石を組み合わせた水の制御装置や、「蛇籠」という

円筒状の長いカゴに砕石を詰め込んだ道具などを使って、水を調整したという。また、36カ所に上った用水路の横断では、樋を上に渡したり、木の箱でトンネルをつくったりと、さまざまな工夫を重ねた。

こうした困難を克服しながら、着手からわずか3カ月という短期間で、全長15キロメートルの用水路を地域の農民総出で完成させた熱意と土木技術には驚嘆せざるをえない。ちなみに、この用水路は、高い水源から低い土地へと水を流す縦堰ではなく、ほぼ同じ標高の土地に水を流す横堰となっている。そのため、適切なルート探しや測量などにも高度な土木技術が必要となったといわれている。

拾ヶ堰従前の様子

かつての拾ヶ堰

紙芝居にもなった開発物語

開削当初は約300ヘクタールが新規に開田され、当時の経済の中心であった米の生産増加は、農村の発展、農家の困窮解消に貢献した。そして、松本藩の財政も大いに豊かになったことから、等々力一族には裃の着用と、殿さまに単独会見が許される「独御例」という、当時の農民としては異例の名誉と特権が与えられた。

江戸時代において用水路を開削し、新田開発を行うことは、藩主の命で行われることがほとんどだったが、拾ケ堰は農民みずからが発案し、実行した用水路である。そのため、現在にいたるまで拾ケ堰に対する地元住民の愛着度は比類なく高い。

特産品

冷涼な気候と清らかな水に育まれるコシヒカリやわさび

北アルプスの山々を背景に拾ケ堰がゆったりと流れる安曇野は、広大で肥沃な田園地帯だ。標高６００〜７００メートルに位置し、冷涼で夏の日照時間が長く、昼夜の寒暖差が大きい。その温度差が稲の光合成を促し米の旨みを増すという。それだけではない。病害虫の発生が少なく、農薬の使用を最小限に抑えることができるという利点もある。当然、安曇野産コシヒカリの一等米の割合は非常に高くなっている。

　現在は豊かな米どころの安曇野だが、かんがい施設の整備や米の品種改良を経て今がある。それ以前は麦やそばを栽培していた。そのときに生まれたのが安曇野名物「おやき」だ。小麦粉やそば粉を練って生地を作り、野菜を使った具や甘いあんを入れてまるめ、焼くか蒸すかして仕上げる。定番の中身は野沢菜、切干大根、なす味噌のほか、カボチャあんやクルミあんなどがある。具やあんでも地元の特産品が味わえる素朴な「おやき」は、おやつに軽食にもってこいだ。

　安曇野には北アルプスの雪解け水が伏流水となって湧き出す湧水が点在する。その清らかで豊富な水を利用してわさび栽培が行われている。なかでも大規模なのが、大王わさび農場（☎０２６３・８２・２１１８　安曇野市穂高１６９２）で、東京ドーム11個分の広さを誇るわさび田は、大正6年から長い年月をかけて開拓されてきたものだ。わさびは植え付けから約2年をかけて収穫される。大王わさび農場では、おろしたてのわさびの爽やかな風味が堪能できる「本わさび丼」や、辛みはなくスッキリとした後味の「わさびソフトクリーム」などが楽しめる。

北アルプスの麓、安曇野の田園地帯

具材のバラエティも豊富な「おやき」

清らかな水が流れる「大王わさび農場」

水のある風景

高原リゾートに点在する豊かな水が育んだ文化

拾ヶ堰の現状

北アルプスを望む安曇野は人気の観光地だ。街を流れる水路の景色は訪れる人を癒してくれる魅力に満ちている。たとえば、黒澤明監督の映画『夢』のロケ地として有名な水車小屋のある「大王わさび農場」は15ヘクタールの日本一広大なわさび田で、風情ある水車小屋や緑豊かな遊歩道などが整備され、歴史と自然を同時に堪能できる。また「国営アルプスあずみの公園」では、豊かな水と大地が育んだ文化に触れられるほか、石積みの水路や柳の並木などで整備された景観重点区間を散策できる。

春の景色

夏の景色

冬の景色

山懐に田園風景が広がる五郎兵衛新田

長野県

五郎兵衛用水（ごろべえようすい）

天災と戦国時代の戦乱で荒れはてた村々を美しく豊かに蘇らせた市川五郎兵衛の情熱と創意工夫に注目したい

五郎兵衛用水のある長野県佐久市は、長野県下の「平」と呼ばれる4つの盆地のひとつ、佐久平の中央に位置する。

中央に千曲川が流れ、八ヶ岳、浅間山、蓼科山、荒船山など、雄大な山並みを望む標高約700メートルの風光明媚な高原都市である。

標高600〜1100メートル前後の土地に広がる高地は、千曲川とその支流がもたらす豊かな水や高原独特の冷涼な気候、豊富な日照時間といった自然環境に恵まれており、水稲、野菜、花卉を中心にさまざまな農業が展開されている。昼夜の寒暖差が

大きく、食味のおいしい米、糖度の高い果実、発色の良い花など、多くの品目が出荷される県内でも有数の農業地帯である。

しかし江戸時代初頭のこの地域は、戦国時代の戦乱による侵略やかんがい施設の破壊、天災などにより、飢饉と貧困に苦しんでいたという。そこで、市川五郎兵衛眞親はかんがい施設の開発に着手、1631年（寛永8年）に五郎兵衛用水が完成し、この地域は佐久平でも有数の穀倉地帯となり、地域は水稲耕作を中心とする豊かで平和な街へと変貌を遂げたのである。

その豊かさが、地域の文化活動にも波及し、村では日本の伝統文化である華道や茶道、村方歌舞伎、和歌、俳句、漢詩などが盛んに楽しまれるようになったという。

農民直接補修の伝統

五郎兵衛用水では1631年（寛永8年）の竣工から1971年（昭和46年）の大改修まで、受益地の農民が毎年延べ7000人〜9000人が出役し、9つの隧道やかんがい水路の維持管理、補修にあたってきた。水源の原生林からの湧水や水利施設の補修に枝や芝の森林資源が大量に必要であったことから、受益者総参加の用水普請に加えて、山を守るための山普請も行われてきた。

大改修以降は農民による直接補修工事が不要になったことから、住民総参加の山普請の規模は縮小されているが、水源涵養林の植樹、下草刈りなどの森林保全活動は、五郎兵衛用水土地改良区の事業として今も継続されている。

DATA

名称	五郎兵衛用水
施設の所在市町村	長野県佐久市
供用開始年	1631年（寛永８年）
総延長	13.3km
かんがい面積（排水施設は排水面積）	416ha
農家数（就業人数）	1050名（組合員数）
地域の特産品（伝統品・新商品等）	五郎兵衛米（コシヒカリ）、プルーン、桃、リンゴ
流域名	一級河川　信濃川水系鹿曲川
所有者	五郎兵衛用水土地改良区
アクセス	最寄駅はJR長野新幹線佐久平駅 最寄ICは上信越自動車道佐久IC

歴史

戦乱の世に荒れはてた地域を豊かに変貌させたかんがい施設

今の長野県佐久市あたりは、かつて勅使牧（てしまき）地域と呼ばれ、15世紀半ばまで800年にわたって朝廷直轄牧場があった。しかし15世紀から16世紀の日本列島は、小氷期による異常気象と活火山の噴火などにより、2〜3年に一度は飢饉が発生し、社会不安から国内の抗争が絶えなかった。世はまさに戦国時代で、この一帯も侵略者の破壊により、人々は飢饉や家族離散といった悲惨な境遇に陥っていた。古文書によれば、地域の人たちは抗争によってかんがい施設や橋梁、堤防などが破壊され食料の自給ができず、木の皮や草の根、稲わらまで食べざるをえないような惨状だったという。

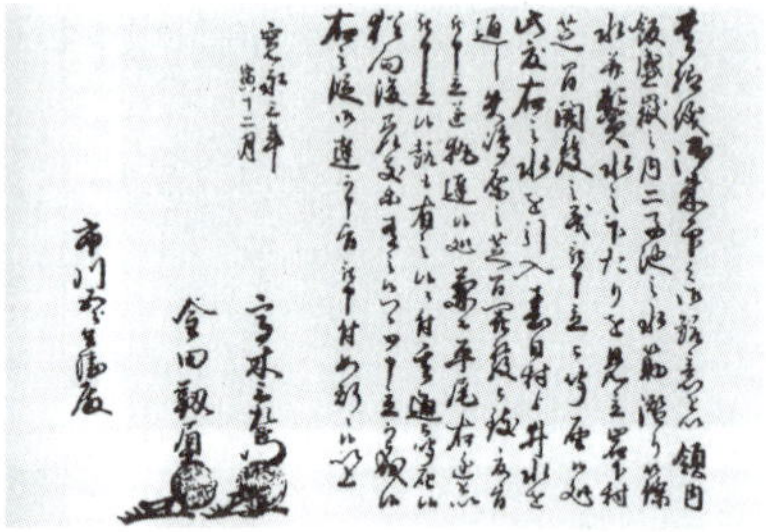

小諸藩開発許可状。五郎兵衛56歳のときである

1712年（正徳2年）頃につくられた「五郎兵衛用水路彩色絵図」

その状況を変え、安定した農業生産をもたらしたのが五郎兵衛用水とその開発の功労者である市川五郎兵衛眞親だった。市川家は上野国甘楽郡羽沢村を本拠地とする土豪の家柄で、五郎兵衛が生まれた頃は武田氏に仕えていた。武田氏の滅亡後は徳川家康から仕官の誘いがあったそうだが、五郎兵衛はその誘いを断り、代わりに1593年（文禄元年）、新田開発許可の朱印状が交付された。そして、五郎兵衛は1615年（元和元年）に長野県佐久地方で三河田・常木用水と呼ばれる、最初の用水開発に着手。ついで1626年（寛永3年）に小諸藩から開発許可を受け、同地域で五郎兵衛用水の開削工事に着手した。

現代にも通じる土木技術の数々

五郎兵衛用水には当時としては斬新な着想のもとに施工された箇所が随所に見られる。

用水掘抜。脆弱な岩盤にもかかわらず、ひとりの死者も出さなかった

昭和20年代頃の「築堰」の様子

「築堰」の跡を今に伝える石碑

たとえば「築堰」と呼ばれる末流部に斬新な工夫の跡が。軟弱な地盤に水路を通すための「高盛土」がそれ。軟弱な地盤対策と水路高確保のために最大2・4メートルの高さに土を盛る工法で、その技術は現在も高速道路などで使われている。ついで編み出したのは「田楽積工法」。高盛土の上の水路の漏水や決壊を防ぐため、現地で調達した灌木や野芝、在来土を交互に積み重ね、それらを串刺しにするように松杭を打ち込むもので、土壁や盛り土の補強を目的とする現代のジオテキスタイル工法にきわめて類似している。そして「真綿流し工法」という工法も。水路の漏水対策として、真綿を流すことで水の流れを可視化し、漏れ穴に吸わせ、その上から土砂で埋め戻すやり方で、岩盤の割れ目や土砂中に薬剤を注入して漏水を防ぐ、現代のグラウト工法にも通じる技術である。

いずれも農民がみずから補修できるように、調達しやすい資材・工法で建設されている点が五郎兵衛らしい。

着工から5年後の1631年（寛永8年）に全長20キロメートルの五郎兵衛用水は完成し、荒廃地439ヘクタールが優良農地化し、あらたな村ができた。その後も五郎兵衛用水の水利と人々の努力によって耕作可能面積は拡大し、1672年（寛文12年）には870ヘクタールに達している。

五郎兵衛は1665年（寛文5年）に94歳の長寿をまっとうしたが、遺言で村の高台に葬られ、今も五郎兵衛新田を見守っている。没後100年の1764年（明和元年）には五郎兵衛の功績をたたえて「眞親神社」が建立され、毎年6月には水利感謝祭が開催されている。

特産品

幻の米「五郎兵衛米」と日照と寒暖差が育てる果物

長野県屈指の穀倉地帯が広がる佐久市。現在、五郎兵衛用水を使って稲作ができる水田は約400ヘクタールとかぎられているが、そこで育つコシヒカリは「五郎兵衛米」と名付けられ、市場への流通が少ないため「幻の米」と呼ばれている。

もちろん、ただ希少なだけではない。五郎兵衛用水が運ぶ蓼科山の湧水、全国トップクラスの日照量、一日の気温の寒暖差、保肥力のある重粘土地質といった、米の品質を高める条件が揃っている。さらに生産者の高い栽培技術が、粘りと甘みが強く、冷めても温め直してもおいしい米を作り出している。

抜群の日照と寒暖差、雨が比較的少ない気候を生かして、佐久市では果実の栽培も盛ん。特にプルーンは佐久市が日本における発祥地といわれている。プルーンの旬は9月中旬~10月中旬。酸味と甘みのバランスに優れ、鉄分と食物繊維が豊富なことはもちろん、皮ごと食べられるのでポリフェノールもたっぷり摂れる健康フルーツだ。

桃も佐久市の特産で、ポピュラーな「白鳳」をはじめ、県の果樹試験場で栽培された「なつき」「なつっこ」など多様な品種が栽培されている。土地の標高が高いため肉質の締まった日持ちのよい桃として市場の評価も高い。

りんごは10種を越える品種が育成され、味の個性もいろいろ。佐久市では「りんごオーナー」の募集を行っている。農薬や化学肥料を抑えた果樹園で生産者が収穫まで管理し、オーナーが収穫を行うシステムだ。太陽をいっぱいに浴びて育ったもぎたてのりんごはシャキッと甘酸っぱく格別だ。

雄大な浅間山を背にした五郎兵衛新田

抗酸化作用が高い果実、プルーン

ジューシーで爽やかな「シナノゴールド」

水のある風景

市川五郎兵衛の業績と用水の歴史を伝える記念館

東京から新幹線で1時間、隣りに人気のリゾート地である軽井沢を有する佐久市は、千曲川や信州の山々などの自然に恵まれた田園都市である。そんな豊かで美しい街の原動力となった、五郎兵衛用水の歴史を深く知ることができるのが「道の駅ほっとぱーく浅科」の裏手の神社の脇にある「五郎兵衛記念館」である。市川五郎兵衛眞親と新田村の歴史を後世に伝えようと、１９７３年（昭和48年）に設立された施設で、江戸時代の「五郎兵衛用水路彩色絵図」や小諸藩が市川五郎兵衛に宛てた開発許可状など、貴重な古文書・資料が展示されている。

五郎兵衛記念館
佐久市甲14番地1
☎0267-58-3118
休＝月（祝日の場合、翌休）、祝、12/29～1/3
開館時間＝9:00～17:00

信州の山々に桜の花が映える

用水跡。冬には氷柱の柱が神秘的な光景を醸し出す

受益地の築堰の収穫期の様子

平成の大改修で生まれ変わった白山頭首工

石川県

七ヶ用水（しちかようすい）

暴れ川であった手取川が、安全で豊かな水源に一変
「明治の大改修」が広大な扇状地を大穀倉地帯に発展させた

七ヶ用水は霊峰白山より発する石川県最大の河川・手取川を水源とし、石川県白山市を中心に金沢市、野々市市、川北町の3市1町の7400ヘクタールにもおよぶ、広大な水田をかんがいしている。

手取川は雨が降れば洪水となり、日照りがつづけば水が枯れる「暴れ川」で、氾濫を繰り返しながら「七たび流れを変えた」との伝承が残るほど、長い年月を経て日本を代表する扇状地を形成してきた。

また、加賀平野は水はけの良い土地であり、豊富な地下水を得られる反面、水田へ水を運ぶことが困難な

土地でもあったため、「昭和の大改修」が完了するまでは、干ばつ時の水争いが絶えず、「番水」という取水制限による水管理が行われてきたという。

　その後、農業用水路を網の目のように張り巡らせたり、ダムを新設したりして、ようやく手取川から七ヶ用水へ農業用水を安定的に取水できるようになり、手取川扇状地は石川県最大の穀倉地帯となったのである。

台湾の水利組合とも交流

　白山頭首工より取水した農業用水の一部は発電にも役立っている。2004年（平成16年）に運転を開始した七ヶ用水発電所は、水位差を設けて発電を行う流れ込み式の発電所であり、この農業用水を活用している。小水力発電は自然環境に優しいクリーンな再生可能エネルギー施設であり、年間約390万キロワット／時で、一般家庭約1100戸の使用量に相当する。

　その一方で、地域では講演会や課外授業、トンネル体験、清掃ボランティア、生き物調査など、この農業用水施設を活用したさまざまな活動も実施。受益者だけでなく、多くの周辺都市住民や子どもたちが参加しており、七ヶ用水の歴史や役割などを理解できる場となっている。また1992年（平成4年）からは、台湾・台南市でかんがい面積約8万ヘクタール、会員約18万人を有する、台湾最大の農田水利会である「嘉南農田水利会」と姉妹会となって交流を深めるなど、その文化的・歴史的価値を国内外に発信しつづけている。

DATA

名称	七ヶ用水（大水門、隧道、吸水口）
施設の所在市町村	石川県白山市
供用開始年	1903年（明治36年）
総延長	約210m
かんがい面積（排水施設は排水面積）	4582ha
農家数（就業人数）	5457人
地域の特産品（伝統品・新商品等）	米（コシヒカリ）、白山菊酒、あんころ餅、剣崎なんば、ふぐの糠漬け
流域名	一級河川手取川流域
所有者	手取川七ヶ用水土地改良区
アクセス	最寄駅はJR北陸本線松任駅 最寄ICは北陸自動車道白山IC

歴史

歴史ある用水を合口して再生 5年にわたった「明治の大改修」

手取川の扇状地では、古くから手取川の分流跡や入川跡を利用して、富樫、郷、中村、山島、大慶寺、中島、砂川（現・新砂川）の7用水を引いて稲作を営んでいたが、取水口合併が具体化した1891年（明治24年）頃からは「七ヶ用水」が通称となった。各用水の開設の年代は不詳であるが、平安時代にはすでに用水として活用されており、江戸時代初期には藩政下で管理されていた。

明治の大改修で完成した大水門。
左下の穴は枝権兵衛の掘削した隧道

また1869年（明治2年）には、後に「七ヶ用水の父」と呼ばれる枝権兵衛がその生涯と財産をかけて、安定した取水を行うために、1年中水を湛える安久濤ヶ淵からトンネルを掘り、最上流に位置する冨樫用水に水を取り入れることに成功。これまで水害のたびに賦役があった取り入れ鎚の損壊や洪水の流入が減り、日照りでも水があるため舟運も安定して行うことができるようになるなど、人々に多大な恩恵を与え、その後の七ヶ用水の合口事業にも大きな影響を与えた。

隧道上部には安久濤の森が広がるが、この一帯は「しらやまさん」と親しまれる白山比咩神社の旧社地として知られ、七ヶ用水の守護神と仰がれている水戸明神が鎮座している。

明治時代の給水口の通水式の様子

電力も生んだ昭和の大改修

石川県では1883年（明治16年）以来、手取川の河川改修の議論が起こり、1891年（明治24年）には内務省に雇われていたオランダ人技師ヨハネス・デレーケの視察によって、河川内に散在する石や堤防の脆弱性など、「手取川の五難」と呼ばれる課題が指摘された。そして、1899年（明治32年）に手取川の氾濫対策、七ヶ用水への安定水量の確保、取水操作の軽便化、配水操作の効率化を目的として、7つの用水の取水口をひとつにまとめる「合口事業」が着手された。

結果、手取川本流の「安久濤ヶ淵」に大水門を建設し、岩盤をくり貫いて3本の隧道を掘削し、隧道出口から7・8キロメートルにおよぶ七ヶ用水幹線水路と、各用水への堰や水門が建設された。5年の歳月と延べ10万人が投入された大工事は、1903年（明治36年）に完了。結果、取水の苦労が軽減され、用水量が安定すると同時に、分水や取水制限をする「番水」の手続きが楽になり、水争いが解消、後に「明治の大改修」と称されるようになった。

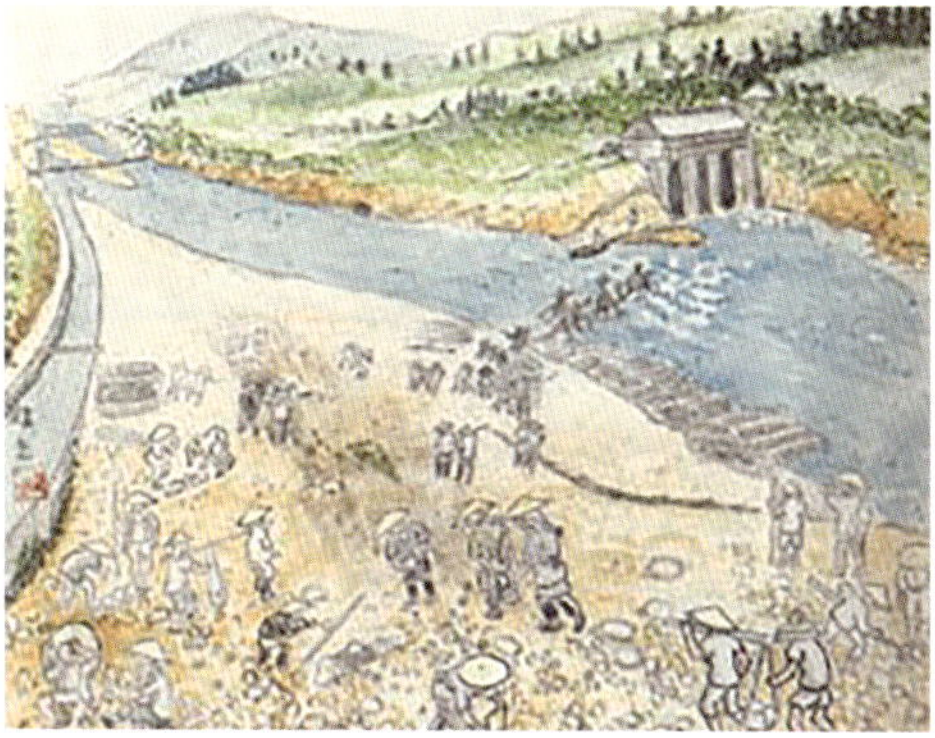

明治の頃の春田の準備の様子がわかるイラスト

その後、1934年（昭和9年）には大洪水により手取川の川床が低くなり、大水門からの取水が困難となったため、1937年（昭和12年）に手取川発電事業により、上流700メートルに白山頭首工が造成され、白山発電所の放水路を七ヶ用水の隧道に連絡することに。さらに、1944年（昭和19年）には国営事業により白山頭首工の改修が着手され、1949年（昭和24年）に白山頭首工のかさ上げと大水門までの新水路が竣工した。そして、1968年（昭和43年）には国営事業により大日川ダムが、1980年（昭和55年）には手取川ダムが完成。ついで県営事業により総延長140キロメートルにおよぶ幹線・支線水路の改修などが「昭和の大改修」として成し遂げられた。

特産品

石川県人おなじみの「あんころ餅」激辛の「剣崎なんば」やフグの珍味

七ケ用水のある石川県白山市は、金沢市の南西の加賀地方の中央部に位置する。日本海性気候で冬場は北西からの季節風により気温が低く、雪の降る日も多くなるが、自然に恵まれた地域である。そんな白山市の特産品は、まさに白山からの美しい空気と水の恵みの賜物といえる。

「あんころ餅」はまさに白山のソウル銘菓

長いものは15センチメートルにもなる「剣崎なんば」

創業300年の老舗・油与商店の「ふぐの子糠漬」

石川県でおなじみの銘菓といえば「あんころ餅」。その昔、天狗があんころ餅の作り方を教えてくれたという「天狗伝説」がある。餅を餡子で包んだ素朴なお菓子で、餡を餅の衣になぞらえて「餡衣餅」と呼ばれたのが「あんころ餅」となったという説がある。土曜の入りの日にあんころ餅を食べる習慣があることから「土用餅」とも呼ばれる。市内には多くの老舗や名店が、個性豊かな商品を販売している。

農産物では「剣崎なんば」という唐辛子が白山市の剣崎町で、戦前まではほとんどの農家で栽培されていた。艶のある赤色で、太さは普通の唐辛子と変わらないが、先が尖っていて長いのが特徴。強い辛みの後に、ほのかなコクが感じられる。一時は栽培農家も減っていたが、2009年（平成21年）に白山市の地域特産農産物に指定され、同年に設立された剣崎なんば保存愛好会を中心に生産振興に取り組んでいる。

農産物からは離れるが、石川県の郷土料理「フグの糠漬け」は毒性の高いフグの卵巣を2年以上塩漬け、および糠漬けにすることで無毒化した珍味で、「河豚の子糠漬け」とも呼ばれ、白山市の美川地域を中心に販売されている。ご飯の友や酒のあてに最高の珍味である。

水のある風景

雄大な手取川の流れとパワースポットを巡る

１９３７年（昭和12年）に水力発電用の頭首工として造成された白山頭首工は、かつての「暴れ川」である手取川の雄大な流れを実感できる。70年以上を経て、「平成の大改修」が２０１９年度（令和元年）に竣工する。そして、その少し下流には、地元の食事や野菜や地元のお土産が揃う「道の駅しらやまさん」もある。「しらやまさん」と呼ばれる白山比咩（しらやまひめ）神社は加賀国の一ノ宮で、ご祭神の白山比咩大神は、『日本書紀』でイザナギとイザナミを仲直りさせた菊理媛神（くくりひめのかみ）と同一神とされることから「悪縁を断ち、良縁を結ぶ」ご利益があるといわれる。

クリーンエネルギーを生む七ヶ用水発電所

手取川の流れがつくりあげた扇状地の水張田を望む

給水口も歴史的農業土木施設

「明治の大改修」を今に伝える大水門

福井県

足羽川用水（あすわがわようすい）

干ばつや水害に苦しんだ、福井の平野を豊かにした大用水路
宿場町としても栄えた町並みの風情を、今に伝えつづける

現在の足羽頭首工

福井市南東部の足羽川頭首工から農業用水を引き入れている足羽川用水は、左岸の徳光用水、六条用水、木田用水、社江守用水、足羽四ケ用水、足羽三ケ用水と、右岸の酒生（さこう）用水の7つの幹線用水の総称だ。総延長は22キロメートルで、両岸約2000ヘクタールの農地をかんがいしている。

司馬遼太郎は著書『街道をゆく』で足羽川用水の町並みや街道の様子をつぎのように表現している。

〈集落は道路の両側に軒を並べており、その道路の中央を、幅広い溝川が、走るように流れている。水は浅く。そのまますくって飲めそうなほ

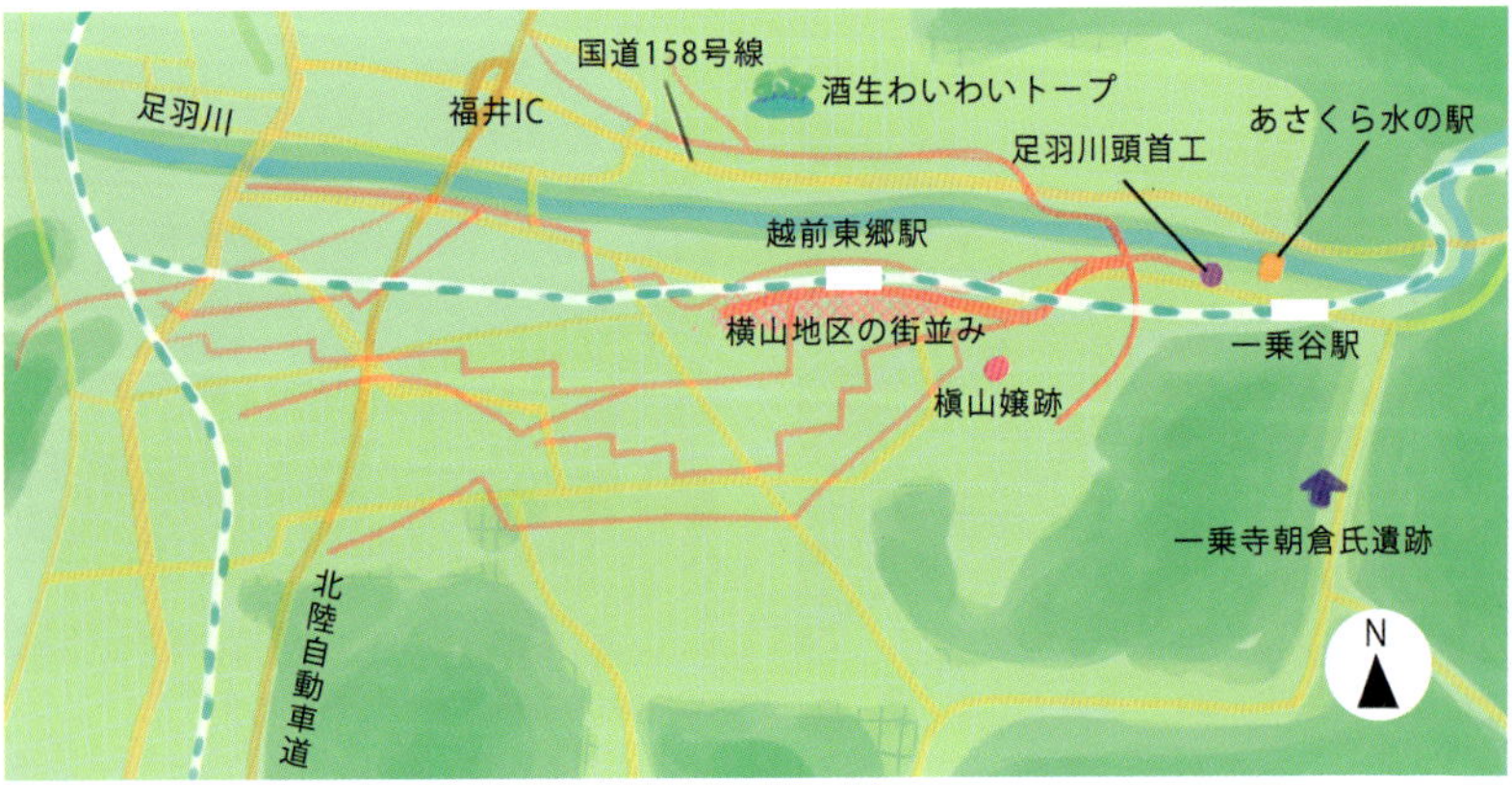

どにすんでいた〉

用水の町並みと調和した街道は「東郷街道」と呼ばれ、戦国時代には朝倉氏一乗本城の出城であった牧山城の城下町として、江戸時代には大野藩への参勤交代の近道として使われてきた。周辺は宿場町として栄え、徳光下江用水路は地域の人から「堂田川」の愛称で親しまれてきた。堂田川沿いに立つ地蔵院は10世紀頃の開基とされる古刹であるが、境内の河濯堂に祀られている河濯大権現を祭神とする「かわそ祭り」は女たちが用水路端で洗濯したときの音頭歌が起源とされ、用水路と縁が深い。

歴史的な趣を生かして改修

両側の街道に沿って用水が流れる町並みは、1998年（平成10年）に完成した改修事業においても「歴史の流れと共振」をテーマに、地域住民とのアンケートや合意形成のもと、昔からの景観や風情を残したまま改修された。

歴史的な趣のある施設となってからも、地域住民はこの用水を丁ねいに守りつづけている。事業の完成にともなって発足した槙山地区水環境整備事業施設保全委員会により、水路沿いに設けられた花壇や植生の手入れ、川底の清掃などが、地域住民の手で日常的に管理されている。

また「地域用水を生かした新しい『足羽のむら』づくり」をスローガンに、地域の生活に溶け込んだ水環境の整備や、ビオトープやワークショップなどを通じた小学生への環境教育など、農業用水を活用した地域活性化の取り組みも盛んに行われている。

DATA

名称——足羽川用水
施設の所在市町村——福井県福井市
供用開始年——1710年（宝永7年。旧足羽川頭首工1953年～、現足羽川頭首工2008年～）
総延長——22km
かんがい面積（排水施設は排水面積）——1997ha
農家数（就業人数）——2800名
地域の特産品（伝統品・新商品等）——越前ガニ、おろしそば、水ようかん、ソースカツ丼
流域名——一級河川九頭竜川水系足羽川
所有者——足羽川堰堤土地改良区連合
アクセス——最寄駅はJR越美北線一乗寺駅　最寄ICは北陸自動車道福井IC

歴史

災害に悩まされつづけた用水の大改修を繰り返した歴史

足羽川の治水の歴史は1300年前の奈良時代に遡る。条里制、班田制が定められ、8世紀に各地に荘園が生まれるようになると、足羽郡（現在の福井市南部）を治めていた豪族・生江氏によって足羽川の治水の大工事が行われた。その際に糞置荘（現在の福井市神文殊地区）、道守庄（現在の福井市社地区）などに荘園を開いたとされており、これが足羽川におけるかんがいのはじまりと考えられている。

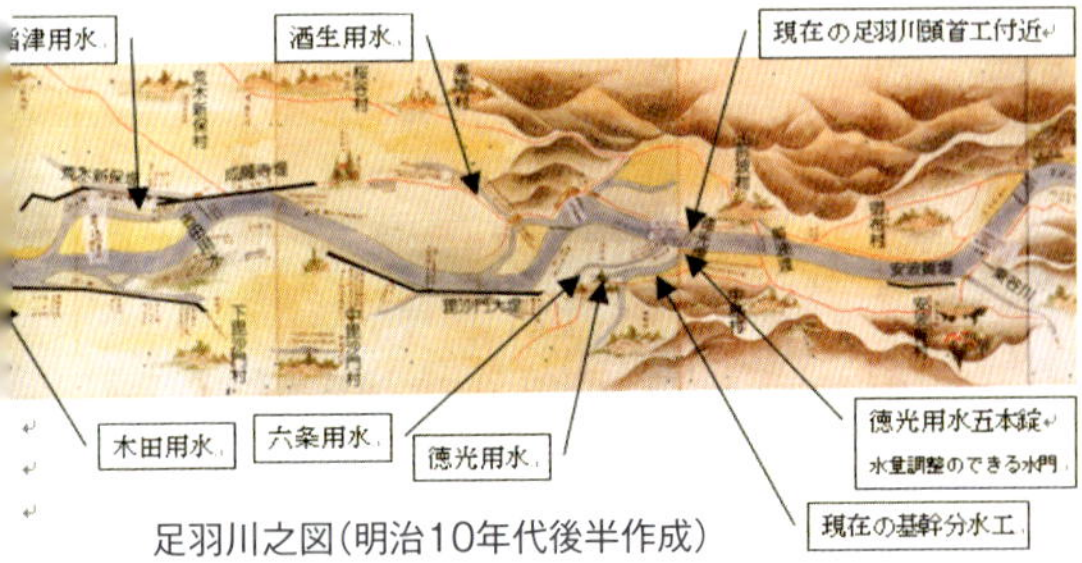

足羽川之図（明治10年代後半作成）

足羽川頭首工建設（昭和38年）前の取水口

足羽川用水が現在の形に整備されたのは、戸田弥次兵衛英房が福井藩用水奉行を務めた1688年（元禄元年）から1713年（正徳3年）までの時代である。

取水口や幹線水路の大改修が行われ、徳光用水の取水口に「五本錠」と呼ばれる強固な木工沈床の堰堤、酒生用水、六条用水に取水口が築かれたことが、足羽川を水源とする六条用水、四ケ用水、（現：足羽四ケ用水）、脇三ケ用水（現：足羽三ケ用水）、上江・下江の二線（現：徳光上江用水、徳光下江用水）の地域をかんがいする大用水の起源となる。この戸田氏の遺徳を偲び、1911年（明治44年）には五本錠の地に戸田氏の墓碑が建立されている。

当時の足羽川用水は、土水路もしくは石積みの水路で施行されていたため、幾多の災害に見舞われ、その都度、補修・改修が重ねられてきた。

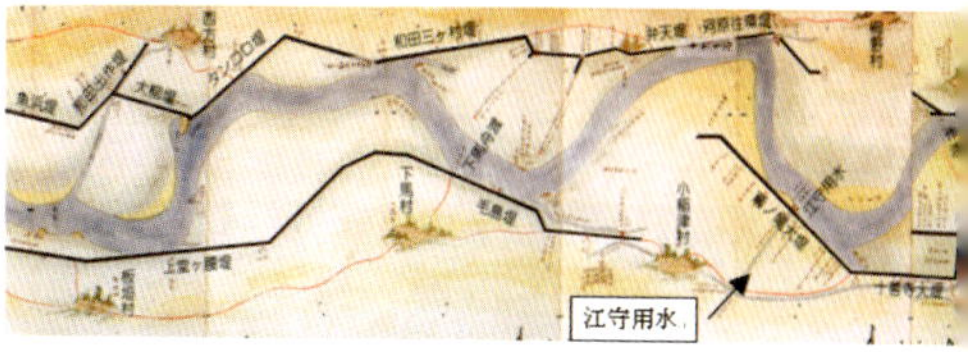

1807年（文化4年）には大水害で徳光用水の取水口や幹線水路が損壊し、徳光用水関係27カ村の責任・請負において、1826年（文政9年）から30年の歳月を費やして「文政の大改修事業」が行われたという。

戦後の福井大地震からの復活

現在の取水方法に切り替わった契機は、1948年（昭和23年）6月の福井大地震だった。死者3700人超、東日本大震災、阪神・淡路大震災につぐ規模の震災として記憶に新しい。足羽川用水も甚大な被害を受けた。各用水施設は根底から壊滅、足羽川の川底の低下により取水量が激減し、木工沈床である取水堰の修繕には多大な労力と経費が費やされた。そこで、抜本的な対策として1963年（昭和38年）に足羽川頭首工を築造し、左岸地域右岸地域の合口化をはかったのだ。

だがその後、用水路施設の老朽化により漏水が著しくなり、施設の維持保全にも支障をきたす事態に。また、生活スタイルの変化から生活排水が増加し、水質が悪化するなど、豊かで美しい流れは徐々に失われていった。そのため用水路の改修と、それに合わせた親水空間の創設が計画された。1992年（平成4年）には事業に着手し、歴史ある景観を重んじた、自然と人が調和する、豊かで潤いのある生活環境が1998年（平成10年）に完成した。

さらに2008年（平成20年）には現在の足羽川頭首工をあらたに築造し、各幹線用水路の改修もあわせて行われた。現在では水管理システムによる遠隔操作設備も整備され、安定した用水が広大な農地に供給されている。

1970年頃の堂田川川端で染物を洗っている様子

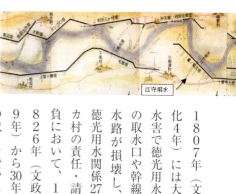

特産品

コシヒカリ発祥の米どころ 注目の新銘柄「いちほまれ」

今も福井市南東部の美しい田園風景を支える足羽川用水。意外に知られていないが、この地に程近い福井県の農業試験場こそが「コシヒカリの発祥地」だという。コシヒカリは、1956年（昭和31年）に開発され、消費者の食味指向の波に乗っておいしい米の代表格となった。今や全国の水稲作付面積の3割以上を占める日本一ポピュラーな品種であるが、福井生まれであることを知る人は少ない。

そこで福井県では、かつてコシヒカリを開発した技術にさらに磨きをかけて2018年に新銘柄「いちほまれ」の生産を本格スタートさせた。絹のような白さと艶があり、しっかりした粒と粘り気が調和して口の中に優しい甘さが広がる米だ。

足羽川用水が町の中心を流れる水の郷、福井市東郷地区で、ご当地グルメとなっているのが「おつくね」だ。おつくねとは地元の言葉でおむすびのこと。その呼び名を活用し、おむすび（おつくね）を使った町おこしイベントが行われている。

毎年8月上旬の土日に行われる「東郷街道おつくね祭」では、手作りみこしが練り歩くほか、JR越前東郷駅前を会場に重さ15キログラムの米俵を運ぶリレーなど参加型のイベントに沸く。

もうひとつ特産品として忘れてはならないのが、「越前おろしそば」だ。戦国時代、一乗谷に朝倉氏が居城を構えた時、そば栽培を推奨したのがその起源とされている。現在、足羽川用水の近代化も進み、農地への安定した用水が可能になっているので、地元の農家では稲作だけでなく畑でそばを栽培することも多いという。

6年かけて開発された「いちほまれ」

おつくね祭ではおむすびが振舞われる

大根おろしたっぷりの「越前おろしそば」

水のある風景

歴史の遺構と自然をめぐり、地域の新たな施設も訪ねる

全国ウォーキング大会「越前・日本海ハイウォークツー大会」のコースにも選定されている、堂田川沿いから足羽川頭首工を経て一乗谷朝倉氏遺跡へと抜けるルートは、足羽川用水の歴史と生活が醸し出す風景を満喫できる。酒生用水には親水用水路や池、校庭内を流れる「酒生わいわいトープ」などが整備されており、地域の子どもたちが水や緑に親しむ拠点として活用されている。また、足羽川頭首工横の「一乗谷あさくら水の駅」は、三連水車やビオトープとともに農業体験・学習型施設として整備され、農業用水と調和した道の駅もオープンしている。

足羽三ヶ用水

社江守用水

酒生わいわいトープ

一乗谷あさくら水の駅

幹線水路沿いは緑が豊かで散策にも快適

曽代用水（そだいようすい）

江戸時代の階級制度や幕藩体制の規制を乗り越えて浪人と土地の土豪が農民を結集して完成した用水路

曽代用水は美濃市保木脇地内の長良川左岸より取水し、毎秒9・15トンの水利権を有する、延長約17キロメートルの用水路であり、下流域では4つの支線へ分水されている。

長良川の中流部に位置する美濃市（旧美濃町、旧中有知村）、関市（旧下有知村、旧関町、旧瀬尻村、旧小金田村）という長良川左岸の比較的平坦な2市にまたがり、約1000ヘクタールの農地に水を供給する基幹用水である。

長良川といえば「鵜飼」が有名だが、関市でも小瀬地域で、人家のない暗闇のなか、かがり火だけを頼り

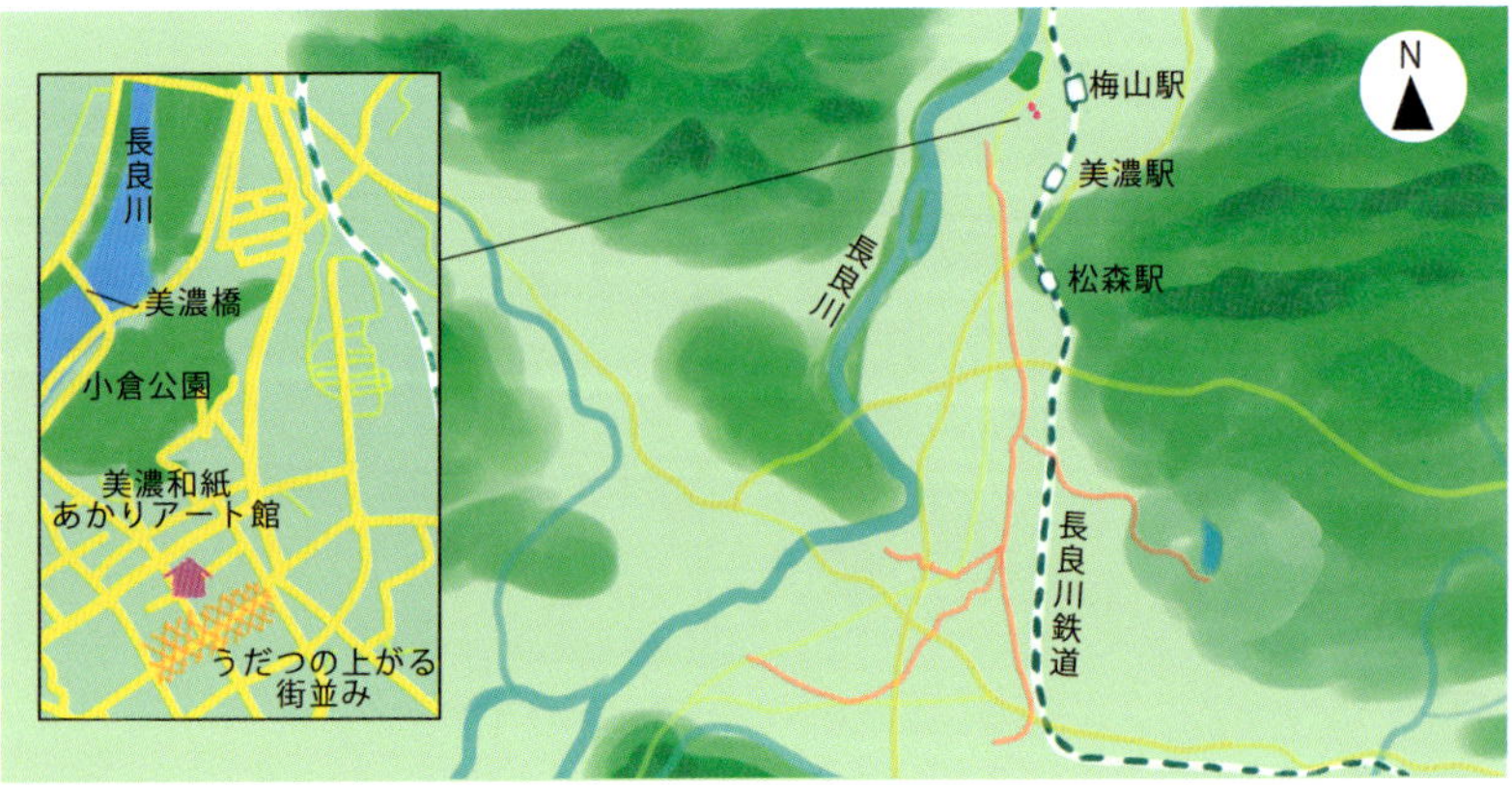

に行われる「小瀬鵜飼」が5月中旬から10月中旬まで行われる。

美濃市は「うだつの上がる街並み」をキャッチフレーズとしており、今も伝統的な日本家屋の美しい町並みが多く残っている。「うだつ」とは、江戸時代に火事の類焼を防ぐため、屋根の両端につくられた防火壁のことで、当時の豪商たちは競うように立派なうだつを設けた。

まさに往時の繁栄が偲ばれる風景だが、この地域は実は江戸時代初頭まで農地も少なく、非常に貧しい生活を強いられていたという。その窮状を救い、後の繁栄の礎となったのが1663年（寛文3年）に開削がはじまった曽代用水である。

最大の特徴は「百姓相対用水」であること。浪人や土豪など3人の功労者が中心となり、農民相互の話し合いで用水事業が成立したという。

今にいたるまで農業を支える

地域住民は江戸時代後期の1813年（文化10年）にはその3人の功徳に敬意を表し、井神社という神殿を下有知の地に建立し祀った。その後、1908年（明治41年）にあらたな神殿を建立したが、その神殿が老朽化もあり、2018年（平成30年）9月の台風21号により倒壊してしまった。再建を目指して寄付金を募集するなどの努力の結果、多くの支援が得られ2019年（令和元年）12月には社殿が再建されるという。

もちろん、この地では現在も水稲、野菜、花卉、畜産を中心とした集約型農業が営まれており、曽代用水は地域の農業を支える重要な役割を担っている。

DATA

名称	曽代用水
施設の所在市町村	岐阜県美濃市、関市
供用開始年	1669年（寛文９年）
総延長	17km
かんがい面積（排水施設は排水面積）	1000ha
農家数（就業人数）	1434名（平成30年度）
地域の特産品（伝統品・新商品等）	美濃和紙（美濃市）、刃物（関市）
流域名	木曽川水系長良川
所有者	曽代用水土地改良区
アクセス	最寄駅は長良川鉄道　美濃市駅、関駅

歴史

指導者のもとに農民が結集した全国でも稀な「百姓相対用水」

江戸時代の17世紀半ば頃、曽代用水のある岐阜県中濃地域は、長良川はあるものの川床が低く、川からの取水は難しかった。農業用水は小渓谷からの渓流水に頼らざるをえなかったため水量は少なく、毎年のように干ばつの被害を受け、収穫はきわめて少なかった。

このような地域にもかかわらず、利水の施設ができなかった理由としては、徳川幕府の制度があげられる。当時、尾州中納言領、上州館林宰相領、竜泰寺領、旗本の領地である采地と、幕府は意図して領地の権益を複雑にし、各藩がたがいに牽制し、徒党を組むことを予防していたからだ。また、階級制度も厳しく、権力も天領の住民、旗本采地の住民の順になっており、各集落ごとに団結が固かったため、集落間の軋轢が絶えることがなかった。だから、たとえ貧困にあえぐ住民を救うためとはいえ、数カ村にまたがる水利施設を開発し、広大な山林原野を開墾するような大事業は至難の業だったのだ。

転機が訪れたのは1663年（寛文3年）。この地に移り

昭和初期の杁之戸分水

昭和30年代の杁之戸分水

立ちが岩

住んできた尾張藩の浪人・喜田吉右衛門と弟の林幽閑が水不足に苦しむ農民の惨状を見かね、関の素封家で酒造業を営んでいでいた柴山伊兵衛と相談し、長良川から水を引く用水を計画した。

3名は測量を行い、用水の取水口、水路の位置、勾配を決定し、尾張藩主と関係領主の内諾を得るところまでこぎつけた。が、関係各村の利害関係が一致せず、交渉は難航。とくに上流部の集落は用水の恩恵がないため難色を示したが、最終的には下流にできる新田と換地することで了承を得た。

私財を使いはたし7年で完成

工事は1667年（寛文7年）にはじまったが、当時は工作機械もダイナマイトもなく、固い岩盤を掘削する際には、炭や焚き火で岩を焼き、水をかけて砕きやすくしてから、ノミと金槌で掘らなければならなかった。工事費は5500両（現在の価値で数億円）を超え、3人は私財を使いはたし、喜田吉右衛門は離脱し、林幽閑も行方知れずとなってしまったが、柴山伊兵衛は貧しい小屋に住みながら工事を続行。着工から7年の歳月を経て、約13キロメートルにおよぶ用水路を完成させた。

幕藩体制の権力による「御用用水」が一般的だった時代に、曽代用水は農民相互の話し合いで事業を完遂したことから「百姓相対用水」と呼ばれている。幕藩体制の権力構造のなかでこれが実現されたことは特筆すべきことであり、全国の用水のなかでも稀な成立過程といえるだろう。

もちろん、その成果も大きく、当時、300ヘクタールを超える新田が開発されるなど、地域の人口増や生活の安定に大きく寄与した。1813年（文化10年）には用水開発の功労者である喜田吉右衛門、林幽閑、柴山伊兵衛の3氏の霊を祀るため、下有知村神光寺境内に墓がつくられたほか、近くに井神社が創建され、今もその功績はたたえられている。毎年8月1日には3氏の遺徳を偲んで例大祭が行われ、多くの人々が感謝の祈りを捧げているという。同時にこの歴史は地域の小学校の副読本にも取り上げられ、語り継がれている。

昭和に入ってからは川床低下にともない、取水口を650メートル上流の現在の取水口に併設、あわせて水路の回収も行われた。その後も改修は重ねられ、現在も水路の長寿命化をはかる努力はつづけられている。

特産品

魅力あるブランド野菜と世界が認める「美濃和紙」

中濃地域の新田開発の礎となった曽代用水。現在、水田では「コシヒカリ」を中心に、「ハツシモ岐阜SL」「みのにしき」「あさひの夢」といった多様な品種が栽培されている。

また、恵まれた水利を生かして育成されている特産品に「円空さといも」がある。地元で以前から栽培されていた「八名丸」というサトイモをもとに開発された品種で、丸く大きく粒が揃っており、もっちりとした粘りがあり煮崩れもしにくい。まさにブランド野菜として申し分のない特徴を備えている。この地にゆかりのある高僧、円空上人にあやかって名付けられ、農商工連携で生産と市場の拡大に力を入れている。

岐阜大学開発の野菜「仙寿菜」もユニークな魅力を持つ特産品として発信中だ。茎から葉まで鮮やかな赤色に染まる珍しい葉野菜。注目すべきは栄養素で、抗酸化活性を示すベタシアニンを高濃度で含んでおり、食物繊維も豊富。生活習慣病の予防にも役立つ健康野菜だ。

長良川の支流、板取川の豊富な水が育んだものといえば、「美濃和紙」を忘れてならない。その歴史は古く、正倉院に残る702年（大宝2年）につくられた最古の戸籍用紙にも使われている。薄く丈夫で漉きムラがなく、江戸時代には幕府御用の高級障子紙となった。2014年（平成26年）には美濃和紙のなかでも伝統的な「本美濃紙」を漉く技術が、ユネスコの無形文化遺産に登録された。その技術が生かされた「美濃手すき和紙」は、2020東京オリンピック・パラリンピックの賞状の紙に使われる予定だ。

くせがなく調理法も多彩な「仙寿菜」

まんまるく形の揃った「円空さといも」

海外でも高く評価される「美濃和紙」

水のある風景

用水が育んできた歴史を街並みや伝統文化に感じる

曽代用水が流れる美濃市は「うだつ軒飾り」が特徴の風情ある町並みのほかにも見所が多い。用水の水源である長良川にかかる美濃橋（2020年4月末日まで修繕工事のため通行禁止中）は1916年（大正5年）に竣工された現存する最古の釣り橋で、国指定の重要文化財である。小倉山城のある小倉山は「小倉公園」として整備され、春には1000本もの桜が咲き誇り、さくら祭りでにぎわうスポットだ。また、伝統の美濃和紙を使った、あかりアート作品を展示する「美濃和紙あかりアート館」では、用水が育んだ文化の高さを実感できる。

松ヶ洞分水

杁之戸分水

功労者を祀る井神社

取入水門

深良水門（芦ノ湖取水口）

静岡県

深良用水（ふからようすい）

峠の下に隧道を掘り抜き、芦ノ湖の水を引き込む
歴史的大事業を成し遂げた先人の偉業が住民の困窮を救った

現在の静岡県裾野市にある深良地区は、北に富士山、東に箱根山を望む景勝地である。箱根乙女峠を水源に持つ黄瀬川が南に流れ、富士山麓に水源を持つ久保川が岩波付近で合流し、駿河湾に向かって流れている。

江戸初期まで水不足で苦しい生活を強いられてきた住民を、箱根の芦ノ湖の水を引き込む大胆な発想で救ったのが、今もこの地域を潤す深良用水である。芦ノ湖の水を隧道によって深良地区へ導水し、開削した深良川を経て黄瀬川に合流。下流の農地にも水を送ることで、裾野市、御殿場市、長泉町、清水町の2市2町

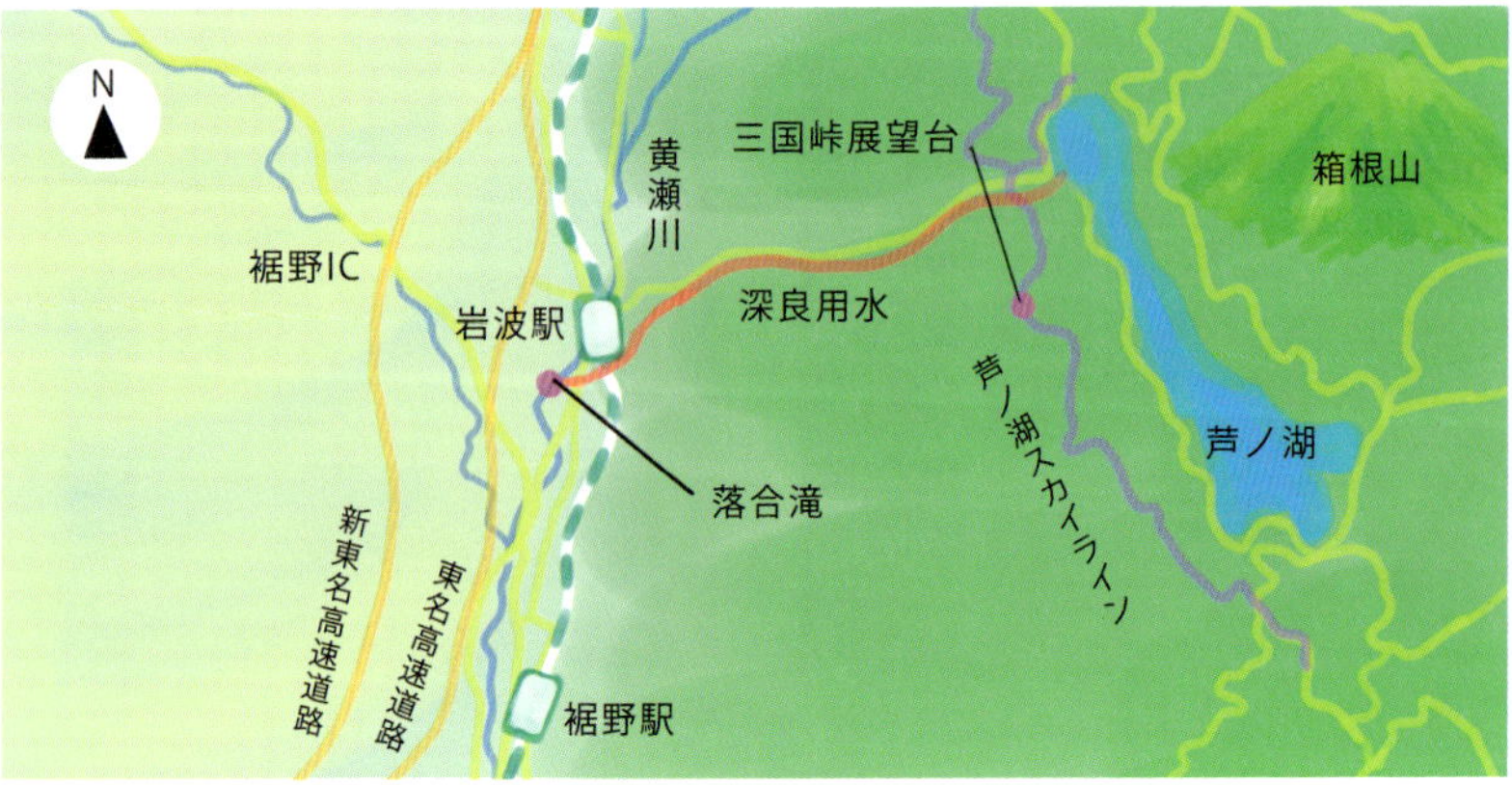

の527ヘクタール余の水田を潤している。

深良用水の最大の特徴は、芦ノ湖の水を引くために湖尻峠の下に掘削された、1・28キロメートルにもおよぶ長い隧道だ。岩盤の特性によって、線形はまっすぐではなく曲がりくねっている。芦ノ湖側の入口である上穴口から100メートルほど入った地点からは、5~10メートルおきに灯火を置いた棚が設置されており、坑内の照明には菜種油が使われたと伝わっている。

また、坑内の換気を目的に隧道の上に大人ひとりが入れる程度の大きさの「息抜き穴」が掘られており、さらにこの横穴に接続する竪坑が2本、約30メートルの長さで掘られ、地上に抜けているのも大きな特徴である。

隧道を掘抜き、川を掘削し、堰をつくり、水を田に引き込む。まさに歴史的大事業であり、自然の恵みを最大限に生かすために、当時の先人の技術を結集した跡が偲ばれる。

水の恵みを伝えるまつりも

深良用水の完成により、深良地区は県内でも有数の水田地帯に生まれ変わった。完成後340年以上が経つが、現在にいたるまで地域の農業には欠かせないかんがい施設であり、近代では生活用水や水力発電にも利用されている。

地元の中学校では「命の用水」という演劇を毎年上演しており、先人の偉業を伝える郷土資料館も整備。2014年(平成26年)から開催されている、用水の恵みと先人の偉業に感謝する「深良用水まつり」では、当時の衣装での仮装行列やお田植えはじめなどが行われるなど、地域の重要なイベントとなっている。

DATA

名称	深良用水
施設の所在市町村	静岡県裾野市、御殿場市、長泉町、清水町
供用開始年	1670年(寛文10年)
総延長	1.28km(隧道)
かんがい面積(排水施設は排水面積)	527.2ha
地域の特産品(伝統品・新商品等)	米(あいちのかおり)、イチゴ、ヤマトイモ、モロヘイヤ、茶焼酎、すその水ギョーザ
流域名	狩野川流域
所有者	静岡県芦湖水利組合
アクセス	最寄駅は御殿場線岩波駅(用水穴口まで徒歩70分) 最寄ICは東名自動車道裾野IC

歴史

湖尻峠の下を掘りぬいた隧道工事の正確さに驚く

　富士山麓の南東、箱根山の西麓にあり、現在の静岡県裾野市の一部に位置する深良地区。その地表は富士山の噴火によってできた玄武岩に覆われているため、上流から流れる雨や融雪などは地下に浸透してしまい、豊富な降水量にもかかわらず、川への流出量はわずかだった。江戸時代に入った17世紀頃は、十分な農業用水を確保することはおろか、炊事や洗濯などの生活用水さえも不足するような状況だったという。

　当時の住民は農業の中心であった米作りができず、麦や大豆などの干ばつに強い雑穀の生産に依存せざるをえず、長い間苦しい生活を強いられてきていた。そうしたなか、慢性的な水不足を解消し、新田開発を進めるために、深良村の名主・大庭源之丞は箱根の芦ノ湖の水を深良村に引くことを計画。各地で水田開発の経験を持ち、卓越した技術を有していた江戸の商人・友野与右衛門に工事を依頼した。

深良地区の水田風景

中間付近にある工事合流地点の落差

農地を潤した「1本の隧道」

　当時、芦ノ湖は箱根神社の御手洗池として神事が行われるなどしていたため、友野与右衛門らは1663年（寛文3年）に箱根神社の別当である快長を通じて、箱根大権現、東照大権現へ立願書を提出。1666年（寛文6年）に友野与右衛門、長浜半兵衛、尾崎嘉右衛門、浅井次郎兵衛の4人の元締めによって開発請負手形を沼津代官に提出し、工事の許可を得た。

　同年、深良村箱根山中の熊洞を出

口に、芦ノ湖からの取水口を湖尻峠下の四ツ留に決め、両側から隧道工事に着手。掘削はノミなどによる手掘りであったため、岩盤によってはまっすぐに掘ることができず、箱根山特有の軟弱地盤による落盤にも苦しめられた。延べ84万人の作業員を投入し、3年半の歳月と総工費7400両（現在の貨幣価値で50～60億円）を費やした難工事は1670年（寛文10年）に完成した。

　できあがった隧道は全長1・28キロ、取水口と出口の標高差は9・8メートルで、中央部には1メートルの段差がある。両側から掘りはじめたために生じた誤差と考えられるが、当時の技術からすると、わずか1メートルの誤差ですんだのはむしろ驚異的である。

　完成当時は隧道を芦ノ湖の水が下り、当時の深良川（現在の古川）を経て黄瀬川に水を落としていたが、上流部に関しては、ごく一部の耕地にしか水が行き渡らなかったため、須釜の馬坂尻（古川口）から西へあらたな水路を掘り、黄瀬川へ落とす工事が行われた。掘削当時は「新川」と呼ばれたこの水路が、今の深良川である。

　新川には深良の水田に導水されるように、取水口となる堰がつくられた。さらに、深良用水の水を黄瀬川に合流させることで増水させ、合流部から下流にかけて黄瀬川の各所に堰をつくることで、下流の水田を潤すように整備された。

　1910年（明治43年）には石造り鉄扉に改造され、1989年（平成元年）にはコンクリート造りの補助水門が新設された深良用水。大正時代からは発電用水にも活用されており、現在は深良川第1、第2、第3の3基が稼働している。

掘削工事に使用した道具（ノミ、灯火台）

中学生による深良用水演劇

特産品

地元産の酒米と水で仕込む酒 モロヘイヤ入りの水ギョーザ

深良用水の恩恵を受けて豊かな水田が広がる裾野市では、「コシヒカリ」「あいちのかおり」といった品種の米が栽培されている。また、地元の酒販店が結成した裾野市もののふの里銘酒会（☎055-993-1553）では、深良用水の清らかな水で育った裾野産「あいちのかおり」を100パーセント使用し、富士山の伏流水で仕込んだ日本酒を造りあげた。辛口でスッキリとした喉ごしで飲みごたえのある「もののふ 本醸造」、フルーティーな香りで濃厚な味わいの「すその しぼりたて生原酒」などをラインアップしている。

また、富士山麓の茶葉と米、そして富士山の伏流水で造る本格茶焼酎「富士山すその三七七六」は、お茶の風味が香るさわやかな味わい。富士山をかたどったボトル入りもある。

畑の特産品は、イチゴ、ヤマトイモ、モロヘイヤなど。イチゴは「章姫」「きらぴ香」が栽培されており、寒暖差から生まれる甘みと適度な酸味のバランスがよい。ヤマトイモは肥沃な土壌に育まれる粘りの強さと豊かな風味が特徴。

モロヘイヤはビタミン、ミネラル、食物繊維などが豊富な野菜で、稲作の転作作物として栽培が盛んになっている。

このモロヘイヤをたっぷり生地に練り込み、具にはキャベツ、豚肉、ニラ、裾野産茶葉を使ったご当地B級グルメが「すその水ギョーザ」だ。もともと裾野市は餃子を扱う飲食店が多く、「餃子好きのまち」にふさわしいものをと、地元の商工会が中心になって開発した。スープの味付けや合わせる具材は各店ごとの工夫が凝らされているので、好みの一品を探す楽しみもある。

裾野市もののふの里銘酒会の地酒と焼酎

宝石のような輝きと上品な甘みの「きらぴ香」

ニンニク並みのビタミンB1が含まれるモロヘイヤ

水のある風景

用水に先人の偉業を偲び富士山のビュースポットへ

裾野市深良地区の見所といえば、何といっても富士山だろう。芦ノ湖スカイラインの絶景スポットである三国峠展望台など、富士山のビュースポットは周辺に数多く点在するので、ぜひとも足を延ばしておきたい。もちろん、町のそこかしこからも富士山を望むことができるので、深良用水沿いのビュースポットを探しても楽しい。

深良川が黄瀬川と合流する地点は、水が流れ落ちる様子から「落合滝」と呼ばれているなど、用水沿いも見所が多い。深良地区郷土資料館では開削に使われたノミや行灯などが展示されている。

深良用水まつり（田植え）

トンネル出口から下流を望む

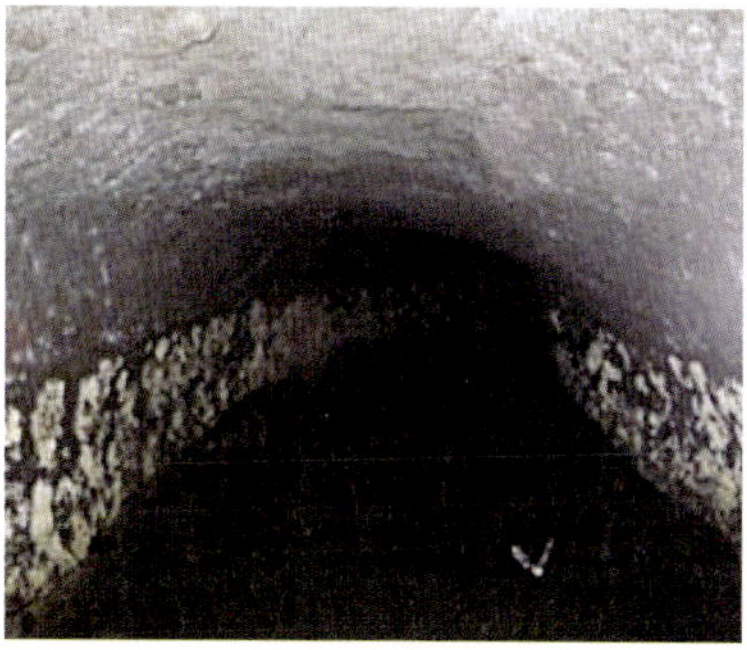

馬蹄形の流れが緩やかな箇所
「蜘蛛巣間切」

深良用水の記念碑

東北 関東 甲信越 北陸 東海 近畿 中国 四国 九州

楽寿園の「中の瀬」

静岡県

源兵衛川（げんべえかわ）

水の都・三島のせせらぎ風景には欠かせない富士の湧水 ほとりをたどれば、水や自然と生活のかかわりを実感できる

東京から新幹線で1時間弱で着く静岡県三島市では、街中の随所で富士山の湧水が湧き出し、美しいせせらぎとなって流れている。その美しさから「水の都」といわれるほどだ。三島大社やウナギなど、名所や名物も多く、観光に訪れる人も多い。その水の風景に趣を添える存在が、400年以上前にかんがい施設として開削された源兵衛川である。

源兵衛川の水源は、国の天然記念物で名勝指定の三島市立公園楽寿園小浜池から湧き出る富士山の湧水であり、用水路の延長は1・5キロメートル、落差は8メートルとなっている。下流部の

写真提供：非営利活動法人グランドワーク三島

中郷温水地で水温を上昇させた後、中郷地区の水田地帯の11集落、142ヘクタールに農業用水を供給している。

源兵衛川が開削される以前の中郷地域は、東側を流れる御殿川と西側を流れる境川に挟まれた緩やかな南勾配を持つ平坦地で草木が生い茂っていた。それが源兵衛川が開削されたことにより豊かな水田地帯となったのだ。ちなみに、源兵衛川には開削当時に掘削した溶岩を活用した「石積み護岸」が残るなど、随所で当時の風情を感じられるようになっている。

豊富な水生生物も生息

近年は環境に関する取り組みが熱心に進められている。源兵衛川の原風景・原体験を取り戻そうと市民や農業従事者が立ち上がり、NPO法人「グランドワーク三島」が1992年（平成4年）に設立され、利害者の調整をはかる中間組織としての役割をはたしている。そして、市民、NPO、専門家、行政、企業、農業従事者、中郷用水土地改良区などと企業の協力による環境用水の導水を実現するなど、市民参加・市民主導のあらたな「公協事業」が実現している。

昔のような美しい自然が戻った源兵衛川には豊かな生物多様性がある。水のきれいなところでしか生息できないゲンジボタルや絶滅危惧種であるホトケドジョウといった水生生物、さらにはやはり絶滅危惧種であるミシマバイカモといった植物などが生息しており、市民の憩いの場や小・中学生の環境研究の場としても活用されている。

DATA

名称	源兵衛川
施設の所在市町村	静岡県三島市
供用開始年	室町時代後期（16世紀）
総延長	1.5km
かんがい面積（排水施設は排水面積）	142ha
農家数（就業人数）	445名
地域の特産品（伝統品・新商品等）	米、ウナギ
流域名	源兵衛川
所有者	三島市
アクセス	最寄駅は東海道新幹線三島駅 最寄ICは東名自動車道沼津IC

歴史

地域の農業と生活を支え人の文化を育んできた清流

水ガキの様子

広瀬橋付近

源兵衛川は室町時代後期の16世紀に開発され、400年以上の歴史を持つ農業用水路である。名称は、功労者である豪族・寺尾源兵衛に由来する。寺尾源兵衛は現在の三島市中郷地区11カ村の農地に広くかんがいし、新田開発することを目指し、小浜池からの湧水を導水するために、溶岩を掘削して街中を貫通する用水路をつくった。それが源兵衛川である。

上流部・湧水が豊富な源兵衛川とカワバタ

小浜池から中郷地区までの導水は、その下流部にあるせりの瀬、中の瀬、はやの瀬の豊かな湧水を水源とし、地形を巧みに利用している。また、馬の背ほどの高い位置に水路を定めることにより、豪雨時の雨水、とりわけ泥水の流入を最小限に抑える工夫が施されている。

また、水温15℃と冷たい源兵衛川の水を温めるために、上流部の川幅を広くつくり、水深も浅くして、水路を蛇行させるなど、農業土木的観点からみても先進的な工夫が施されている。こうした努力の末に、安定的な稲作経営ができる一大穀倉地帯が誕生したのだ。

その後、川沿いには水神さんや川端と呼ばれるデッキが設けられ、お盆には精進落としの汚れ物を川へ流す「浜降り」という行事で、茶碗を川に流して霊を清める場としても用いられた。また、川沿いの民家は源兵衛川の湧水を敷地内に導水し、炊事や洗濯に利用するほか、ブリキ製のフネを浮かべて冷蔵庫代わりにするなど、市民の日常生活にとっても身近な存在として親しまれてきた。

高度成長期の汚染から復活

戦後の1952年（昭和27年）には米増産のために、用水の温度上昇が必須となり、そのために源兵衛川最下流部に、冷たい湧水を太陽光で温める温水ため池として「中郷温水池」が3年かけて造成された。

しかし高度成長経済がはじまる1960年代以降になると、上流地域での都市化、工業化の進展により地下水が汲み上げられ、源兵衛川の湧水量は激減。家庭の雑排水の垂れ流しやゴミの放棄などもあり、源兵衛川は悪臭を放つ「まちの厄介者」へと変わりはて、以来30年間にわたって汚染された状態がつづいた。

時を経て1990年（平成2年）、農林水産省の補助を受け、静岡県による「水環境整備事業」がようやくスタート。「エコロジーアップ」と「原風景・原体験の復活」をコンセプトとする「都市と農村を結ぶ水のみち」が計画された。そして、昔の川の姿や人のかかわりを掘り起こしたうえで、現況の良いものは保全し、コンクリート化された護岸は元の石積みや「土羽」という土の護岸に戻すなど、水に親しみつつ利用できるような改修計画を立案し、8つのゾーンからなる自然豊かな親水施設が整備された。さらに2001年（平成13年）からは三島市が取り組む「街中がせせらぎ事業」によって、回遊ルートも整備された。

ゲンジホタルの乱舞

整備終了後も、グランドワーク三島をはじめとして「源兵衛川を愛する会」や「三島ホタルの会」により、川に沈んだ茶碗の欠片を拾う「ちゃんかけ拾い」やゲンジボタルの幼虫の養殖と放流などの維持管理が行われつづけている。

特産品

名店揃いの「三島うなぎ」揚げたての「みしまコロッケ」

源兵衛川が市街地を流れる三島市には、富士山の伏流水が湧き出る水辺がいくつもある。その澄んだ湧水が絶品の味を引き出しているのが名物「三島うなぎ」だ。うなぎを調理する前に2～3日湧水に泳がせることで、うなぎ特有の泥臭さや生臭さが抜け、余分な脂も落ちるのだという。このひと手間で、臭みがなく、サッパリとして、それでいて口の中でとろけるような食感のおいしさが生まれる。市内には源兵衛川沿いをはじめ、うなぎの名店が点在し、香ばしい匂いを漂わせている。

もうひとつ、市街地でいい匂いに誘われるのが「みしまコロッケ」だ。箱根山の西側斜面地域で栽培されている箱根西麓三島野菜、「三島馬鈴薯（メークイン）」を観光客に気軽に食べてもらおうと誕生した。レストラン、精肉店、スーパーなどの認定店でそれぞれ工夫を凝らした「みしまコロッケ」が提供されている。

もちろん農産物も多い。かつて源兵衛川によって新田が拓かれた中郷地区は、今も三島市の中心的な水田地帯だ。現在、生まれ変わった源兵衛川の水で育てるあらたなブランド米の開発も進められているとか。

中郷地区ではハウス野菜の栽培も盛んだ。実が締まってジューシーで甘い「みしまNEWチェリートマト」や、濃厚な甘みと酸味が詰まった「JA三島函南フルーツトマト」など、高品質なトマトが首都圏などへ出荷されている。また、静岡生まれのイチゴ「紅ほっぺ」も作られている。粒が大きく鮮やかな紅色で、果肉まで赤いのが特徴でもちろん美味。天敵害虫を利用した先進的な栽培方法で安全性にも気を配った自慢のイチゴだ。

臭みがなく上品な「三島うなぎ」

食べ歩きが楽しい
「みしまコロッケ」

真っ赤なイチゴ「紅ほっぺ」

水のある風景

自然や文化を感じるエリアをテーマを感じながら辿る

整備された源兵衛川は8つの水辺ゾーンで構成されている。第1ゾーンの「水の誕生」では楽寿園内の小浜池の湧水に出会える。そして「水の散歩道」は自然や生き物に触れるゾーン、「川との思い出」は宿場町の歴史を感じるゾーン、「水との出会い」は5月上旬からはホタルが乱舞するゾーン、「水と文化」は野鳥のサンクチュアリのあるゾーンとなっており、「水と暮らし」「水と農業」のゾーンでは都市と農村のかかわりを感じとれるようになっている。最後の「水と生命」のゾーンで中郷温水池に映える富士山を堪能しながら、水の大切さを体感できる。

ミシマバイカモ群生地

遊歩道と川沿いのカフェ

中郷温水池と逆さ富士

満水寺の楽寿園小浜池

緑に抱かれた美しい湖面の入鹿池全景

愛知県

入鹿池（いるかいけ）

川をせき止めて巨大なため池をつくる大事業によって生まれた豊かな農地と多彩な文化、そして緑に抱かれた水辺の別天地

愛知県北西部の犬山市に位置する入鹿池は、堤高25・7メートル、堤長724・1メートル、有効貯水量1518万立方メートルと全国最大級の規模を誇り、犬山市、小牧市、大口町、扶桑町の2市2町の農地へかんがい用水を供給している農業用のため池だ。その名は山地に入り込んだ場所を示す「入る処（いるか）」に由来し、地形的にため池がつくりやすい場所であったことを示している。

四方を本宮山、尾張富士、白山の尾張三山と今井山に囲まれ、春には桜やツツジが咲き、多くの渡り鳥も飛来するなど、入鹿池は生態系の保

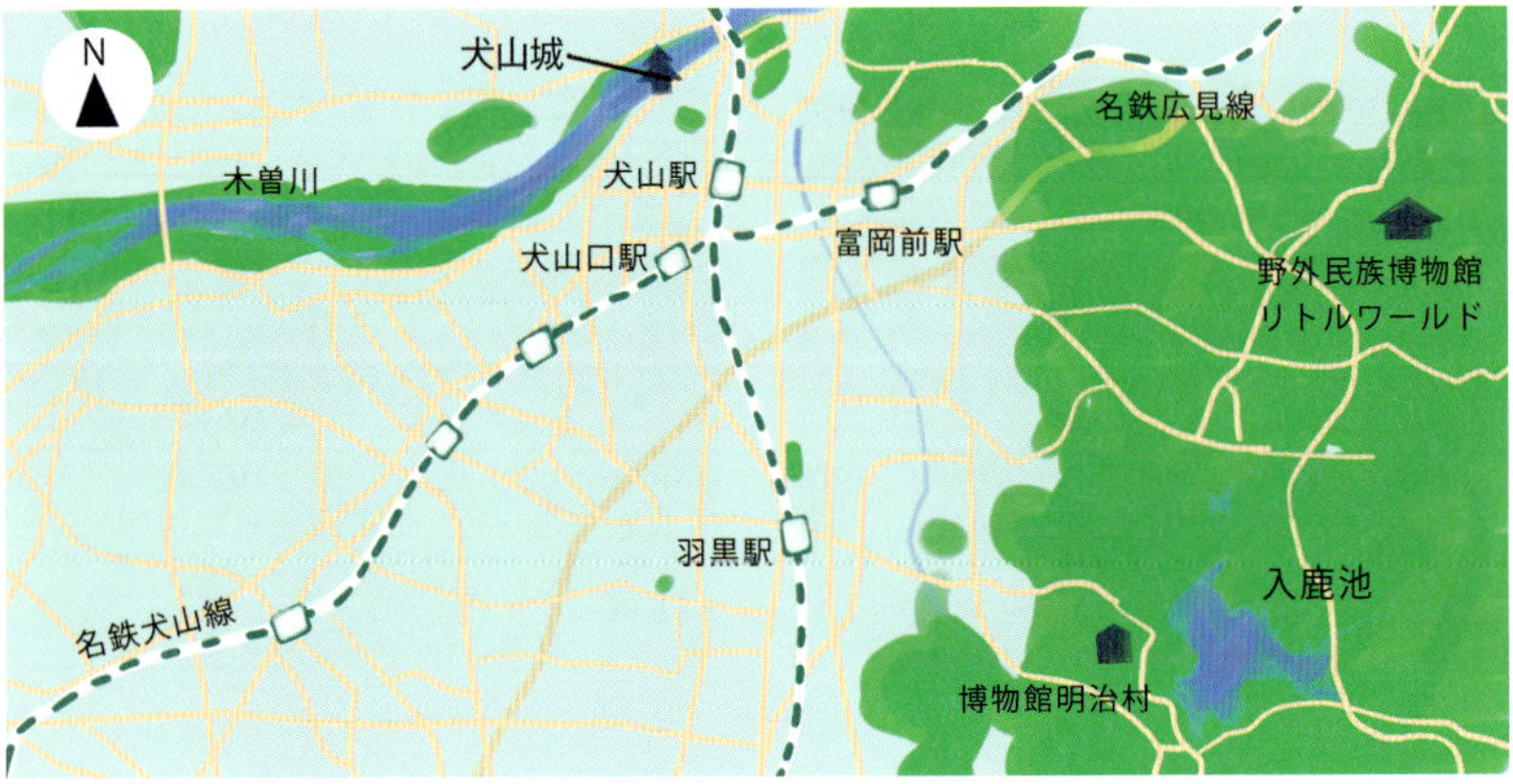

全にも寄与している。風光明媚な池のほとりには明治時代の建造物などを移築して公開している「博物館明治村」もあり、地域住民にも観光客にも人気のエリアとなっている。

地形を利用した高い技術

江戸時代において、入鹿村に流れ込む川を堰き止め、一大ため池を築造するという計画は、工事の規模や費用、配水を調整する水門の設置、池の底に沈む入鹿村の住民に対する移転の保障などを考慮すると、きわめて壮大な事業であった。だが、そのおかげで原野に新田がつぎつぎと開発され、農村が大きく発展していったのである。

では、その構造はどうなっているのか。まず724・1メートルにおよぶ堤体は地質、土質の違いなどから右岸部に位置する「河内堤」、中央部の「中堤」、左岸部の「東堤」に区分されている。それぞれの築造位置は、周囲の地形のみならず、地質状況にも十分な検討を踏まえたうえで選定されている。堤体基盤は美濃帯という地質帯で、その基盤を新第三紀鮮新世の地質が被覆しているなど非常に強固で、これらの基盤が露頭していた箇所を堤体の一部として活用している。その狙いは築造にあたっての施工性や完成後の漏水防止、地震時における堤体の歪みなどを軽減するためといわれ、土地の形状を無駄なく利用し、自然環境への影響も抑えることにも成功している。

エコの精神が息づくこの施設では今も水生植物帯が整備され、野鳥や昆虫の生息環境の保全がはかられている。

DATA

名称	入鹿池
施設の所在市町村	愛知県犬山市
供用開始年	1633年（寛永10年）
総面積	166ha
かんがい面積（配水施設は配水面積）	606ha
農家数（就業人数）	2973名
地域の特産品（伝統品・新商品等）	米
流域名	木曽川水系　新川五条川水系
所有者	犬山市、入鹿用水土地改良区
アクセス	最寄駅は名鉄犬山駅 最寄ICは中央自動車道小牧東IC

歴史

村を移転させての大工事 災害の教訓を今に生かす

入鹿池が築造された1633年(寛永10年)は、尾張藩主・徳川義直の重農政策により新田開発が盛んに行われていた時期で、その水源確保が目的であった。だが、入鹿池の位置する犬山市近辺は水源が少なく、水をめぐる争いが絶えない地域で、しかも農地を拡大する余裕がなく、荒涼とした原野が広がっていたという。

明治25年 入鹿池堰堤拡張工事

明治16年 入鹿池改修工事

その状況を打破するために、後に「六人衆」と呼ばれる江崎善左衛門(小牧村)、落合新八郎、鈴木久兵衛(上末村)、鈴木作右衛門(田楽村)、丹羽又兵衛(村中村)、船橋仁左衛門(外坪村)が協議し、入鹿村に流れ込む川の出口を堰き止めて、一大ため池を造成し、その水を未開墾地に引き入れる壮大な計画を立案した。これを受けて、水利と新田開発を藩の方針とする義直は現地を見聞、藩の事業として入鹿池が築造されることになった。

だが、工事は困難をきわめた。池の底に沈む入鹿村住民の移転が終わった後、川の出口である「調子の口」の締め切り工事に着手したが、この工事が難航したのだ。築きかけた堤は流下する水の勢いに耐えきれず、何度も崩れ落ちてしまった。そのため、ため池やかんがいの技術の先進地であった河内国から堤防づくりの名人である甚九郎を呼び寄せ、工事に当たらせることになった。

甚九郎が用いた工法は「棚築き」と伝わる。棚築きとは、締め切り部分ができるだけ狭くなるように土を盛り上げ、松の木を渡して橋をつくり、その上に枯れ枝を敷き詰め、さらにその上に土を積み上げ、下から火をつけて松の木、枯葉を焼き、一挙に土を落として締め切り、盛り土とするものである。49万立方メートルもの盛土を要して築堤は完成したが、その一部である「河内堤」は甚九郎の功績をたたえてそう名付けられた。

「入鹿切れ」の惨事を乗り越え

入鹿池は築造以降、幾多の災害に見舞われてきた。なかでも、もっとも被害が甚大だったのは、1868年（明治元年）の長雨で堤体が決壊した「入鹿切れ」である。5月13日の午前2時頃に堤防が決壊、土石流が下流の集落を襲い、約1000人もの犠牲者を出した大惨事であり、実に210ヘクタールもの農地が荒野と化した。池の下流約3キロメートルの羽黒にある興善寺には、その際に流出した「入鹿流れ石」が今でも祀られ、亡くなった方の慰霊として、後世にその惨状を伝えている。ちなみに、1891年（明治24年）10月に発生した、M8・4と国内地震としては史上最大の内陸地殻内地震である「濃尾地震」では、入鹿切れの後の改修工事のおかげで、堤体の一部に亀裂が生じた以外、大きな被害はなかったという。

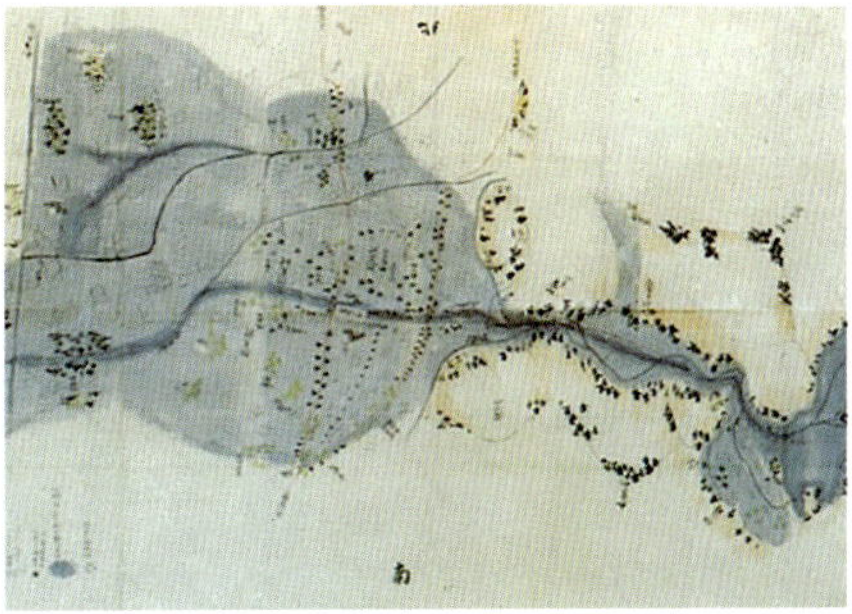
入鹿切れ絵図（成瀬家蔵）

旧余水吐（河内堤）

入鹿池は南海トラフ地震防災対策推進地域内にあることから、地震で被災した場合、入鹿切れをはるかに上回る被害が生じる恐れがある。そこで、学識経験者らで構成する「入鹿池耐震性検証委員会」が設置され、耐震性が検証されたが、十分な耐震性能を満たしているという結論が出たという。大災害の教訓が今に生かされていることが見事に立証されたエピソードである。

特産品

ブランド自然薯「夢とろろ」
桃太郎のふるさとに育つ桃

犬山市内の農地では、愛知県のブランド自然薯「夢とろろ」が栽培されている。もともと山間地に自生していた自然薯を県の農業総合試験場で交配・選抜した品種だ。贈答用には折らずに掘り起こしたものが使われるが、家庭用に便利なカットタイプやすりおろし冷凍パックがある。

きれいに掘り起こされた「夢とろろ」

「香り・粘り・味」が三拍子揃った夢とろろは、刻めばシャキシャキ、すりおろせばふんわりとした食感を楽しめる。

自然薯の性質を活用した加工品も開発されている。自然薯工房（☎0568・62・3000犬山市大字犬山字東古券197番地）の「じねんじょ夢とろろドーナツ」がそれだ。有機栽培で育てた夢とろろの自然な甘みと発酵力を生かした、優しい味わいとモチモチの食感が後をひく。農林水産省・経済産業省の地域産業資源認定品にもなっている。

とろけるような口当たりの「白鳳」

犬山市には桃太郎が育った土地という逸話があるが、特産品としての桃も有名だ。早生種の日川白鳳、全国的に知名度の高い白鳳、晩生種の愛知白桃と、主に3品種が栽培されており、6月下旬～8月上旬のおよそ2カ月にわたり出荷されている。

体長10センチメートル前後のワカサギはまるごと天ぷらが美味

また、10月になると入鹿池はワカサギ釣りのメッカとなる。陸釣りはできないので、見晴茶屋（☎0568・67・0705、犬山市堤下60）などで手漕ぎボートを借りて釣り場まで行く。シーズン（10～3月）中は混み合うので事前の電話予約が必須だ。朝8時頃に受付をすませ、14時頃まで釣り糸を垂らせば、30～50匹ほど釣れることもめずらしくないという。

水のある風景

水の恵みの美しい自然と伝統的な文化に触れられる

入鹿池では季節ごとに花が咲き誇り、渡り鳥が集まるなど、四季折々の美しい風景を堪能することができる。また、池のほとりの「博物館明治村」では明治時代の建造物の数々を愛でることもできるし、「野外民族博物館リトルワールド」では世界各国の衣食住をはじめとした民族文化に触れることができる。また毎年4月には、見事なからくり人形を備えた車山が、城下町を巡回する針綱神社の犬山祭が開催される。1635年（寛永12年）からつづく伝統的な行事で、2016年（平成28年）にユネスコ無形文化遺産に登録されている。

ツツジ咲く現在の入鹿池

桜咲く現在の入鹿池

現在の入鹿池（取水塔とワカサギ釣りのボート）

現在の入鹿池（放水路を下流から望む）

牟呂松原頭首工と牟呂松原幹線水路取水口（手前左岸側）

愛知県

松原用水・牟呂用水

450年におよぶ、愛知県最古の歴史を誇る松原用水と個人の開拓としては前例のない規模の新田を生んだ牟呂用水

松原用水・牟呂用水は、愛知県の東部を流れる豊川の牟呂松原頭首工から取水し、開水路やパイプラインを流下して、新城市、豊川市、豊橋市の水田地帯を潤している。松原用水・牟呂用水の流れる東三河地域は日本有数の農業地帯であり、松原用水は豊川の右岸側、牟呂用水は左岸側をかんがいしている。

とくに松原用水は開削から約450年と愛知県最古の歴史を持つ。沼や荒地が広がっていた大村地区に農業用水を供給することで大規模な新田開発を促し、農業発展や食料増産に多大に寄与した施設だ。

災害の歴史が工夫を生んだ

松原用水の歴史は「暴れ川」と呼ばれた豊川との戦いの歴史でもある。普段は穏やかな豊川だが、一度大雨に襲われるとすぐに洪水に見舞われ、洪水のたびに河道が変化する。そのため、ひとつの堰から安定して取水することが難しく、農民たちは苦労を強いられていたという。

他方、牟呂用水には幾多の失敗のなかから生まれた工夫が数多く盛り込まれている。強固な堰をつくることを可能にした「人造石工法」や、急流河川の洪水対策に卓越した効果を発揮した「自在運転樋」などは、当時としては画期的な技術だった。とくに自在運転樋は水の重量のみを動力として利用した自動の堰であり、電力のない時代の傑作技術といえるだろう。さらに、牟呂用水の下流部には東三河で初の水力発電所が1895年（明治28年）に建設されており、はやい段階から農業用水をクリーンエネルギーとして活用するという取り組みが実践されてきた。

とはいえ、その後も松原用水・牟呂用水は何度も災害の被害を受け、そのたびに改修、補修が繰り返されてきた。そして、現在の牟呂松原頭首工に取水口が統合されたのは1968年（昭和43年）のこと。現在取水した用水は約5キロメートルの牟呂松原幹線水路を流れ、照山分水工において約10キロメートルの松原用水と、約18キロメートルの牟呂用水により分岐されている。松原用水・牟呂用水は開削450年以上経った今も整備を繰り返しながら、水田地帯に「命の水」を送りつづけているのだ。

DATA

名称	松原用水・牟呂用水
施設の所在市町村	愛知県豊橋市、豊川市、新城市
供用開始年	松原用水1567年（永禄10年）・牟呂用水1887年（明治20年）
総延長	約33km
かんがい面積（排水施設は排水面積）	1612ha（松原用水642ha・牟呂用水970ha）
農家数（組合員数）	2218名（松原用水）、2205名（牟呂用水）
地域の特産品（伝統品・新商品等）	米、キャベツ、オオバ、ラディッシュほか
流域名	豊川水系豊川
所有者	松原用水土地改良区・牟呂用水土地改良区
アクセス	最寄駅はJR飯田線東上駅 最寄ICは新東名自動車道新城IC、東名自動車道豊川IC

歴史

暴れ川「豊川」との戦いから画期的な技術が考案された

松原用水の起源は1567年（永禄10年）、今の豊橋市にある吉田城主・酒井忠次が大村に新田を開発するため、「暴れ川」と呼ばれていた豊川に「橋尾井堰」を築いたことがはじまりだ。当時、たしかな水源がなく、干ばつの被害が頻発していた東三河の豊川右岸地域は、用水の完成により大規模な新田開発が可能になり、700ヘクタールもの水田が生まれたという。

その後、1691年（元禄4年）の大洪水で堰が崩壊したため、上流部に「日下部井堰」を移築。これは河道に対して直角に築く「一文字堰」であり、船の通り道である「舟通し」を兼ねた放流施設を設けることで、堰にかかる負荷を減らし、洪水時の流失を防ぐと同時に、絶えず水流があることで土砂堆積による機能低下を回避する役割も担った。この日下部井堰が長寿命化と利便性を兼ね備えた画期的な堰であったことは、その後180年間にわたり利用されつづけた歴史が証明している。

当時の記録によると、吉田7万石の城下町に美田を誇り、裏作の小麦ですら6000俵を出荷していたとある。松原用水の完成は、農村の発展に大いに寄与したのである。

牟呂用水宇利川自在運転樋（明治 29 年頃）

牟呂用水第1号樋管（明治27年頃）

牟呂用水取入口前景（昭和2年頃）

神野金之助が開拓した大新田

一方で豊川左岸を潤す牟呂用水は1887年（明治20年）、つねに干ばつの被害に困っていた賀茂村など3村が、豊川の急流に堰を設け開削した延長8キロメートルの「賀茂用水」が起源だが、同じ年に暴風雨による氾濫で堰は破壊されてしまった。

そこでその翌年、豊川の下流部で大規模な新田開発を計画した第百十國銀行頭取の毛利祥久は、賀茂用水の復旧にあわせ、新田につづく約16キロメートルの延伸を計画。台風による洪水

松原用水 日下部井堰絵図

などに苦しめられた難工事は、事業を引き継いだ実業家・神野金之助により進められた。

そして、その際には「人造石工法」という伝統的な左官の技術を応用した当時の新技術が活躍した。この工法でつくられた壁は、花崗岩が風化してできた「まさ土」と石灰と水を混ぜた「たたき」と呼ばれるなかに自然石を浮かせたもので、セメントが普及していない時代にあって堅固な構造物を構築できることから、要所で用いられたという。

しかし、取水口から最初に横断する宇利川の工事は難航した。水路トンネルである伏越樋管（ふせこしひかん）、堰の上を渡す洗堰（あらいぜき）などの技術が、宇利川の増水でことごとく崩壊したのだ。そこで、神野金之助の甥・神野三郎は「自在運転樋」という施設を考案。普段は水量が少ない宇利川に水路の水をいったん落とした後、対岸の水路に用水を取り入れるための堰を設置し、水位が上がった際には自在運転樋が機能し、樋門の扉が倒れて水を宇利川下流に流すようにした。これで従来の技術を克服できたという。

これらの新技術を駆使し、神野金之助が完成させた牟呂用水は、賀茂村をはじめとする3村の農民を干ばつ被害から救い、生計の向上に貢献した。加えて下流部にかんがい用水を安定して供給することで、新田開拓地は１１００ヘクタールにおよび、個人の事業としては前例がない、大規模な新田の開拓を可能にした。こうした先人たちの偉業があったからこそ、現在もこの地には１３８０人の農民が定住し、豊かな営農をつづけることができているのだ。

特産品

胡蝶蘭やうずら卵など全国トップシェアの農産物多数

東三河地域は、松原用水・牟呂用水を礎に豊川用水の整備を経て、全国屈指の先進的な農業地帯となった。今日では稲作の割合は少なく、野菜、果物、花、畜産などの多種多様な農業が営まれている。全国トップシェアを誇る農産物も多い。野菜ではキャベツとシソ、花ではバラ、キク、洋ラン、ほかにも国内シェアの約7割[※1]を占めるうずら卵などがある。これらの産出額の全国第1位[※2]である愛知県で東三河地域はその主要産地を担っている。

たとえばキャベツは、多くの生産者が県から「エコファーマー」の認定を受け、環境に配慮した生産に取り組んでいる。シソは電照・加温栽培も取り入れ、年間を通して安定的に出荷されている。花に関しては消費者の多様なニーズに合わせて、さまざまな品種やカラーを栽培しており、「花の王国あいち」と称されるまでになっている。

今では多くの産地で主流となった「種なし巨峰」を全国に先駆けて生産したのも東三河地域・豊橋市の生産者だ。現在では他産地よりもはやめに、小さめのパックをお手頃価格で出荷するなどして差別化をはかっている。

また、豊橋市内ではご当地グルメの「豊橋カレーうどん」が名物になっている。丼の底にトロロをのせたご飯が隠れていてカレーの汁を最後まで楽しめる。さらに自家製麺を使うこと、特産のうずら卵が入っていること、福神漬けまたは壺付け・紅ショウガを添えることなどを条件とし、各提供店が自慢の味を競っている。

温暖な気候を生かし冬から春に出荷されるキャベツ

青い胡蝶蘭「ブルーエレガンス」

一杯で二度おいしい「豊橋カレーうどん」

※1・※2　愛知県農林水産部2018年5月公表「農業の動き2018」（農業産出額全国第1位の主な農産物〈平成28年〉）

水のある風景

今も残る先人の工夫の跡に その功績をたどりたい

約450年の歴史を誇る松原用水、約130年の歴史を持つ牟呂用水では、用水路に残る歴史の跡をたどって、先人の功績を偲びたい。

1968年（昭和43年）に取水口を合口して完成した牟呂松原頭首工の勇姿を堪能した後は、牟呂松原幹線水路へ。「人造石工法」でつくられた第1号樋管は今も健在で、春には桜並木との美しいコントラストを楽しめる。また、少し下流に下ったあたりには、宇利川を横断するために考案された「自在運転樋」の跡が今も残っている。牟呂用水と松原用水に分かれる「照山分水工」の機能的な施設も見所のひとつである。

牟呂松原幹線水路 照山分水工

複線化された牟呂幹線水路

現在の牟呂幹線水路第１号樋管

宇利川に残る自在運転樋の跡

明治用水頭首工と矢作川

愛知県

明治用水（めいじようすい）

「疏通千里・利澤萬世」と時の内務卿・松方正義に賞賛された明治期を代表する大用水が、今も愛知県の産業を支える

愛知県は日本を代表する自動車メーカーのひとつであるトヨタ自動車などがあることから、工業県というイメージが強い。たしかに２０１３年（平成25年）の製造品出荷額等ランキングでは、２位の神奈川県に2・4倍以上の大差をつけて１位に輝いているが、同時に２０１７年（平成29年）の農業産出額ランキングでも全国7位に入る農業県でもある。そして、この農業と工業の２大産業を農業用水・工業用水の面で支えているのが、明治用水である。

明治用水は愛知県のほぼ中央を流れる矢作川から取水し、安城市を中

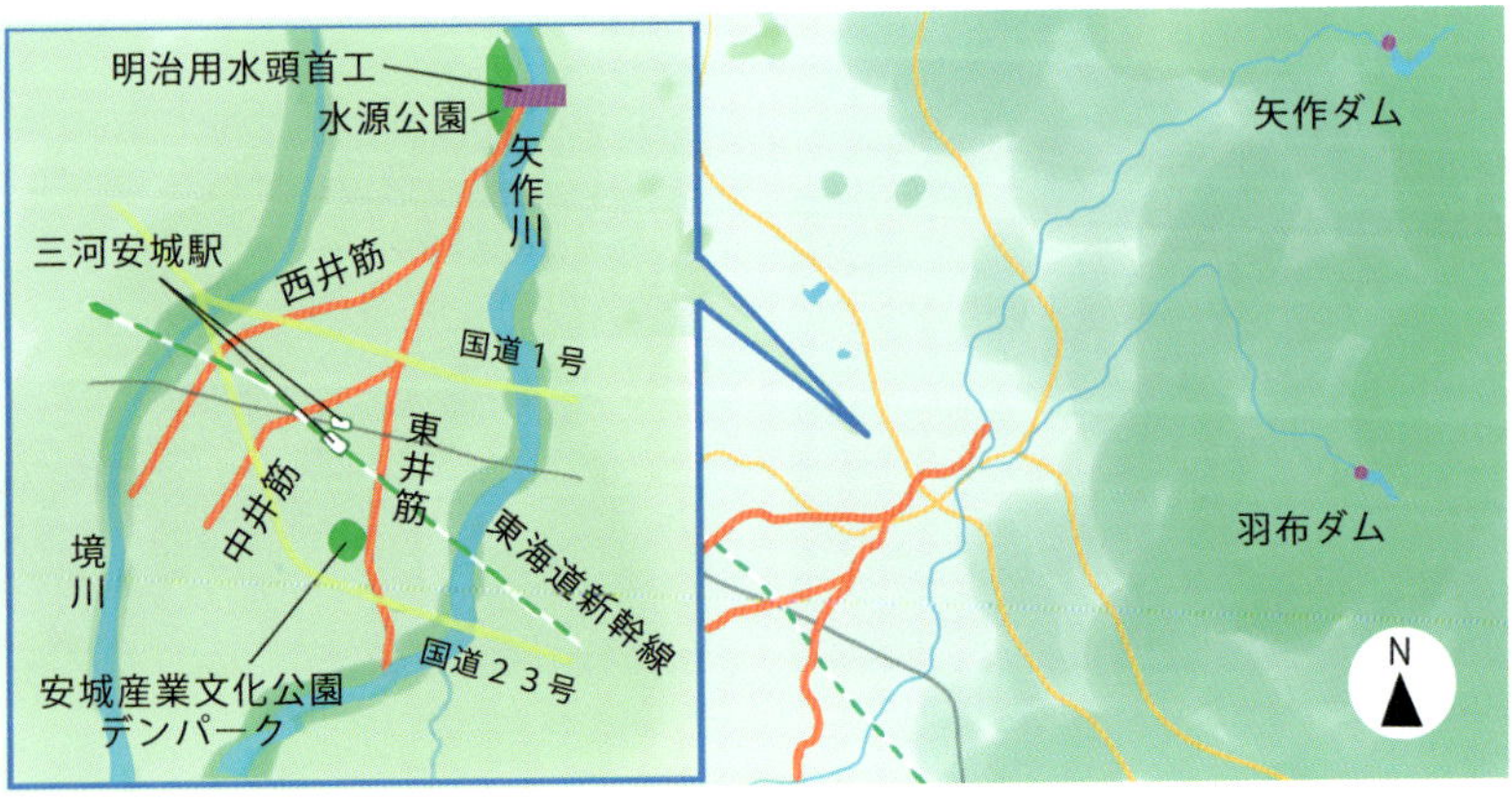

心に岡崎市、豊田市、知立市、刈谷市、高浜市、碧南市、西尾市の8市にまたがり、主に矢作川右岸の洪積台地の4615ヘクタールをかんがいしている。1880年（明治13年）に4路線からなる52キロメートルの幹線水路、その後に240キロメートルの支線水路が開削された日本でも有数の用水路である。ほとんどの用水では、その名称に地名や開発者の名前が冠されるが、明治用水に関しては「明治時代を代表する世紀の大用水」として、当時の元号をたまわり、命名されたという。

農業王国「日本デンマーク」誕生

明治用水の完成によって急速に発展したこの地の農業は、日本の大正期から昭和期にかけて世界の農業先進国であったデンマークになぞらえて、「日本デンマーク」と呼ばれた。モデル農村として教科書に載るなど、日本中から視察が絶えることのない、日本一有名な農村となった。

「疏通千里・利澤萬世」――。これは明治用水記念碑に刻まれた時の内務卿・松方正義の言葉で、「疏通（水路を通すこと）千里、その利澤（恩恵）は萬世に及ぶ」という意味である。

そして、松方正義は1880年（明治13年）4月18日に明治用水の完成を「一朝にして十万石以上の大名の土地の所有に等しき利益を得る」と賞賛したと伝えられている。

現代の頭首工は1958年（昭和33年）に完成したものであり、1970年（昭和45年）からは水路のパイプライン化を実施している。8割が地下を流れているが、今もしっかりとこの地域の産業を支えている。

DATA

名称	明治用水
施設の所在市町村	愛知県安城市、岡崎市、豊田市、知立市、刈谷市、高浜市、碧南市、西尾市
供用開始年	1880年（明治13年）
総延長	290.919km
かんがい面積（排水施設は排水面積）	4615.3ha
農家数（組合員数）	1万3042名（組合員数）
地域の特産品（伝統品・新商品等）	コメ、麦、大豆、梨、イチジク、チンゲンサイ、きゅうり、イチゴなど
流域名	矢作川水系　矢作川
所有者	国・明治用水土地改良区
アクセス	最寄駅は東海道本線安城駅 最寄ICは伊勢湾岸自動車道豊田東IC

歴史

荒涼たる台地を沃野に変える江戸の思いが明治に実現

現在広大な農地が広がるこのエリアは、明治時代初頭までは「安城が原」と呼ばれる荒涼とした原野であった。焚き木や下草などの肥料を求める「入会地」としての使い道しかなく、台地の割れ目を流れる小さな河川沿いに小規模な水田があったものの、あちこちにつくられたため池に頼るしかなく、農民たちは「はねつるべ」や「ふみぐるま」を用い、懸命に水を引いた。乏しい水をめぐっての水争いもしばしばあった。

この安城が原に、用水を開削する計画が起こったのは江戸末期のこと。現在の安城市和泉町にあたる和泉村の豪農・都築弥厚（やこう）は、矢作川上流の越戸村（現在の豊田市）から水を引き、30キロメートルにおよぶ大用水の開削を計画。隣りの高棚村（現在の安城市高棚町）の数学者・石川喜平の協力を得て測量をはじめたが、そこで最大の障害となったのは地元農民の妨害だった。

入会地の減少や水害の発生を恐れた農民たちは、ときには暴徒化し、襲いくることもあり、測量作業は人目を避け、夜間などに密かに行われた。そして、5年の歳月をかけて測量図が完成、1833年（天保3年）には幕府から一部開発の許可も下りたが、同年、都築弥厚が病没し、計画は頓挫してしまった。

恨むは三カ村、喜ぶは数十カ村

明治時代に入り、石井新田（現在の安城市石井町）の岡本兵松によって、用水開削の計画は蘇る。1872年（明治5年）に愛知県が成立す

作業員　頭首工

明治本流（1930頃）

ると、同時期に矢作川右岸低地の配水と台地のかんがい計画を出願していた伊豫田与八郎の計画と一本化することで許可が下りた。ふたりは協力し、地元農民の説得や工費の調達に奔走し、ようやく1879年（明治12年）に工事に着手したのである。

16万3000円、現在の価値で約23億円に上った工費は、協力者からの出資を得たほか、足りない分は愛知県が立替えた。工事に着手した後も反対の声は絶えなかったが、岡本は「工事ができ上がれば恨む村は三か村、喜ぶ村は数十か村、何ほどのこともない」と意に介さなかったという。

中井筋堤防もみ干し作業

明治本流（1973年頃）

1880年（明治13年）、ついに総延長52キロメートルの明治用水が完成。引きつづき支流約40本の開削が行われ、1885年（明治18年）には、ほぼ現在の明治用水の姿となった。

用水が開削されるにつれて、荒涼とした原野だった安城が原には、つぎつぎと新田が開墾されていった。そして、新田から徴収した配水料によって、県の立替金を含めた工費がまかなわれた。民間の着想と資金調達だけで、この大事業を成し遂げたことは、まさに明治のかんがい事業のなかでも特筆すべきことだろう。

明治用水完成後、約2300ヘクタールだった水田面積は、1907年（明治40年）には8000ヘクタールを超し、一大穀倉地帯に発展した。当然、地域の発展は水田にとどまらない。水田の収穫が終わる秋に用水の水門が閉ざされると、水田は干し上がり畑となる。冬季は麦や蔬菜、菜種、レンゲなどが二毛作として栽培され、耕地の高度利用がはかられるなど、明治用水の完成は近代の多角形農業の普及にも大きく寄与したのである。

特産品

稲の輪作で大規模化が進む国産小麦・国産大豆の産地

明治用水の水利と温暖な気候に恵まれた西三河地域は水田率が高く、稲を軸に麦、大豆がローテーションで作付けされており、経営は大規模化が進んでいる。その結果、2018年（平成30年）産では、小麦「きぬあかり」の単位面積あたりの収穫量が全国第1位に輝いた。「きぬあかり」は愛知県が麺類用に育成した品種で、色が明るく、なめらかで、コシのあるうどんができると業界での評価も高い。

大豆も地元で豆腐や豆乳、納豆などに加工され、地産地消の取り組みが行われているが、古くからの特産品に岡崎市の「八丁味噌」がある。大豆を塩と水のみで仕込んだ豆味噌は旨みが豊富で、煮込んでも風味が飛びにくいため、名古屋名物の味噌煮込みうどんにも使われることで有名だ。

岡崎市八帖町には、伝統的な製法で「八丁味噌」を作る、まるや八丁味噌（☎0564・22・0678〈見学受付専用〉岡崎市八帖町字往還通52）と、カクキュー八丁味噌「八丁味噌の郷」（☎0564・21・1355岡崎市八帖町字往還通69）があり、いずれも見学できる。

愛知県が全国第一位の産出額を誇るイチジクは、水田転作作物として昭和40年代に入ってから栽培が本格化したもので、安城市、碧南市、豊田市、西尾市などを中心に生産されている。4月上旬～8月中旬はハウス栽培、8月上旬～11月上旬は露地栽培で長期間出荷できるのも強みだ。甘酸っぱい風味と、ねっとりとした食感にツブツブの舌触りがアクセントのイチジクは、近年ではケーキやパンなどにも使われることが増え需要を伸ばしている。

長い穂が出揃った「きぬあかり」

二夏二冬（2年）長期熟成させる「八丁味噌」

イチジクは中のツブツブが花にあたる

水のある風景

旧頭首工に明治の技術を偲びテーマパークや緑道に遊ぶ

1958年（昭和33年）に明治用水頭首工が下流に完成したことで、役目を終えた明治用水旧頭首工。その一部が今も残り、当時の様子を伝えている。セメントが普及していない時代に、風化花崗岩である「まさ土」と石灰に水を加えた「人造石」を用いた工法で築かれた堰堤であり、水に強いことから当時の利水施設などによく用いられたという。そのほか、「日本デンマーク」になぞらえた、自然と親しむがコンセプトの「安城産業文化公園デンパーク」や、パイプライン化した水路の上に整備された緑道や自転車道なども市民の憩いの場となっている。

春の明治用水頭首工

デンパークファンタジーガーデン

明治本流の現在の様子

地域住民の憩いの場である親水公園

東北 関東 甲信越 北陸 東海 近畿 中国 四国 九州

三重県

立梅用水（たちばいようすい）

山腹を30キロメートルも縫うように開削した、あじさい香る用水路「岩一升米一升」と呼ばれた難工事を幾多の先進的技術で克服

立梅井堰の現在の様子

立梅用水の受益地のある多気町は三重県のほぼ中央部に位置し、町内を大断層の中央構造線が東西に走っている。立梅用水はそれに沿って流れる一級河川の櫛田川右岸地域に広がる山腹を縫うように、約30キロメートルに渡って開削された。

現在の立梅井堰は1935年（昭和10年）4月に4代目として改築されたものであり、その構造は石張堰堤である。石を利用した理由は、下流の河床内に「高岩」と呼ばれる岩があり、これを砕き、石張りの材料にしたからといわれている。井堰の中央より右岸側には、木材を流すた

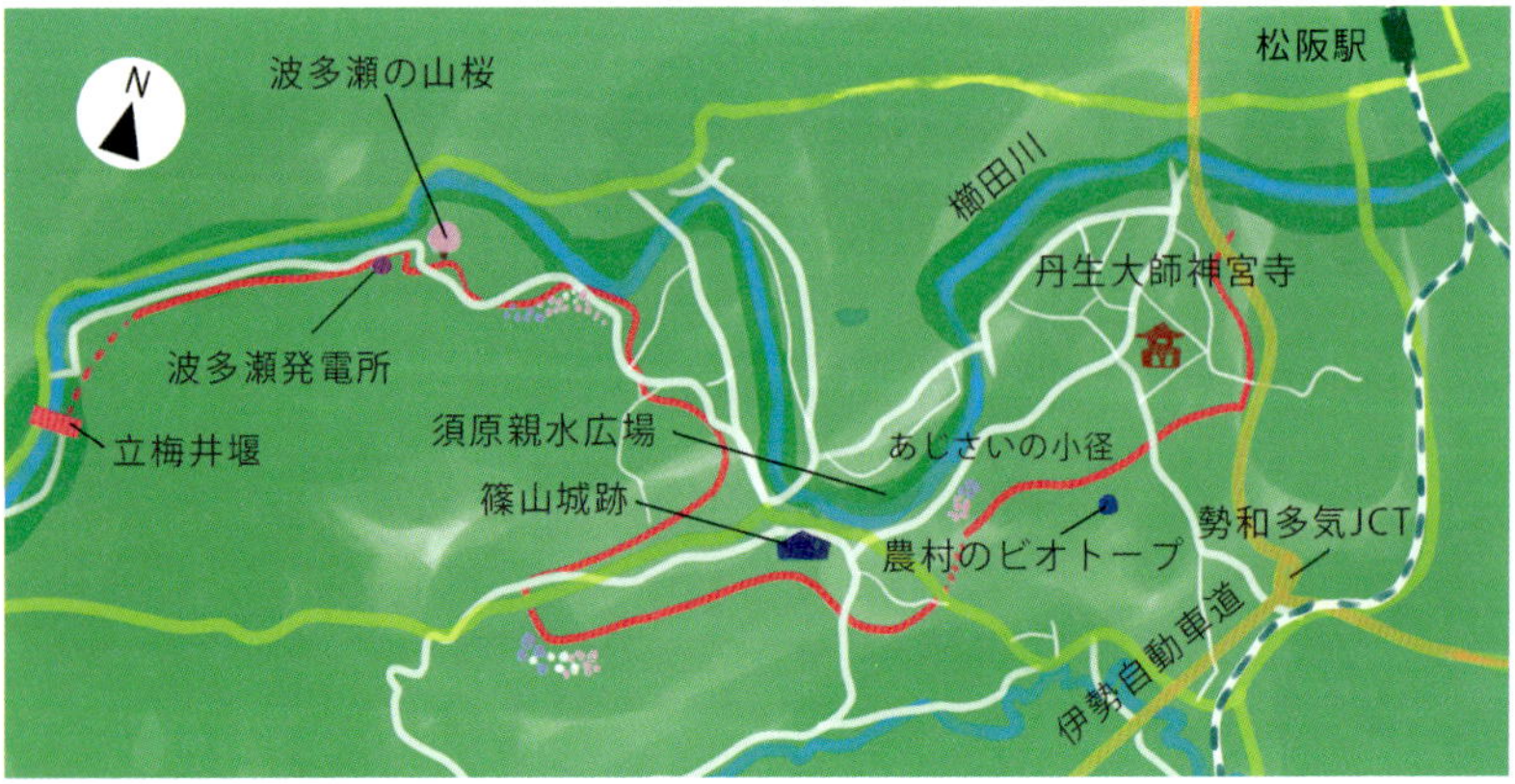

めの流木路が設けられ、石積みの巧みな技術を確認できるほか、見事な景観も兼ね備えている。

また、この地域は奈良時代から水銀が採掘されていたことで知られる。奈良東大寺の大仏の金箔塗装の工程でも、その水銀が大量に使用されたほか、真言宗を開いた空海も同地を訪ねているなど、江戸時代後期まで水銀採掘業はこの地域の主要な産業であった。水銀の採掘技術は用水路の開削にも用いられ、工期の短縮に大きく貢献したといわれる。

花の水路は地域住民の協力で

立梅用水を管理するために1905年（明治38年）に立梅井堰普通水利組合が設立、1952年（昭和27年）には立梅用水土地改良区に組織変更し、維持管理を担っている。そしてその一環として、先人が多くの困難を乗り越え、建設してきた立梅用水の歴史的価値を忘れないようにと、土地改良区と地域住民が協力して1993年（平成5年）から「あじさい1万本運動」がはじまった。住民らが1本1本挿し木し、休耕田を活用し移植できるまで育て、水路沿いに移植したアジサイは、すでに3万本を超えている。用水路の景観に大きく寄与するとともに、地域住民による水路の清掃、補修、管理、環境保全活動を盛り上げている。

さらに、1997年（平成9年）からは6月の第2日曜日に、農村と都市の交流促進と、開発者である西村彦左衛門の遺徳をたたえることを目的として「あじさいまつり」が開催され、毎年1万人以上の人々でにぎわい農村を活気づけている。

DATA

名称	立梅用水
施設の所在市町村	三重県多気郡多気町
供用開始年	1823年（文政６年）
総延長	21,8km
かんがい面積（排水施設は排水面積）	約260ha
農家数（就業人数）	約610名（組合員数）
地域の特産品（伝統品・新商品等）	米、茶、キャベツ、白ネギ、麦、大豆
流域名	一級河川　櫛田川
所有者	立梅用水土地改良区
アクセス	最寄駅は近鉄松阪駅 最寄ICは伊勢自動車道　松阪IC

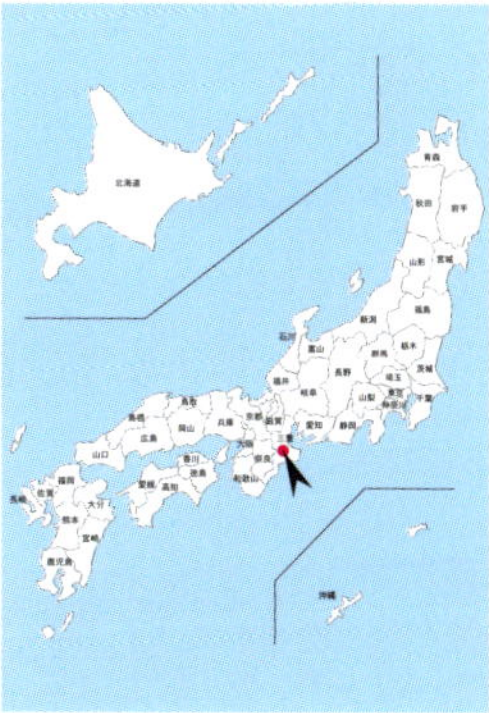

歴史

西村彦左衛門が私財を投じ地域住民の生活向上に寄与

1907年頃の立梅井堰

エンゲ切り通し

立梅用水の位置する多気町勢和地区は、江戸時代中期までは水田はほとんどなく、畑地が中心の耕地利用だった。櫛田川が流れていたものの河床が低く、耕地をかんがいするにはかなり上流から導水しなければならず、農民は疲弊していた。

農民の生活を救うためには、かんがいによる新田開発しかないと考え、私財を投げ打って用水建設に尽力したのが、丹生地区出身の西村彦左衛門である。彦左衛門は１８０８年（文化5年）に用水建設計画書を紀州藩に請願し、１８２０年（文政3年）に、ようやく工事に着手した。

立梅用水には各所に隧道や山の切り通し、谷の築堤などがあるが、これらはすべて人力によるノミや槌で切り開いたものである。工事において「岩盤を一升削ると、米を一升もらえる」という意味の「岩一升米一升」という諺が残されているほど、その作業は困難をきわめた。

なお、この工事には大畑才蔵の紀州流の技術が用いられたとされる。そのひとつが角材と竹を加工してつくられた「水盛台」という、土地の高低を測る水準測量器具である。山腹を縫うように30キロメートルもの水路をつくるには、正確な測量が不可欠だが、これにより１０００分の１～３０００分の１という勾配の水路の開削が可能となったという。

また、山裾を通過して開削された用水路は、片側を盛り土としたため漏水の危険があった。そこで、近辺の山から粘土を採取し、それを水路の周りに詰め、漏水対策を施したという。

さらに、水路は山地から流れてくる小河川を横切るように開削されたが、川越しの地点は平面交差とし、小河川の流水も補給水として有効に活用した。谷川を渡る箇所では石を巧みに積んで造成する「空石積」で築堤し、大雨のときには山から水路に流れ込む水を排除する施設もつくるなど、随所に革新的な技術が用いられている。

生活用水、水害対策にも寄与

工費1万2600両（現在の価値で約40億円）、延べ24万7000人の人力をかけて、1823年（文政6年）に立梅用水は完成した。おかげで、豪雨の際には山地からの流出水を用水路で受け止め、安全に櫛田川に放流することができるようになった。一方で山腹の地形を巧みに利用して曲折させ、水路延長を長くすることで用水路に貯水機能を持たせ、渇水時でも末端地区への安定したかんがい用水の供給を可能にした。その結果、およそ160ヘクタールの新田が開発され、農民は安定した食糧生産ができるようになったという。また、用水路には洗い場も設けられ、生活用水や防火用水としても活用された。

その後、1829年（文政12年）、1870年（明治3年）、1886年（明治19年）に洪水で井堰が破壊され、そのたびに改修が繰り返されてきた。が、1919年（大正8年）にも洪水で井堰が破壊されたことから1921年（大正10年）に中部電力より資金提供を受けて、1935年（昭和10年）に当初の井堰の建設位置から400メートル下流に現在の石張堰堤構造の「立梅井堰」が改築され、現在にいたっている。

柳谷トンネル（素掘り隧道）

目細谷築堤

特産品

地元愛が育む、うまい米や「農村料理バイキング」

地域一体となって用水を生かしたまちづくりに取り組んでいる多気町勢和地域。立梅用水の水で育った米を、用水建設の尽力者にちなみ「彦左衛門のうまい米」と名付けて発信している。品種はコシヒカリで、地元の農家が愛情を注いだ米は全国的なブランド米に負けない食味の良さに仕上がっている。

手作りの味噌で作る「せいわの里 まめや」の味噌汁

多気町発祥の早生の甘柿「前川次郎」

粘りとコクが自慢の山芋「伊勢いも」

豊かな地域資源を次世代へ繋げたいと願うまちの人々の思いは強い。せいわの里 まめや（☎0598・49・4300 多気郡多気町丹生5643）では、農家のお母さんたちが地元食材を活用した「農村料理バイキング」を提供している。品数は豊富で、特産の大豆で作った手作り豆腐やおからコロッケを中心に、旬の野菜や果実もふんだんに取り入れたお惣菜やデザートが25～30種類並ぶ。

多気町から全国に広まったものに甘柿の代表格の「次郎柿（早生次郎）」がある。もともとあった次郎柿のなかにとくにはやく熟す枝を発見した多気町の生産者、前川唯一（ただいち）氏が手掛けた品種で、1957年（昭和32年）に「前川次郎」と命名された。サクッとした果肉で甘みが強く、日持ちが長いのが特徴。今では、早く出荷できる次郎柿として全国で栽培されている。

山芋の一種の「伊勢いも」は、江戸時代から多気町を中心に作られてきた三重の伝統野菜だ。水はけが良く砂気のある地質を好む「伊勢いも」に多気町の土壌は最適で、現在は櫛田川沿岸の肥沃な土壌である津田地区を中心に栽培されている。強い粘りと濃厚な風味があり、アクが少なく時間が経っても変色しにくいことから、日本料理や和菓子にも使われる高級山芋である。

水のある風景

水路を彩る3万本のアジサイ
水路のトンネルを通るイベント

立梅用水の象徴的な光景である「立梅井堰」は多気町の指定文化財ともなっている。また「あじさい1万本運動」で挿し木され、植栽されたアジサイは水路沿いに3万本以上が咲き誇り、アジサイの咲く季節には多くの人でにぎわう。そのほか、2000年（平成12年）に登録された「あぜ道せせらぎづくり」という事業では、毎年8月1日を「水の日」と定め、親子で立梅用水をボートで下るイベントを実施。300メートルほどのコースには素掘りのトンネルもあり、この体験を通じて先人の苦労を知り、水と地域の文化について知る機会となっている。

立梅用水とあじさい小径散策を楽しむ

あじさいまつり（立梅用水ボート下りと船頭役の中学生ボランティア）

立梅用水を活用した消火訓練

立梅用水を利用した小水力発電所（波多瀬発電所見学）

南家城川口井水（みなみいえきかわぐちゆすい）

渓谷美を誇る景勝地に頭首工と水路が点在する
平安時代からの歴史を誇る、地域の文化遺産的用水

石張り固定堰である南家城川口井

南家城川口井水は三重県の中央部・青山高原の南麓に位置し、清流の一級河川・雲出川（くもずがわ）の中流部に頭首工を持つ。その付近は雲出川の奇岩が両岸に迫り、見事な渓谷美を誇る「家城ライン」の景勝地になっているが、頭首工の石張りの固定堰は周辺の景観にきちんと調和している。

白山町南家城と対岸の二俣地区などを結ぶために、１９３４年（昭和９年）に雲出川に架けられた二雲橋から川原を見下ろすと、流れに沿って岩盤に溝が彫られていることに気がつく。これは江戸時代に南家城村から隣りの川口村に水を引くために

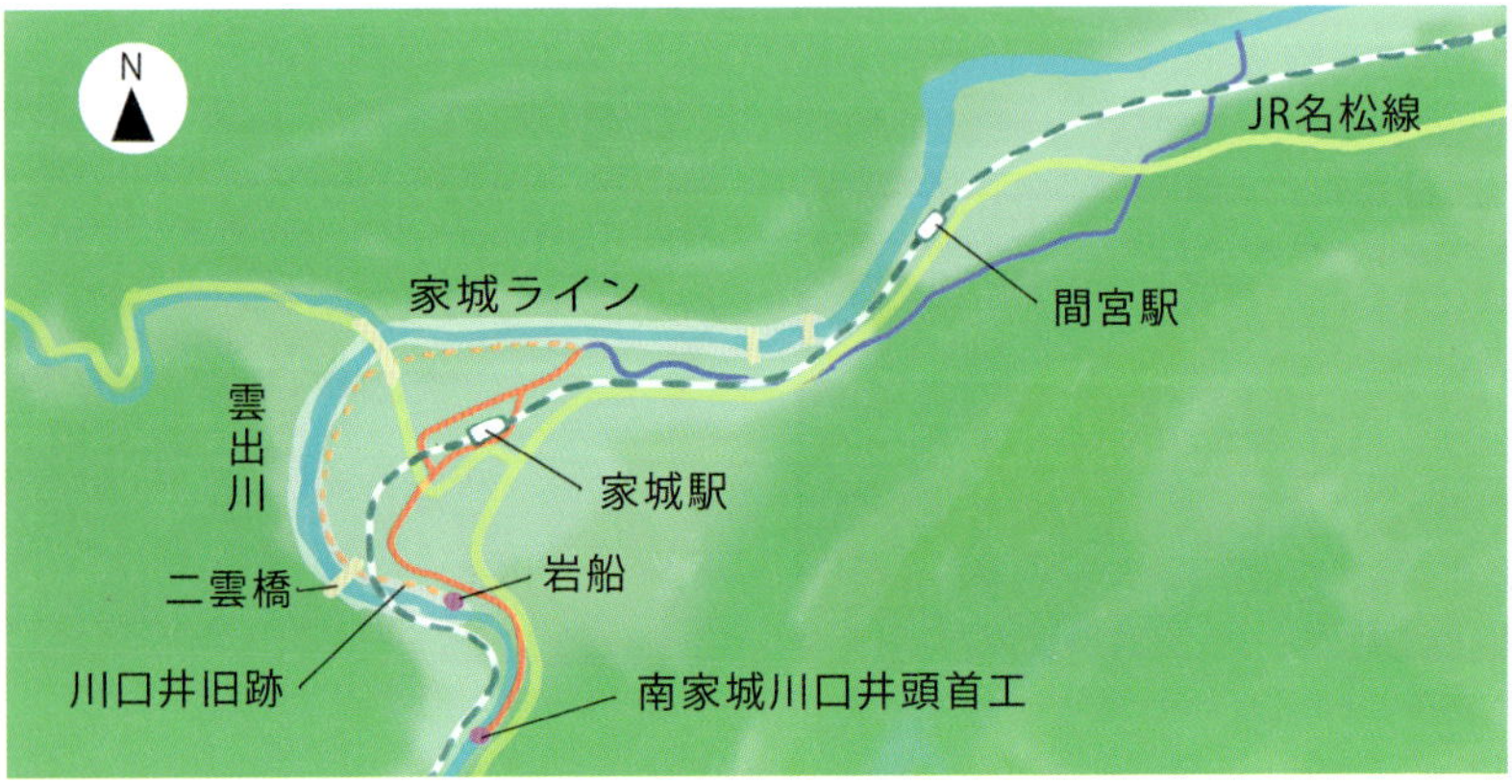

開削された川口井の跡である。

その痕跡は、1664年（寛文4年）に完成した川口井が1729年（享保14年）、平安時代の1190年（文治6年）に開設された南家城井と接続することになった際に使用されなくなった井堰と考えられる。その跡は溝の幅が2メートル、深さが0・8メートルほどで、その様子からは自然の地形を利用してつくられていたことがうかがえる。

水害対策で2用水が連合

この川口井と南家城井が連合したものが、幹線水路約7キロメートルの南家城川口井水だ。南家城川口井水は長い歴史のなかで、地域の水田への農業用水のみならず、国土保全にも貢献している。地域住民の生活用水、水質浄化用水、井戸水などの地下水安定、景観・生態系保全用水、集落の防火用水など、地域用水としての多用な役割をはたしているのだ。

そのため、施設の維持管理は農家だけではなく、集落の住民が共同で行っており、伝統的に「自分たちの施設は自らが守る」という意識のもと、施設そのものが地域の文化的遺産として維持されている。とはいえ、組織的な管理体制も整っており、1917年（大正6年）に普通水利組合が設立され、2006年（平成18年）には白山町土地改良区 南家城川口井工区に改組された。そして、南家城川口井水の恩恵と、用水を開削し、維持管理してきた先人の功績に深く感謝し、そのことを後世に伝えるために、町内の小学校などでは出前講座などの活動も行っているという。

DATA

名称	南家城川口井水
施設の所在市町村	三重県津市白山町
供用開始年	1190年（文治6年）
総延長	約7km
かんがい面積（排水施設は排水面積）	360ha
農家数（就業人数）	843名（組合員数）
地域の特産品（伝統品・新商品等）	イチゴ（かおり野）、伊勢茶、松阪牛
流域名	一級河川　雲出川水系
所有者	白山町土地改良区
アクセス	最寄駅はJR名松線家城駅 最寄ICは伊勢自動車道一志嬉野IC

歴史

平安時代からの歴史を誇る地域の文化的遺産

　南家城井は平安時代である1190年（文治6年）に開設された用水路である。南家城村は雲出川上流右岸の広大な段丘上の平地を占めるが、水利には恵まれなかったため、かんがいによる農業振興しか道はなかった。1630年（寛永7年）には水路300メートルにわたり、岩をノミで削り取り拡幅工事を施した記念碑が残っている。この南家城井が1729年（享保14年）に川口井と接続され、現在の南家城川口井となった。

　一方の川口井は1664年（寛文4年）に津藩の郡奉行であった山中為綱により、雲出川の瀬戸ヶ淵に開削された。瀬戸ヶ淵は奇岩が両岸に迫る景勝地だが、水路が狭く、出水となるとすぐに水があふれ水害を起こしていた。そこで、岩を削って瀬戸ヶ淵を広げ、水流をよくする治水工事を行うとともに、上流の笠岩に井堰を造成し、川原を通して諏訪の浦から川口に水を流した。これが川口井である。

　山中為綱はみずから工事を監督したが、工事は困難をきわめ、3年もの歳月を要したが、為綱はその間、現地で日夜励精し、自宅に戻ることは1度もなかったという。

　その努力の跡が見て取れるのが川口井旧跡だ。漏水による通水損失を極力少なくするため、自然の地形を巧みに利用し、岩盤をノミで削って水路にしているほか、必要に応じて岩盤に柱穴を開け、その穴に丸太を差し込み芯にして、その上に石灰を混ぜた赤土を塗って水路の側壁をつくるなど、自然の地形に応じた創意工夫がなされている。

1630年（寛永7年）の記念碑

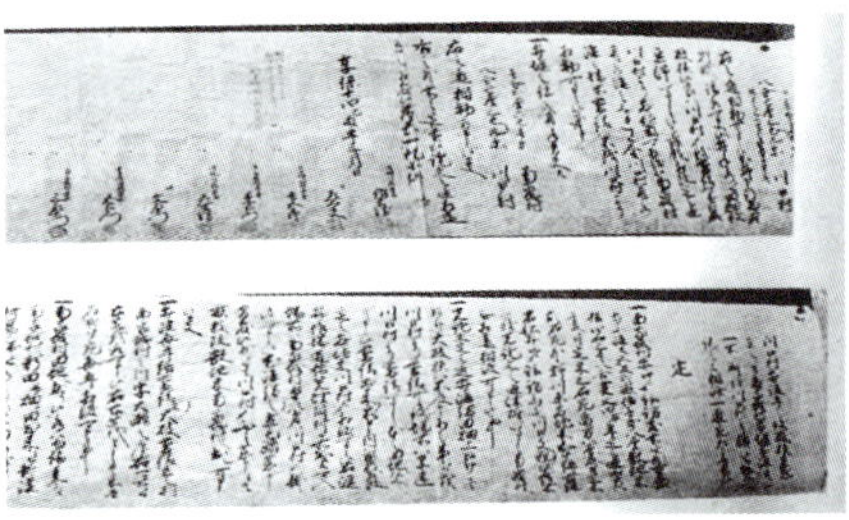

享保の川口井約定書

その結果、かんがい区域の石高は3997石余にまで増加したが、2藩にまたがっていたため、その取り扱いについては細かい取り決めがなされていたという。その記録は「享保の川口井約定書」に残されており、現代にも受け継がれている。

用水連合から現在の堰へ

川口井の二雲橋から450メートル上流にある岩船のあたりの取水口から分岐した水は雲出川沿いに掘られた水路を通って家城神社の裏手へと流れ、川口村まで流れていた。しかし、河原につくられた水路は大水のたびに井溝が破損したため、1729年（享保14年）に取水や井溝の一部を共有することになり、川口井と南家城井は接続されることに。その際、南家城井はもともと2村にわたっていたため、1664年（寛文4年）には川口村が南家城村に対して、毎年溝敷代として48石余を納入し、溝浚え時に南家城村の田畑を荒らさぬこと、損害が生じたときは至急復旧させること、修理には家城の山林を切らぬことなどを約している。また、1729年（享保14年）の連合時には、溝普請の費用は南家城村が1分2厘余、川口村が8分7厘余を負担するように定めている。

現代に入り、1950年（昭和25年）～1966年（昭和41年）にかけての県営雲出川沿岸用水改良事業で、幹線用水路はコンクリート水路に改修され、水路からの漏水が防止された。また、台風が来るたびに崩壊を繰り返していた南家城川口井頭首工（空石積みによる井堰）は、2000年（平成12年）～2004年（平成16年）にかけて全面改修され、さらに盤石な状態で用水を安定供給している。

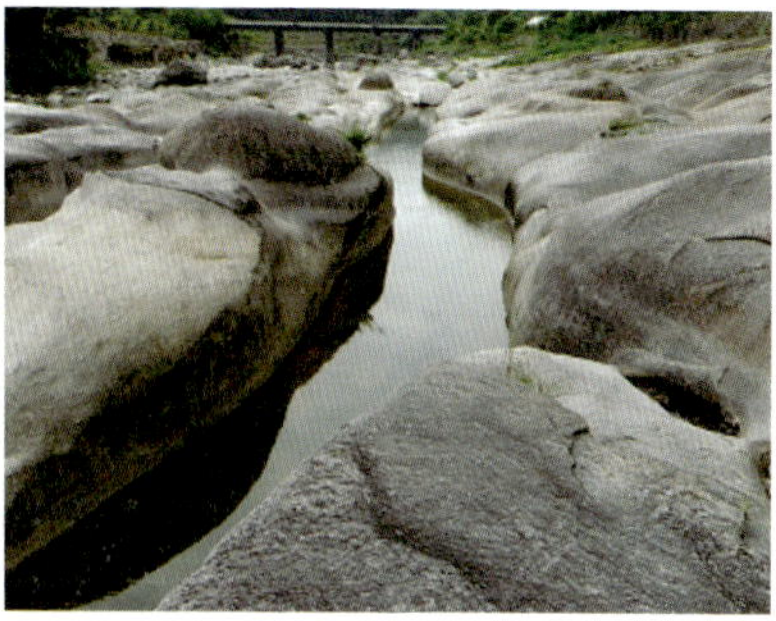

岩盤を鑿で削って作った水路跡

先人の道具

特産品

山間の郷に育まれる木工品「松阪牛」や「伊勢茶」

地域の約7割を森林が占める津市白山町。地元の中勢森林組合（☎059・262・3020 津市白山町南家城915・1）では、豊かな森林を未来に引き継ぐために、間伐などの手入れを推進しながら、地域で育った木材の利用拡大をはかっている。

山から切り出されたスギやヒノキは、建築用資材からイスやラックなどの家具、木のオモチャ、箸まで、さまざまな製品に加工され、人気を博している。

三重県といえば「松阪牛」が有名だが、白山地域の堀坂牧場（☎059・262・5191津市白山町北家城1073）でも雲出川のせせらぎが聞こえるのどかな環境で約1600頭の牛が育てられている。牛の健康を考えた飼料や自家天然水にこだわり、農場HACCP認証の衛生管理のもとでジックリと長期肥育される。そのとろけるような食感とコクのある旨み、そして霜降りの美しさは、まさに肉の芸術品だ。

雲出川が流れる山間地では、「伊勢茶」も栽培されている。伊勢茶は三重県で生産されているお茶の総称で、県内には小規模な産地が数多く点在。その結果、三重県は、静岡県・鹿児島県につぐ全国第3位の生産量を誇るお茶処となっている。ふくよかな香りとまろやかな味が特徴で、2煎目でも味や香気があまり落ちないと評判だ。

この地では三重県農業研究所が開発したイチゴ「かおり野」の生産も行われている。その名の通り香りが強く、ジューシーでさわやかな甘さが特徴。カットしたときの赤と白のコントラストがくっきりしているので飾り付けに使うと華やか。クリスマスシーズンの需要に合わせ、11月から出荷できるのも魅力だという。

軽くて使いやすい杉箸と杉の箸置き

霜降りがきめ細かい「松阪牛」

三重県生まれのイチゴ品種「かおり野」

水のある風景

三重県でも有数の景勝地「家城ライン」が楽しめる

南家城川口井水頭首工のある地域は「家城ライン」という景勝地があることで知られる。その特徴は遠く高見山地から発する雲出川が白山台地で蛇行し、見事な渓谷美をつくりだしていること。自然の持つ多様性と川の先住生物たちの住処としての環境保全を重視し、積極的に自然を再生する水辺づくりを進める方針で整備されており、夏場には多くの人たちが観光やレジャーなどに訪れる。下流から瀬戸ヶ瀬、こぶ湯、箒ヶ瀬、鎌ヶ渕、岩舟、狼ヶ瀬といった奇勝がつづく光景はまさに絶景で、ＪＲ名松線の車窓からもその景観を楽しむことができる。

清流一級河川雲出川の名勝・家城ライン

強固な建造物に改修された幹線用水路

幹線用水路にある洗い場

早咲きの桜が咲き誇る遊歩道から、大阪の山々を望む

大阪府

狭山池（さやまいけ）

聖徳太子の時代に生まれ、歌枕となり、行基と豊臣秀頼が改修 1400年にわたり美しき水面の歴史を見つめつづけてきた

大阪平野の南東部に位置し、北東部の平地部と南西部の丘陵部からなる大阪狭山市は、東西に2・4キロメートル、南北に7・0キロメートルのコンパクトな市。そのシンボルである狭山池は西除川と三津屋川の合流点に、約1400年前につくられた日本最古のダム型式のため池である。

周辺3・4キロメートル、面積40万平方メートルの広さを持ち、1988年（昭和63年）～2010年（平成12年）に行われた「平成の大改修」後は、狭山池周辺に1400本におよぶ桜の植樹が行われたほか、市民によるまつりなどが開催されている。

また、狭山池の周辺は「狭山池公園」として整備されており、池を囲む遊歩道が格好のウォーキングやジョギングのコースとして、多くの人に愛されている。そして、その池端からは岩湧山、金剛山、葛城山、二上山、生駒山といった平安の和歌集でも歌枕になっている大阪の美しい山々が一望できる。まさに絶景の地である。

韓国と世界文化遺産を目指す

「平成の大改修」では多くの発見があったが、とりわけ注目されたのは北堤を築造する際に使われた「敷葉工法」だ。これはアラカシの枝葉を敷き並べながら、土を盛り立てるもので、紀元前8〜5世紀に中国で生まれ、朝鮮半島から渡来人を通して日本に伝えられた技術であり、韓国のいくつかのため池でも同じ技術が用いられていることがわかっている。4世紀頃に築かれた韓国・金堤（キムジェ）市の碧骨堤（ピョッコルチェ）でも敷葉工法を用いて堤が築造されており、同じ農業用のかんがい施設であることから、狭山池の「兄弟堤」であると考えられており、今後の発掘調査に期待が寄せられている。

狭山池は日本のみならず、世界に誇る文化遺産であり、大阪狭山市では２０１０年（平成22年）より「狭山池シンポジウム」を開催し、狭山池の重要性を世界に向けて発信している。碧骨堤のある韓国・金堤市とも、２０１２年（平成24年）に「親善及び相互協力意向書」を締結し、狭山池の歴史を伝えるために、韓国の碧骨堤とともに世界文化遺産に登録するべく歩みを進めている。

DATA

名称	狭山池
施設の所在市町村	大阪狭山市
供用開始年	616年頃
総面積	約40万ha
かんがい面積（排水施設は排水面積）	297ha(2019年3月31日現在)
農家数（就業人数）	1744名
地域の特産品（伝統品・新商品等）	大野ぶどう
流域名	大和川水系　一級河川西除川
所有者	国土交通省・大阪府・狭山池土地改良区
アクセス	最寄駅は南海高野線大阪狭山市駅 最寄ICは阪和自動車道美原北IC

歴史

『古事記』『日本書紀』に登場 伝説時代から伝わる水の賜物

狭山池の歴史は今から約1400年前に遡る。『日本書紀』によると崇神天皇62年7月2日に、天皇が以下のように詔したとある。

「農は天下の大本なり。（中略）今、河内の狭山の植田水少し。是をもって其の国の百姓、農の事を怠る。其れ多に池溝を開きて民業を寛かにせよ」

また『古事記』の垂仁天皇段には、垂仁の皇子印色入日子命が血沼（ちぬ）池などとともに狭山池をつくったとある。

築造当初に使われていたコウヤマキの樋管

下層東と違法吹部の全景

いずれも伝説ではあるが、ここに書かれている池が現在の狭山池にあたる。

実際の築造年代は、平成の大改修で明らかになった。池の内側の斜面に発見された須恵器の窯跡や築造当初の古代の樋に使われていた木材の年代測定から、聖徳太子の時代にあたる7世紀初頭の616年（推古天皇24年）頃ではないかと推測されている。

奈良時代に数々の社会事業を成し遂げた僧である行基は、731年（天平3年）に狭山池を修築した。762年（天平宝字6年）には狭山池の堤が決壊したため、延べ8万3000人の人夫を使って修造したと『続日本紀』に伝わる。

清少納言の『枕草子』にも「さ山の池」の記述があり、『古今集』にも「恋すてふ狭山の池のみくりこそ引けば絶すれ我やねたゆる」と、恋の歌が詠まれるなど、当時より風光明媚な池として知られていたことが偲ばれる。

鎌倉時代の1202年（建仁2年）には僧・重源が修理し、当時最先端の加工技術を用いた石製の樋管6段敷設する工事が行われたことが『南無阿弥陀仏作善集』に記されており、そのときの樋とみられる石館が1925年（大正14年）の大修理の際に発見されている。発見された鎌倉時代の石碑には「狭山池の水下の50余村の人々の要請」により改修が行われたことが刻まれている。

平成の大改修の際の北堤断面

平成の大改修で発掘調査を実施した
考古学者・末永雅雄博士

豊臣家の最後の大事業

1608年（慶長13年）には豊臣秀頼のもとで大改修が行われた。奉行は家臣の片桐且元で、堤防の延長と平均4メートルの嵩上げ工事が実施された。また、ため池の水位が低下した際に上から順次栓を抜き、底水まで流出させる「尺八樋」を用いた中樋・西樋・東樋の設置、さらには洪水対策の「除」と呼ばれる施設の整備など、大規模な改修が行われた。ちなみに、この際に面積もそれまでの2倍以上に拡大され、ほぼ現在の狭山池の姿が形づくられた。豊臣家が滅亡してからは幕府の直接支配に移行したという。

1921年（大正10年）に起きた大干ばつを受けての大規模改修では、初めて鉄筋コンクリート製の取水口が築造された。平成の大改修で見つかった築造当時のコウヤマキ製の樋管、1200年前の改修の際に使用した石製の樋管などが出土し、57点が国の重要文化財として指定された。

2015年（平成27年）には、狭山池が築造以来1400年もの間守り伝えられてきた文化遺産として、国の史跡指定を受けた。

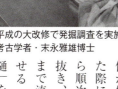

特産品

ひと味違う「大野ぶどう」と桜100％の「さくら染め」

雨が少ない大阪狭山市ではたくさんのため池がつくられてきたが、乾燥しがちな気候は特産品「大野ぶどう」が生まれるきっかけにもなった。市南部の大野地区でぶどうの栽培がはじまったのは明治末期から大正初期のこと。水の足りない水田や丘陵地を利用してぶどうを植える農家が増えていったという。

「大野ぶどう」とは、大野地区とその周辺で栽培されているぶどう全般のことで、デラウェアを中心に多種多様な品種がある。どれも粒がシッカリしていて、渋みが少なく、糖度が高いことで知られている。

これには夏場の少雨や水はけと保水性が両立した地質などが影響しているが、もうひとつおいしさの理由がある。それは一軒の農家が手掛ける畑の面積が小さいこと。結果としてジックリ手間と愛情がかけられているのだ。

また「大野ぶどう」の生産農家は研究熱心である。そのひとつ、中村オリジナルぶどう園（☎0721・4808 河内長野市小山田町5385）では品種改良に力を注ぎ、10品種ものオリジナルぶどうを開発している。それらを使ったワイン、ジュース、ジャムなどもあり、なかでもぶどう100％ジュースは「G20大阪サミット2019」で使用された話題の逸品だ。

狭山池公園の桜にちなみ、「おおさかさやま さくら染め」のスカーフやハンカチなどが桜染め工房（☎072・365・3194 大阪狭山市今熊1・504・3〈大阪狭山商工会内〉）でつくられている。狭山池周辺の桜を剪定した枝を煮出した、桜100％の貴重な染料で染め上げるやわらかな桜色が美しい。

「大野ぶどう」の販売は毎年7～9月頃（写真提供：大阪狭山市）

中村オリジナルぶどう園の「ぶどう100％ジュース」

優しい風合いの「さくら染め」のスカーフ

東北
関東
甲信越
北陸
東海
近畿
中国
四国
九州

水のある風景

狭山池の花や野鳥を愛で大阪の名峰を堪能する

「狭山池公園」として整備されている狭山池の周辺は、春の桜、初夏の新緑、池を訪れる野鳥などが訪れる人の目を和ませる。冬には夕暮れから北堤で「桜まつり〜冬〜大阪狭山イルミネーション」というイベントが開催されるが、その光景は桜さながらの美しい光の花々が咲き誇るようで、圧巻である。また、狭山池公園は早咲きのコシノヒガンザクラが多く植栽されているため、大阪でもっともはやくお花見が楽しめる場所としても名を馳せているという。遊歩道をそぞろ歩きながら、池に映える大阪の美しき名峰とともに楽しみたい。

池の周りは遊歩道が整備。大阪一はやいお花見も楽しめる

狭山池航空写真（昭和62年）上空から見た狭山池の全景

機能美に圧倒される最新の排水施設

空が広い狭山池では夕日が美しい

 写真提供：大阪狭山市教育委員会

久米田池と桜

久米田池（くめだいけ）

泉州・岸和田の豊かな農業文化を1300年支えつづける
大仏建立に尽力した僧・行基が奈良時代に開いたため池

久米田池は「だんじり祭り」で知られる大阪府南部の岸和田市池尻町と岡山町にまたがる、堤防の高さ4・4メートル、周囲2・65メートル、満水時面積45・6ヘクタール、貯水量157万トンの農業用ため池である。池の東西は低い丘陵に挟まれ、北側に長い堤が連なり、北東部に牛滝川から引き込む取水口、北西部池尻に用水を落とす樋がかけられている。ため池としては満水面積で大阪府内第1位、貯水量では光明池、狭山池につぐ第3位となっている。

　久米田池のある泉南の地域は、紀元前から稲作が行われてきた歴史を

持つが、室町時代から江戸時代にかけては先進都市であった堺に近かったこともあり、外国から渡来した作物を真っ先に栽培。豊富なラインアップと食味の良さから、泉州野菜の産地として知られるようになった。

いまや全国ブランドとなった「泉州水なす」や数少ない日本原産の野菜である「大阪ふき」、八尾市中心に栽培されている葉ゴボウである「若ごぼう」など、まさに農産物の宝庫であるが、その生産は古来から久米田池に支えられてきた。

天平文化の香りを今に伝える

近年になって大阪府は環境整備に注力。1991年（平成3年）には「ため池を農業用施設として生かしつつ、都市生活に〝やすらぎ〟と〝うるおい〟を与えるため、魅力ある地域を構成する貴重な環境資源として総合的に整備し、府民とともに環境づくりを進めていく」として、「オアシス構想」を打ち出した。

これにもとづき同年度からオアシス整備事業として、農業用水の確保と災害の未然防止のために、護岸2・65キロメートル、余水吐1カ所、取水施設2カ所の改修と浚渫（しゅんせつ）が行われた。また、歴史的景観や資源の活用・保全のための親水・修景護岸、遊歩道、水質保全施設、植栽などの整備も行われ、現在は地域住民の憩いの場としても利用されている。

久米田池は1941年（昭和16年）には大阪府の「史跡・名勝」に指定されているほか、周辺地域は「風致地区」に指定されており、久米田寺とともに天平文化の香りを今に伝えている。

DATA

名称	久米田池
施設の所在市町村	大阪府岸和田市
供用開始年	738年（天平10年）
総面積	45.6ha
かんがい面積（排水施設は排水面積）	27.7ha
農家数（就業人数）	約200名（組合員数）
地域の特産品（伝統品・新商品等）	泉州野菜、和泉木綿
流域名	大津川流域
所有者	久米田池財産区・岸和田久米田池土地改良区
アクセス	最寄駅はJR阪和線久米田駅 最寄ICは阪和自動車道岸和田泉IC

歴史

紀元前からの稲作文化を支え続けてきたため池施設

久米田池は奈良時代に奈良の大仏造営に尽力したことで知られる僧・行基が、和泉地方に開いた8カ所の池のひとつであり、725年（神亀2年）から14年の歳月をかけて完成させたとされている。

昭和 40 年頃の久米田池

久米田池のある大阪府南部の泉州地域には大きな河川がなく、雨も少ないことから、古くから多くのため池が築造されていた。岸和田地域で稲作がはじまったのは、紀元前2世紀頃であり、久米田池の受益地である八木郷一帯でも、はやくから稲作が行われていた。しかし、この地域はその水源を水量の少ない旧天の川水系に頼っており、時代とともに農地が拡大されていくにつれ、水不足による干ばつに悩まされるようになっていった。

行基はその窮状を見て、岸和田にゆかりのある橘諸兄とともに聖武天皇に請願し、近隣の住民を組織して久米田池を築造したとされている。中世に流布した久米田寺の古縁起によると、以下のような内容の伝説が伝わっている。

「堅牢地神が黄牛となって塊を引き、日月星辰が白人となって堤を固め、大聖老人が黒鷲嶺の土を運んでこれを築き、善哉童子が青冷山の壌を担ってこれに加えるという天地の感応があって、国中神祇・州内人民を励まし完成した」

こうして久米田池が完成した738年（天平10年）、そのほとりには行基の四十九院のひとつである隆池院（現在の久米田寺）が池を維持管理する目的で建立されたと伝えられている。

ちなみに、当時の久米田池は地域内にあった小規模なため池を統合する形でつくられ、取水は現在の牛滝川ではなく、久米田池南西を流れる春木川から行われていたという。

そのためか、当初は災害に悩まされることが多かった。久米田寺文書によると、1289年（正応2年）に久米田寺の長老・円戒房禅爾は「堤防は大破して土石が崩れ落ち、池水はあふれ出て村々の人屋田地をことごとく損ずるありさまとなっている」とし、久米田池修造のための勧進を行っている。「六万本の卒塔婆を造立して、これを池堤に納め、工事完成の供養をした」という内容もあり、六万本の卒塔婆には、おそらく勧進に応じた人々の名を記入したと思われる。

その後、久米田池では下流域の新田開発にともなう拡張工事や13世紀〜14世紀の改修工事が何度となく繰り返され、ほぼ現在の規模の久米田池が形づくられていったと考えられている。

久米田池全景

「久米田池をまもる会」による清掃活動

美しい景観は地域の財産

久米田池は、その名のとおり「久しく米田を養う池」として、この地域の貴重な食料生産基盤施設として位置づけられ、組織、施設ともに1200年余にわたって整備されてきた。しかし、昭和40年代の高度経済成長期を経て、食生活の変化や大阪都市圏の拡大により、久米田池の水を利用してきた水田はしだいに減少。これまで維持管理を支えてきた農家が減少していくなかで、地域住民の久米田池に対する捉え方も変わってきた。

そして、久米田池をたんなるかんがい施設としてみるのではなく、地域の貴重な財産であると捉えるようになってきた。その考えにもとづき、今は遊歩道や植栽などの整備が行われ、地域住民に潤いと安らぎを与える場となっている。

特産品

みずみずしい「泉州野菜」未来へ伝承される「和泉木綿」

温暖な気候と水はけのよい土、そして久米田池の水の賜物が「泉州野菜」だ。みずみずしい甘さと柔らかさを特徴とするおいしさは、安定した水の供給があってこそだろう。

全国的に有名な「泉州水なす」は、その名のとおり水分をたっぷり含み、皮が柔らかく甘みがあるのが特徴。浅漬けにするとフルーツのような果肉が格別だ。「泉州きゃべつ」は冬キャベツで、寒さのなかでしっかりと甘みを増していく。ずっしりと重く、巻きが詰まっているので市場での評価も高い。大阪の庶民の味、お好み焼きにも欠かせない材料だ。「泉州たまねぎ」は明治初期にアメリカから持ち込まれた品種をもとに育成・選抜されたものだ。

泉州は日本のタマネギ栽培発祥の地であり、昭和初期には全国一の生産シェアを誇っていた。現在、収穫量は減少したが、稲作の裏作としてキャベツと並んで広く栽培されている。肉厚で柔らかく、水にさらさなくても生で食べやすいのでサラダに重宝される。

泉州地域は江戸期から明治中期にかけて日本の中心的な綿作地帯でもあった。その綿花は良質で細い糸を紡ぐことができたため、織り上げた布は薄手で手触りがよく「和泉木綿」として全国に名をとどろかせた。明治後期、輸入綿糸の台頭により綿作が廃れても、泉州は綿織物の産地として発展しつづけたが、和泉木綿自体は廃れてしまった。その和泉木綿があらたに商標登録されたのは2006年（平成18年）のこと。現在は伝統の和泉木綿を守るため、地域ブランドとしてあらたな商品開発をしながら生地自体の質の高さを発信している。

コロンとした卵形の「泉州水なす」

生食がおいしい「泉州たまねぎ」

「和泉木綿」を使った綿マフラー

水のある風景

池に映える桜を愛で、行基の功績に感謝を捧げる

岸和田といえば、約300年前から毎年10月に行われている「だんじり祭り」が有名だが、そのなかで古くから久米田池の恩恵を受けてきた地区では、神社への宮入り後、久米田寺に参内し、久米田池築造への感謝と五穀豊穣を願う「行基参り」を行っているという。

もちろん、そのほかにも久米田池を利用して行われる行事は多い。2月の開山行基忌、4月の久米田池桜祭り、8月の久米田池夏祭りといった具合に、年間を通じて久米田池はにぎわいをみせる。また、久米田寺・久米田池の桜は名所として全国的に名を馳せている。

久米田池と久米田寺

久米田池夏祭り（8月）

行基まいり（10月）

玉串川沿いには市民が植えた桜が 1000 本以上咲き誇る

大阪府

大和川分水築留掛かり

（やまとがわぶんすいつきどめかか）

水害対策で大河川を堰き止めて水路と新田を生み出した綿栽培が盛んになり、全国ブランド「河内木綿」に発展

度重なる洪水を防ぐための大和川の付け替えにともない、廃川となった河川敷に用水路として整備された長瀬川と玉串川。これらは「大和川分水築留掛かり」と呼ばれ、1705年（宝永2年）から供用されている。

「築留」の名は付け替え工事の起点に堤防を築き、川の流れを留めることに由来するが、現在の築留地点は大和川治水記念公園として整備されており、付け替えの功労者である中甚兵衛翁の像や治水に関連のある碑などが並んでいる。

こちらの水路は開発に際して、つ

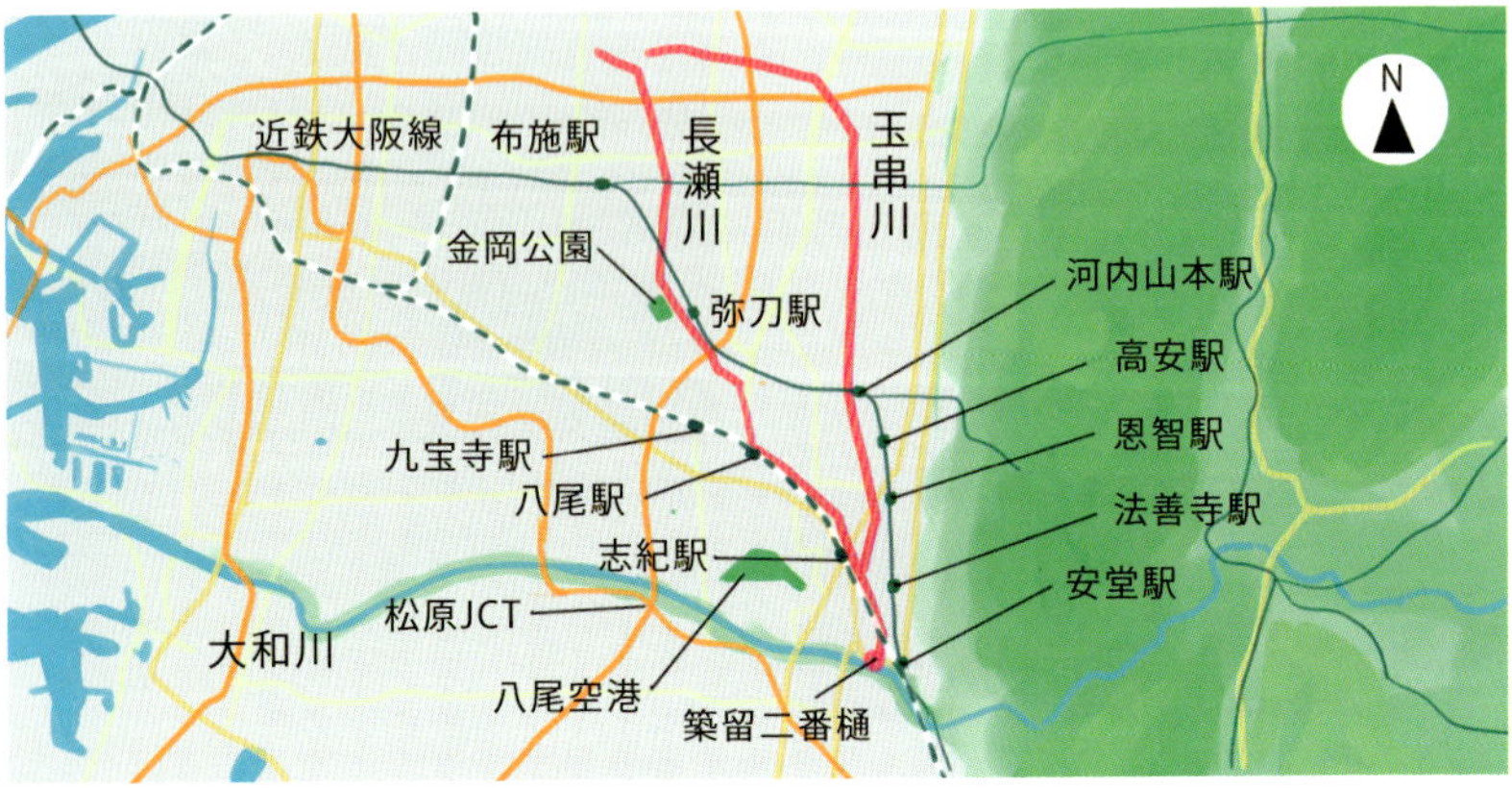

ぎの3つの大きな特徴を有した。

ひとつ目は、かんがいは通常、すでにある土地に水を導水するが、こちらは大和川の付け替えという大工事を契機に行われたため、遮断されてあらわれた旧大和川の広大な河川敷を利用して、水路と新田が誕生していること。

ふたつ目は、水路整備と新田開発が、流域を綿の大産地に転換させる契機となり、さらにその綿からつくられた「河内木綿」が全国ブランドになるなど、農業のみならず、商工業の発展にも大きく寄与したこと。

3つ目は、水路の管理を「築留樋組」という75カ村もの人々からなる大きな組織が担っていたこと。

「顔が見える農業」を展開

これらの特徴からもわかるとおり、大和川分水築留掛かりは大阪の産業を支えてきた用水路であり、土や石積みの護岸は補修が繰り返されながら300年以上もの間、適切に管理されてきた。流域は都市化が進み、農地は大きく減少したが、今なお266ヘクタールの農地の農業用水を供給しているという。そして、これらの地域では消費者の顔が見える安全・安心な農業を展開、とくに八尾市で生産される「八尾若ごぼう」は、攻めの大阪農業を展開していく戦略品目のひとつになっており、大阪市でもその生産振興を強力に推進している。

景観も美しく、1965年（昭和40年）には地域住民の寄付より、玉串川沿いに桜の植樹が実施され、今では1000本のソメイヨシノが咲き誇る大阪の名所となっている。

DATA

名称	大和川分水築留掛かり
施設の所在市町村	大阪府柏原市、八尾市、東大阪市
供用開始年	1705年（宝永２年）
総延長	長瀬川14,175km、玉串川13.435km、計２路線27.610km
かんがい面積（排水施設は排水面積）	266ha
農家数（就業人数）	1056名（組合員）
地域の特産品（伝統品・新商品等）	野菜（八尾若ごぼうなど）、花卉
流域名	大和川水系　大和川
所有者	築留土地改良区
アクセス	最寄駅は近鉄大阪線河内山本駅、高安駅 最寄ICは近畿自動車道八尾IC

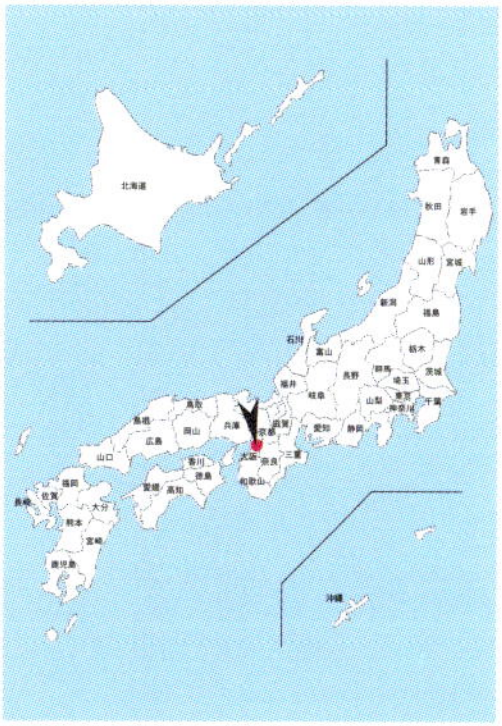

歴史

水害を繰り返す大河川を付け替えた歴史的大工事

　大阪府の東部を南から北に流れていた旧大和川は、山林からの土砂の流出により川床に土砂が堆積し、1620年（元和6年）には2000㌶にもおよぶ農地被害を引き起こすなど、大雨のたびに洪水を繰り返して、人々の生活や農業に大きな影響を与えていた。

　洪水に苦しむ地域の人々は、大和川の流れを変える「付け替え」を幕府に何度も嘆願したが、付け替え予定地にあたる村の反対などもあり、ようやく付け替えが決定されたのは、嘆願から約50年後の1703年（元禄16年）であった。

　その内容は旧大和川と石川が合流する右岸を堤防で完全に仕切り、旧大和川を西向きに付け替えるという歴史的な大工事だったが、延べ300万人もの人夫を動員して、わずか8カ月で完成にいたった。

　そして、この工事で堰き止められてしまった旧大和川の河川敷のかんがいを行うために、付け替え完成翌年の1705年（宝永2年）には、大和川の堤防に樋門を設け、現在の長瀬川である「西用水井路」と現在の玉串川である「東用水井路」のふたつの水路が整備された。遮断された旧大和川の河川敷長は広いところで400㍍（新大和川は230㍍）もあったため、1708年（宝永5年）には1000㌶もの新田開発が行われた。

　新田は旧河川敷のため、砂地で水はけがよく、綿栽培に適していたことから、水田と同時に綿の栽培が推奨された。その際に開発されたのが、「島畠」と呼ばれる画期的な農地利用法である。水田のなかに短冊状に高さ60㌢に土を盛り上げて、高い水はけの良い部分を綿栽培の畑、低い部分を水田として利用するもの

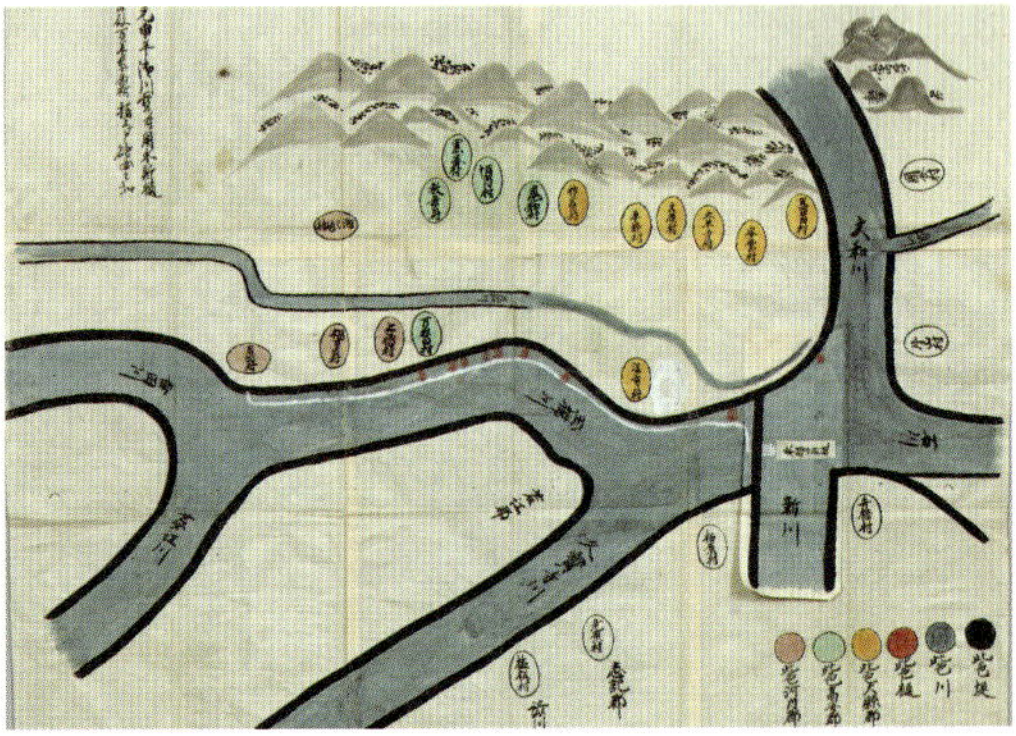

大和川絵図（宝永元年）大東家文書

昔の玉串川（1971年）

で、水田にはあらたに整備された水路から各村に樋管を通して配水された。こうすることで、綿も稲も実りが増えたということが、当時の綿づくりの全国的な栽培手引き書である『綿圃要務』にも紹介されている。

旧大和川河川敷にあらたに整備された水路や新田により、この地では全国的にみてもきわめて高い技術レベルの農業が営まれ、1870年（明治3年）には全国3位の木綿生産高を誇るまでになった。綿の加工品である「河内木綿」は1801年（享和元年）に出版された『河内名所図会』では「染めても色よく、丈夫で他産地にはこれに勝るものなし」と紹介されている。

昔の長瀬川（1958年頃）

煉瓦積みの樋門の先駆け

大和川からの取水を担う「築留二番樋」は1705年（宝永2年）に設置されたが、1887年（明治20年）の洪水で流されたため、1888年（明治21年）に現在のレンガ積みの樋門（ひもん）に改修された。災害を未然に防ぐため、当時はまだめずらしかった最先端の建築素材であるレンガを導入したとされる。また、下流側の坑門部は長手だけの段と小口だけの段を1段おきに組むイギリス積みとなっており、より強固になるよう工夫されている。そのほか、アーチ部の側面は垂直ではなく馬蹄型をしており、樋管としては非常にめずらしい構造となっている。

55メートルにもおよぶこの築留二番樋は、その長さも煉瓦造り構造物としてはきわめて貴重で、2001年（平成13年）には国の登録有形文化財となっている。

特産品

えだまめ、若ごぼうの八尾野菜 歯ブラシの生産量は日本一

大阪市と隣接し、都市化が進む八尾市は、実は農業が盛んな地域である。えだまめ、若ごぼうをはじめとして、葉物野菜や花など、多くの農産物が栽培されている。

えだまめのおいしさの決め手は、旨み成分であるアミノ酸と糖分だが、それは収穫後2日目には半減してしまうといわれている。鮮度が命のえだまめにとって、おいしさのポイントは地産地消となるわけで、大消費地である大阪府にある「八尾のえだまめ」は、卸売市場から消費地までの距離の近さが評価され、近畿地方で一番の生産量を誇っている。

若ごぼうは葉ごぼうとも呼ばれるキク科ゴボウ属の2年草で、一般のごぼうと違い根の部分だけでなく、葉や茎も食用として栽培されている。食物繊維や鉄分、カルシウムが豊富なうえ、ルチンも含まれており、高血圧や動脈硬化などのリスクを下げる働きが期待できる。一部香川県などでも栽培されているが、産地としては八尾が圧倒的に有名であり「八尾若ごぼう」として野菜ファンを魅了している。ハウス物が1月下旬から出回りはじめるが、旬の時期は2月から3月という、春の訪れを告げる野菜で、煮物や炒め物、天ぷらなど和食に合う食材である。

あまり知られていないが、八尾市は歯ブラシの生産量が日本一で、全国生産量の約4割を占めるモノづくりの街でもある。かつて綿花栽培が盛んだった頃、この地域で栄えた河内木綿の生産が輸入ものに押されて衰退していった明治時代中期頃から、農業の副業として盛んになったといわれている。

新鮮なえだまめは豆のハリが違う

若ごぼうは大阪周辺の知る人ぞ知る貴重な食材

八尾市内に本社を置く歯ブラシ製造会社も

水のある風景

2本の川沿いに咲き誇る桜並木のアーチに出会う

こちらの水路を訪れる最大の楽しみは、春の桜であろう。八尾市の二俣2丁目あたりから、北山本町8丁目までの約4キロメートルの玉串川の両脇には桜並木が植栽されており、花の時期には「玉串川桜まつり」も催され、淡いピンクの花が水路をアーチ状に囲む。その風情、そして桜と水とのコントラストは実に美しい。長瀬川も玉串川に負けない桜の名所で、とくに同じ八尾市の久宝寺駅口付近から八尾高校あたりの桜並木が素晴らしい。その近く、東大阪市の「水と緑の金岡公園」は野球場のある公園だが、やはり桜が美しく、ゆっくりと夜桜を楽しめる。

玉串川と桜の美しさを競う

水路の緑と桜のコントラストが見る人を魅了する

現在の長瀬川水辺清掃活動

めずらしい特徴から国の登録有形文化財となっている「築留二番樋」

兵庫県

淡山疏水（たんざんそすい）

『万葉集』の時代からため池が築造されていた東播磨地域
明治以降に完成した2本の用水路との一体運用が特徴

淡山疏水のシンボル、御坂サイフォン（めがね橋）

淡山疏水は明治から大正にかけて開削された淡河川疏水と山田川疏水のふたつの水利施設を指す。淡山疏水の位置する兵庫県東播磨地区は、雨が少ない気候に加えて、周囲の川床が低いことから、古来よりため池による農業が営まれており、今でも大小のため池が600以上点在する。そして、淡山疏水は疏水の開発にあわせて、非かんがい期に河川から取水した水を溜めておくためのため池を多く整備したことでも知られているという。

通常のかんがい施設の場合は、疏水の完成とともにため池は不要とな

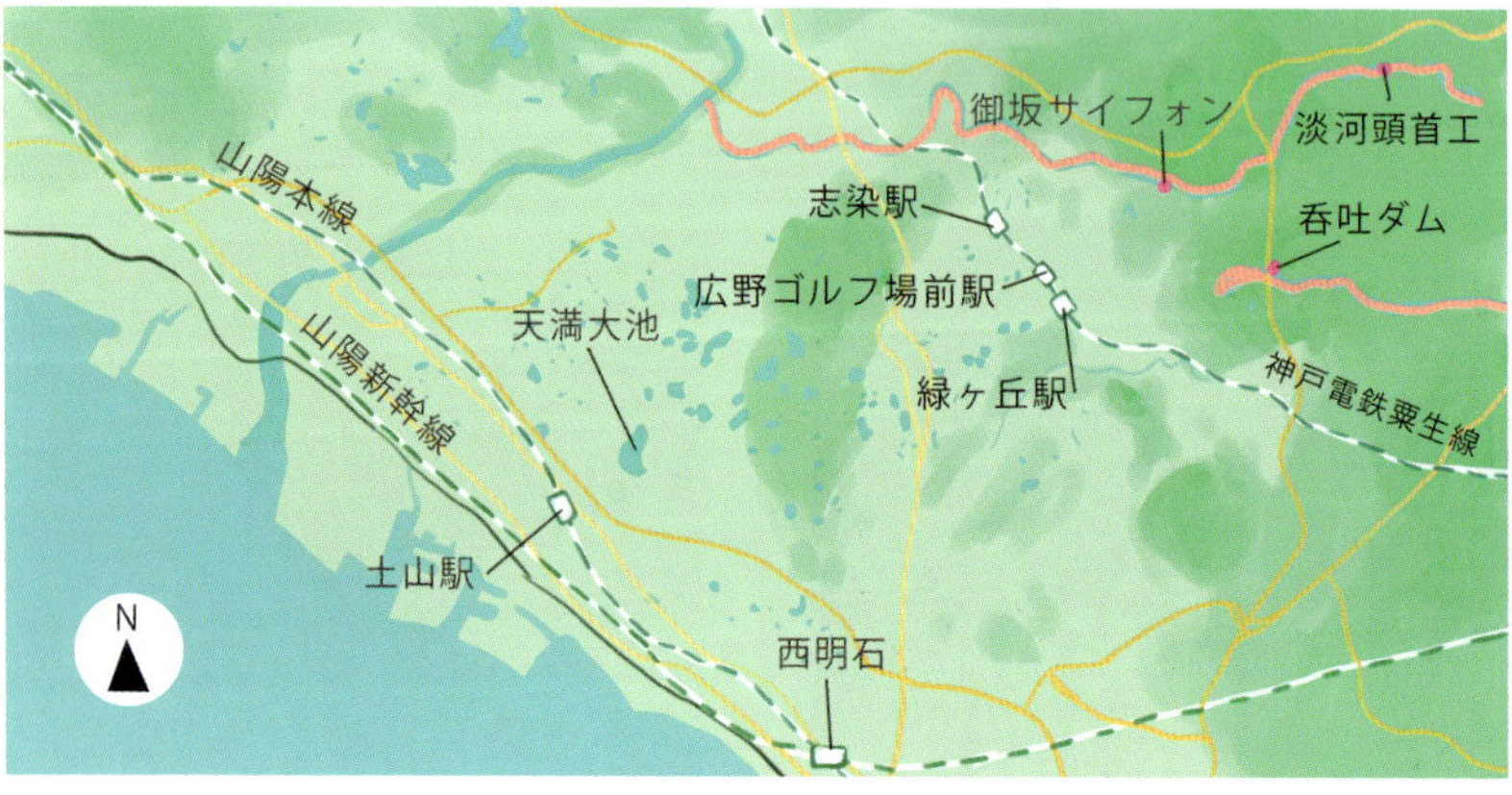

るが、淡山疏水のある「いなみ野台地」では用水をため池に溜めておき、かんがい期に利用する方式を採っており、疏水とため池を一体的に機能させて水利用をはかってきた。そのため、いなみ野台地は、ため池保有数全国一の兵庫県のなかでも、屈指の「ため池密度」を誇っている。疏水とため池が織りなす水のネットワークは、この地域特有の文化的景観を形成している。

鉄管や煉瓦の外国技術を採用

淡山疏水の実現には、地元の人々の努力に加えて、近代化により入ってきた測量術、鉄管や煉瓦といった外国の技術が大きな役割をはたした。たとえば、用水を確保し「用水反別」に応じた正確な分水を行うには、広域にわたり複雑な地形を克服するという技術的課題があった。

まず淡河川疏水をみてみよう。隧道は内部が煉瓦巻き立てとなっており、坑門は石積みとなっているが、この種の水路の隧道としては、1887年（明治20年）に掘削された琵琶湖第一疏水につぐ古さである。また、御坂サイフォンにおける鉄管の採用は、やはり1887年（明治20年）につくられた横浜市創設隧道の導水管とともに、全国でも最初期の事例となっている。そのほか、山田川疏水の隧道におけるコンクリートブロックの使用は、全国の水路隧道ではほかに例をみないだけでなく、隧道全体としても日本で最初期の使用例として知られる。

こうした先進性ひとつとっても、淡山疏水の歴史的・文化的価値が非常に高いことがうかがえる。

DATA

名称	淡山疏水
施設の所在市町村	兵庫県神戸市、明石市、加古川市、三木市、稲美町
供用開始年	淡河川疏水1891年（明治24年）、山田川疏水1915年（大正４年）
総延長	淡河川疏水26.3km、山田川疏水57km
かんがい面積（排水施設は排水面積）	2448ha
農家数（就業人数）	5004名
地域の特産品（伝統品・新商品等）	キャベツ、イチゴ、イチジク、軟弱野菜、トマト、いなみ野メロン、スイートコーン、万葉の香（コシヒカリ）、六条小麦、山田錦（酒米）
流域名	加古川水系
所有者	東播用水土地改良区
アクセス	最寄駅は神戸電鉄粟生線広野ゴルフ場前 最寄ICは山陽自動車道三木東IC

歴史

江戸の計画が明治に実現 農民の窮状を救った開削

淡河川疏水・山田川疏水のある「いなみ野台地」は、兵庫県加古郡稲美町を中心とした加古川市、三木市、明石市、神戸市の一部を含む地域である。西に加古川、北に加古川の支流である美嚢川、東を明石川に囲まれた地域であるが、川床が低く、台地が30～40メートルほど高い位置にあるため、河川の水を利用することは困難であり、瀬戸内気候で降水量が少ない地域のなかでもとくに水に恵まれない地域であった。

そのため、この地で農業を営む人々は、古来より人工的に築かれたため池に頼りながら、農地を開拓していた。とりわけ、江戸時代初期の姫路藩の新田開発においては、多くのため池が同時に築造されたという。ちなみに、その新田開発で誕生した国岡新村の福田嘉左衛門らは、1826年（文政9年）に山田川疏水の開削を計画し、現地踏査や測量などを実施したが、水源・水路が他藩（明石藩）にあったため、姫路藩の許可を得ることができなかったと伝えられている。

1804年～1817年の文化年間以降、姫路藩は綿が米に匹敵する重要な換金作物であることに着目。水の少ない印南野の地域に適した綿栽培を奨励していたが、慶応年間から明治時代にかけて、干ばつによる凶作がつづき、畑は荒れはてた。さらに明治時代に入ると、安い輸入品に押されて綿の販路が激減。しかも1878年（明治11年）の地租改正で、この地域の村の税率は藩政期の約3～5倍に増加してしまった。郡長が視察である農家を訪ねた際、老

淡河川疏水水源

淡河川疏水御坂噴水弧石橋

農夫が煮ていた土鍋には刻んだわらが入っていたという話も伝わるほどの窮状だった。

ワイン醸造所誘致がきっかけ

その打開策として講じられたのが、江戸時代に計画段階で頓挫した山田川疏水の開削を再開することだった。さっそく、野寺村総代の魚住完治は、私財を費やして測量を行い、1878年（明治11年）に県に請願。しかし、工費の工面方法の問題で2度にわたり却下の憂き目にあってしまう。

突破口は意外なところにあった。当時の明治政府は農業振興の一環として国産ワインの醸造に乗り出しており、兵庫県への視察があることを知った加古郡長・北条直正は国営葡萄園の誘致に乗り出したのだ。そして1880年（明治13年）、国営播州葡萄園を開設し、土地を売った費用で滞納していた税金を納付。その見返りとして1886年（明治19年）に山田川疏水に対して国庫金が貸与され、事業が動きはじめたのだ。

その後、内務省から派遣された技師・田辺義三郎は、山田川疏水案は土質不良により実施困難と報告し、水源が淡河川に変更され、1888年（明治21年）に淡河川疏水事業が着工されることに。28カ所、総延長5・2キロメートルにおよぶ隧道の掘削など、工事は困難をきわめたが、3年4カ月の歳月をかけて1891年（明治24年）に完成した。

その後、新田開発の増加につれ用水不足となり、ふたたび山田川疏水計画が浮上。1911年（明治44年）に起工し、1915年（大正4年）に幹線工事が、1919年（大正8年）には支線、ため池工事が完成したのである。

山田川疏水水源堰堤全景

山田川疏水第十九号隧道口

特産品

安心で美味しい「稲美ブランド」「ため池カレーフェア」も開催

淡山疏水が潤した「いなみ野台地」。稲美町ではその恵みである優良な農産物を「稲美ブランド」として認証し、農業者・商工業者の育成と生産意欲の向上を目指している。

なかでも「いなみ野メロン」は、おいしさを凝縮させるためにミツバチを使って受粉させ、ひとつの木に実はひとつとするこだわりようだ。害虫駆除にも農薬を極力使わず、国の定める基準の10分の1以下の使用量の作物にしか与えられない「ひょうご安心ブランド」にも認定されている。さらに、果肉の糖度が13度以上でなければ「いなみ野メロン」として出荷できないなどの基準を設け、品質の水準を確保している。

「いなみトマト」もやはり、国の定める基準の10分の1以下に抑えるなど、減農薬、減化学肥料で栽培されており、糖度が高くておいしいと評判だ。また、スイートコーン、キャベツ、ブロッコリーなどにも力を入れているほか、米では稲美産コシヒカリに限定したブランド米「万葉の香」が学校給食にも使用されるなど、地域に親しまれている。

また2019年（令和元年）には、稲美町内の88のため池にちなんだ「INAMIため池88カレーフェア2019」を初開催。町内の9店舗が稲美町農産物を使用し、工夫を凝らしながらため池を模した形状の「ため池カレー」を開発・販売するというもので、まさにかんがいの恵みが提供された。

糖度にこだわった「いなみ野メロン」

高糖度で食べやすいと評判の「いなみトマト」

「INAMIため池88カレーフェア2019」は2019年9月1日～10月31日に開催。写真は「酒処和ん家」の葡萄園池カレー880円（税込）。写真提供：稲美町商工会

水のある風景

万葉集にも登場する いなみ野でため池を巡る

淡山疏水のある「いなみ野台地」は古くは『万葉集』にも登場する古代の歴史ロマンが残る地である。百人一首でも知られる三十六歌仙のひとり、柿本人麻呂は「名ぐはしき 印南の海の 沖つ波 千重に隠りぬ 大和島根は」と、九州におもむく舟上で一首を残している。そのいなみ野を代表する風景といえば、古代から築造されてきたため池群である。この地域ではため池を展示物、地域全体を博物館と見立てて「いなみ野ため池ミュージアム」としている。兵庫県下最古のため池である天満大池など、600におよぶため池の歴史を堪能してみるのも一興だ。

現在の淡河頭首工

天満大池の全景。白鳳3年(675年)に造られた岡大池が原型と伝わる

現在の練部屋分水所

御坂サイフォン

小田頭首工（現在）

小田井用水路（おだいようすいろ）

若き日の徳川吉宗が「治水の神様」大畑才蔵に命じ当時の最高水準の技術を駆使して実現させた芸術的用水

小田井用水は、和歌山県北部を流れる紀の川に設置された小田取水口から取水し、橋本市、かつらぎ町、紀の川市、岩出市の3市1町にまたがる紀の川右岸の河岸段丘の農地567ヘクタールをかんがいしている。

紀の川流域では、弥生時代から用水路を開削する技術で、紀の川水系の恵みを豊かな実りにつなげつづけていた。古代の宮井用水、中世の文覚井用水、近世の藤崎井用水、六箇井用水などがあるが、その最後期にあたる小田井用水は、後の8代将軍・徳川吉宗が紀州藩主であった時代に開削を命じたことでも知られて

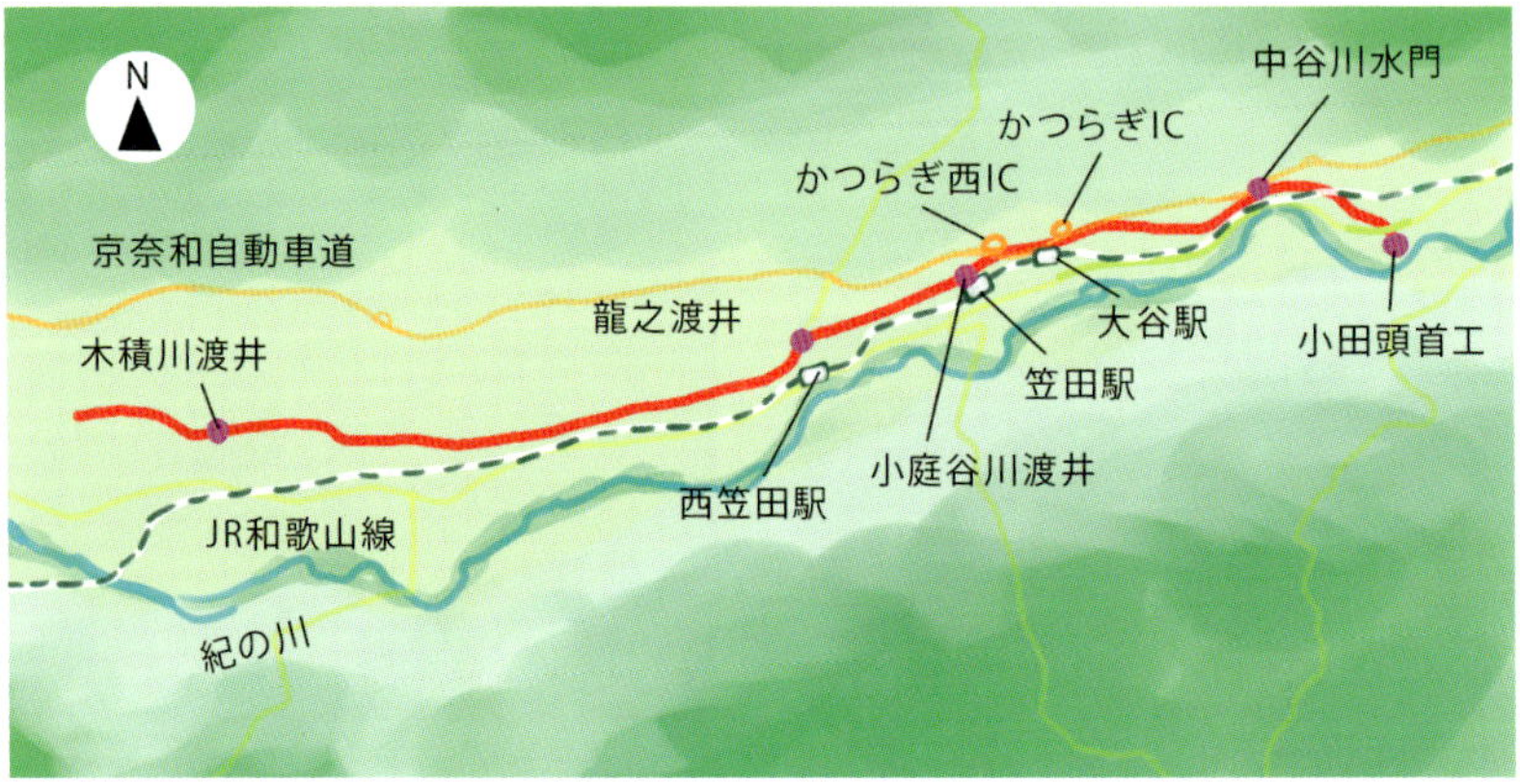

いる。

小田井用水開削の成功には、土木工事に実績があり「治水の神様」と呼ばれた大畑才蔵の功績が大きい。そして小田井用水の完成により、財政難に悩んでいた紀州藩は、吉宗が8代将軍に就く1716年（享保元年）には14万石の蓄えを有するまでに発展したのである。

歴史的景観の美しさと豊かさ

小田井用水は、農業にとって重要な施設であるばかりでなく、地域住民の誇りであり、地域の歴史的景観を象徴する施設でもある。30キロメートル以上におよぶ用水路は、里地の持つ美しい景観と調和していると同時に、豊かな水辺空間をつくりだしており、多様な水生生物の生息環境となっている。

渡井という水路橋や伏越というサイホンなど、立体交差を駆使した技術も素晴らしい。そのため、現在も残る木積川渡井、小庭谷川渡井、龍之渡井、中谷川水門の4施設は、それぞれ改修されているものの、県内の土木構造物で初めて「登録有形文化財」に指定されている。

もちろん、功労者である大畑才蔵の遺徳は長年にわたってたたえられてきた。1925年（大正14年）、西国3番札所でもある粉河寺（紀の川市）の境内に「彰功之碑」が建立されたほか、才蔵の偉業を顕彰する「大畑才蔵顕彰祭」も行われている。また、和歌山県の小学校副読本で取り上げたり、「大畑才蔵ネットワーク和歌山」が設立されたりとなど、才蔵の功績を後世に語り継ぐ活動は今もなお継続している。

DATA

名称	小田井用水
施設の所在市町村	和歌山県橋本市、紀の川市、岩出市、伊都郡かつらぎ町
供用開始年	1710年（宝永７年）
総延長	約32.5km
かんがい面積（排水施設は排水面積）	567ha
農家数（就業人数）	5457名
地域の特産品（伝統品・新商品等）	桃、イチゴ、柿、はっさく
流域名	一級河川紀の川流域
所有者	小田井土地改良区
アクセス	最寄駅はJR和歌山線高野口駅 最寄ICは京奈和自動車道紀の川IC

歴史

「月夜にやける」不毛の地に精密な測量で水路を開削

　小田井用水が整備される以前の17世紀の紀の川右岸地域は、地域的に紀の川から直接水を引くには土地の標高が高く、北の和泉山脈から流下する沢の水やため池に頼っていたため、「月夜にやける（月夜でも乾いてしまう）」といわれるほどつねに水不足に悩まされ、水争いも絶えなかった。

　1707年（宝永4年）、財政難に悩んでいた紀州藩は用水の開削を計画。後に8代将軍となる紀州藩主・徳川吉宗の命を受け、すでにほかの用水で実績を重ねていた大畑才蔵が、小田井用水の開削に着手することになった。

　1642年（寛永19年）に今の橋本市学文路（かむろ）に生まれた才蔵は、18歳という若さで伊都郡中組の大庄屋・平野作太夫のもとで、補佐役である「杖突」という役に任命された俊才で、主に測量に携わった。

　その後、庄屋となった才蔵は土木工事などで実績を重ね、55歳のときに藩の下級役員に採用された。藩内各地の米の取れ高を増やす方法を考えるのが仕事で、かんがい用水が足りない土地へ、いかにして大きな川から用水路を引くかがテーマ、「水森台」という土地の高低をはかる道具まで考案したというから驚きだ。

　この水盛台は竹筒と木でつくられていたが、現在の測定精度と比べても、ほぼ遜色のない性能を持つ水準器であり、才蔵はそれを用いた現地調査と緻密な工事設計にもとづいた施工を実現した。これは当時としては画期的な手法であり、その後、わ

龍之渡井（1919年）

龍之渡井（1918年、木造）

龍之渡井絵図

が国の利水、治水工事に広く採用されていくことになった。

支川との交差を技術で解決

1707年（宝永4年）に着工された小田井用水は、河岸段丘地形の広範な地域に導水するため、延長32・5キロメートルにおよぶ水路は紀の川右岸の複雑な等高線に沿って、可能なかぎり水平に近い勾配で開削された。多くの支川の谷間と交差する箇所が存在し、「伏越（ふせこし）」と呼ばれるサイホン9カ所、「渡井」と呼ばれる水路橋8カ所を含む難工事だった。

ちなみに伏越が川底の下に木造の水路をつくり、水を流すのに対し、渡井は川の上に木製橋を架け渡して水を通す技術である。また「堰込」という用水路の水量を補充するために、支川の水をせき止めて平面交差させる技術も用いられた。

なかでも「龍之渡井」は川幅が30メートルもある河川上に設置された水路橋で、洪水への耐性を高めるため、両岸の岩盤を活用し、中間支柱を設けないようにするなど、当時の最高技術が結集されている。1910年代にほかの施設とともに改修されたが、現在も同じ岩盤を基礎にした煉瓦・石造りの水路橋が設置されており、当時の現地調査の精度の高さを物語っている。

また、工事区間を23の区間に分け、同時着工することで、短い日数で計画通り完成させるという工法も取り入れられるなど、マネジメントの面でも先進性に富んでいた。

着工から数年を経て、紀の川上流の取水口である小田井堰と32・5キロメートルの用水路からなる小田井用水は完成。その結果、1000ヘクタールを超える水田が誕生するなど、地域の農業発展に大きく貢献した。その後は改修を重ねたものの、現在も開削当時とほぼ同じ経路で農地をかんがいしており、米や果物、野菜など多様な農業を支えつづけている。

特産品

紀の川の土壌が育んだ県内でも屈指のフルーツ王国

小田井用水が豊かな台地を潤す紀の川市は、一年を通して穏やかな気候がつづく。そのため、紀の川市観光協会のフルーツキャラクター「紀の川ぷるぷる娘」のテーマソングのなかで〈バナナとパイナップル以外はなんでも採れる〉と歌われるほど、和歌山県内でも屈指のフルーツ王国。生産量は、イチゴ、はっさくは全国1位、桃2位、柿3位、キウイ4位とバラエティに富んだフルーツが収穫されている。

紀の川市の桃山町を中心に栽培されている「あら川の桃」は、土地の名になるほどの歴史を持ち、全国的にも有名なブランド桃。おいしさの理由は、紀の川のあたりの砂礫を含んだ水はけの良い地質にあるという。6月中旬頃から販売される早生桃の「桃山白鳳」や「日川白鳳」、7月下旬から食べ頃となる「清水白桃」など、多くの品種がつぎつぎと登場するが、なかでも一番人気は8月の上旬から中旬に旬を迎える「川中島白桃」。暑い夏の間、一番長く日光を浴びるため、とにかく甘いと評価が高い。

はっさくは寒さに弱いため、温暖な気候の紀の川市を中心とした和歌山県が国内生産量の約70パーセントを占めている。1個で成人男性が1日に必要なビタミンCを摂取できるといわれており、疲労回復やがん抑制効果も期待できる。

また、紀の川の支流・貴志川に面した貴志川町はイチゴの生産が多く、イチゴ狩りも楽しめる。和歌山県のオリジナル品種「まりひめ」は、ほどよい酸味と余韻が残る甘みが特徴の高級品種だ。

「あら川の桃」は6月中旬から8月下旬まで楽しめる

はっさくは12月から3月が旬

1月上旬から3月が旬のイチゴは「さちのか」「まりひめ」などが人気

水のある風景

紀の川の自然と調和する機能美あふれる施設を辿る

小田井用水を訪れたら、まず立ち寄りたいのは、大畑才蔵の高度な技術で自然のなかに造成された施設の数々である。小田井用水の位置する紀の川右岸は、平らな面と急な崖とが複雑に出入りする段丘地形が美しい里地であり、その山腹を縫うように開削された用水路や、支川などにかかる水路橋などの施設は見事に景観のなかに溶け込んでいる。なかでも1919年（大正8年）に改修され、煉瓦・石張りとなった水路橋「龍之渡井」は、アーチ状の美しい形状で、周辺の自然とも調和しており、四季折々の景観を美しく引き立てている。

田園地帯を流れる小田井用水、紀の川市田中馬場付近

街中の小田井用水、かつらぎ町中飯降付近

龍之渡井は選奨土木遺産にも指定されている

歴史を感じる木積川渡井

岡山県

倉安川・百間川かんがい排水施設群

（くらやすがわ・ひゃっけんがわかんがいはいすいしせつぐん）

岡山の至宝・永忠と蕃山の高い精神性がもたらした奇跡の施設群
「水を制し、水を活かす」画期的発想で豊穣の大地が生まれた

倉安川吉井水門は現存する日本最古の「閘門式水門」

「倉安川・百間川かんがい排水施設群」は、自然資源としての「水を活かし」ながら洪水河川の「水を制し」、2200ヘクタールを超える大規模新田開発によって、岡山平野を豊穣の大地に変えた施設群である。

現在は水田が広がり、全国的に有名なモモやブドウなどのフルーツ王国としても知られる岡山平野だが、かつては瀬戸内気候で降水量が少なく、農業をかんがい施設に依存せざるをえなかった。そんな厳しい条件下にあった土地をかんがい施設の開発によって豊かにした功労者が、岡山の至宝といわれた津田永忠と熊沢

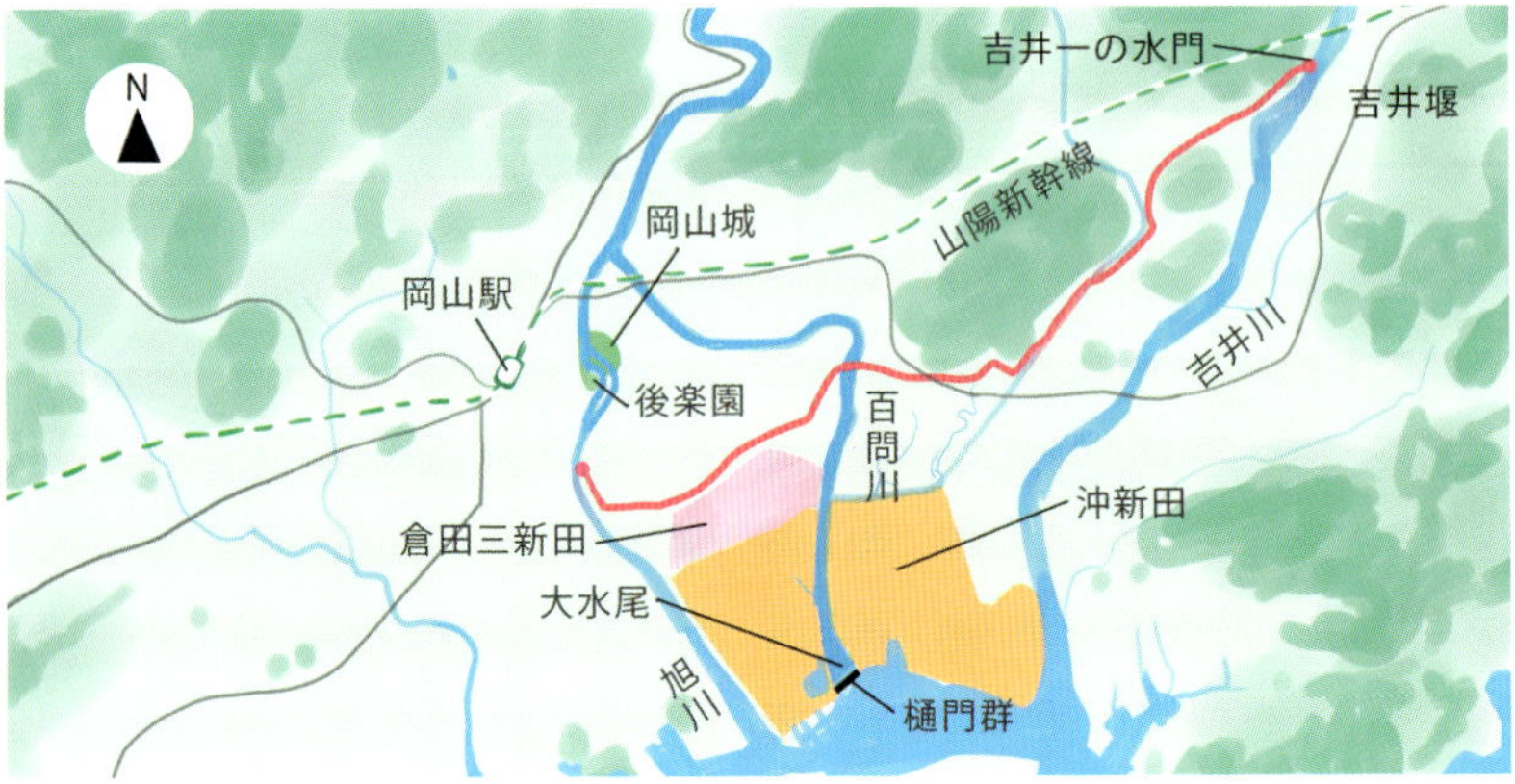

蕃山である。東を流れる吉井川と西を流れる旭川を結ぶという、永忠の発想から生まれた倉安川と、蕃山の「川除（かわよけ）の法」をもとに永忠が開削した百間川が一体となり、倉安川・百間川かんがい排水施設群は誕生したのだ。

「知行合一」の精神が根底に

百間川は旭川の洪水を防ぐとともに、河口に独創的な遊水池と排水樋門である石樋が組み合わされている。まさに最先端の基幹的排水施設として開削された人工の川である。

倉安川に関しては自然資源が最大限に活用されている。全区間19・9キロメートルのうち、あらたに開削された区間は約22パーセントの4・3キロメートル強にとどまり、そのほかは既存の小河川や沼沢池などが活用されているのだ。

こうして百間川と倉安川は一体となって、倉田新田・沖新田という2000ヘクタールを超える大規模干拓を実現し、「豊穣の大地」を生み出したが、その背景に農家や農村の窮状を眼前にしてきた藩主・池田光政と綱政、そして藩士の津田永忠の存在があることも忘れてはならない。彼らが儒教的な理想主義と陽明学的な実践主義「知行合一」を持ってこの事業に取り組んだからこそ、このかんがい排水施設群は地域にとってかけがえのない資産となったのだ。

また、百間川は「日本の自然百選」に認定されるなど、生物の多様性に満ちている。オニバスやアユモドキなど希少な水生動植物が生息するほか、ヒバリ、カワセミ、ミサゴなど、四季折々の鳥たちが飛び交うなど、まさに自然豊かな環境となっている。

DATA

名称	倉安川・百間川かんがい排水施設群
施設の所在市町村	岡山県岡山市
供用開始年	倉安川、倉安川吉井水門1679年（延宝7年）、百間川1687年（貞享4年）
総延長	13km
かんがい面積（排水施設は排水面積）	倉安川2472ha、百間川2867ha
農家数（就業人数）	7696名（組合員数）
地域の特産品（伝統品・新商品等）	米、モモ、ブドウ
流域名	吉井川水系倉安川、旭川水系百間川
所有者	吉井川下流土地改良区、岡山市、倉安川吉井水門保存会、国土交通省中国地方整備局岡山河川事務所
アクセス	最寄駅は山陽新幹線岡山駅 最寄ICは山陽自動車道岡山IC

歴史

利水をしながら洪水を防ぐ 2本の川の画期的な機能

　江戸時代初期の岡山藩では、人口増による耕地不足と相つぐ洪水や凶作により農村が疲弊し、その対処が緊急の課題となっていた。時の藩主・池田光政は農民の生活安定と、地域農業振興による藩財政の立て直しのためには、新田開発のほかに道はないとして1656年（明暦2年）に「新田開発令」を発布。そして、翌1657年（明暦3年）には吉井川と旭川の河口の間の児島湾一帯の広大な新田開発が計画されたが、地域内の中川・砂川筋の排水処理と、新田の水源の手当てがネックとなり、計画は一時頓挫した。

　そのときに立ち上がったのが藩士の津田永忠だった。永忠はあらたに干拓される新田の農業用水確保のために吉井川に水源を求め、西の旭川にいたる延長19・9キロメートル、幅員4〜7メートルの倉安川を1679年（延宝7年）に開削した。

　こうして完成した倉安川は、倉田新田329ヘクタールをはじめ、後に開発された海寄りの沖新田へも、砂川とともに用水供給源となり、新田開発に大いに寄与した。と同時に、吉井川筋と岡山城下を最短距離で結ぶ運河としても重要な機能を担った。

　ちなみに、倉安川の取水口である吉井川右岸の吉井水門は、花崗岩を使用した備前積みの石垣で固められた水門と、前後を仕切って水位を変えられる楕円形の閘室（こうしつ）をともなっており、現存するなかでは日本最古の「閘門式水門」とされる。1980年（昭和55年）の坂根合同堰の設置により水門としての役割は終えたが、その歴史的価値から岡山県指定史跡となっている。

　一方で排水対策としては、165

倉安川全体の開削計画絵図
（岡山大学池田家文庫）

沖新田の開発計画絵図。百間川と大水尾（遊水池）も図示されている（岡山大学池田家文庫）

4年（承応3年）に起こった大洪水が城下に甚大な被害をもたらしたことから、当時岡山藩に出仕していた陽明学者の熊沢蕃山が、堤防の一部を低くして水の逃げ道をつくる「越流堤」と放水路を組み合わせた「川除の法」を考案。その構想をもとに永忠は旭川の氾濫を放水させる百間川を設計し、1686年（貞享3年）に完成させたと伝わる。加えて永忠は1687年（貞享4年）に、旭川左岸から吉井川右岸までの11・7キロメートルの海岸堤防を築き、その内陸側に「大水尾」と呼ばれる巨大な遊水池と、花崗岩性の排水樋門である石樋を5カ所設置し、稲作の障害となる余水を一気に海側に吐き出すという独創的な仕組みを開発したのである。

かつての百間川河口の石樋（排水樋門）

改修前の倉安川、五番目の中川水門。ここから百間川を横断していた

現代の豪雨にも機能した

延長12・9キロメートルの百間川は、治水と開発を両立させる構想にもとづき、度重なる旭川の洪水を防ぐとともに、地域の中小河川の排水を処理する役割をはたした。また、それは1918ヘクタールにおよんだ沖新田の開発にも貢献した。

その後、倉安川は開削以来300年以上にわたり、吉井川と旭川を結んでいたが、1985年（昭和60年）頃の百間川の大改修により分断。現在、百間川以東は従来どおり吉井川を水源とし、百間川以西は旭川を水源としており、それぞれ河道改良や排水設備の整備などが行われている。また、築造以来、洪水防止と排水の役割をはたしてきた百間川は、2018年（平成30年）の西日本豪雨においてもその機能を存分に発揮し、歴史的価値をあらためて世に示したという。

特産品
桃太郎のきびだんごと ブランドモモ&ブドウ

岡山のシンボルといえば、何といっても桃太郎だ。空港名が「岡山桃太郎空港」であるし、岡山駅前には桃太郎像がイヌ、サル、キジを連れた凛々しい姿で街を見守っていて、12月にはイルミネーションで飾られる。駅前のポストの上にも頬杖ついた桃太郎がかわいく鎮座しており、岡山駅前商店街のアーケードの入口では大きな桃が出迎えてくれる。

その桃太郎にちなんだ岡山の名物が「きびだんご」だ。その名の解釈には「黍(きび)」を使っただんご、岡山のかつての地名「吉備」のだんごというふたつがある。実際には黍を使用していない商品も多いが、プレーン、きな粉、フルーツソース、チョコなどと味わいもバラエティに富んでいるので、好みのきびだんごを見つけたい。

かんがい施設の恵みから、いまや全国でも有数の農業県である岡山は、日本でも有数のフルーツ王国といわれている。桃太郎ゆかりの桃は岡山の豊富なフルーツのなかでも全国的に有名である。明治時代に中国から導入された「上海水密」「天津水密」をきっかけに、本格的な桃づくりがはじまり、今では30品種以上の桃が栽培されている。とりわけ実が小さいうちから手作業で袋掛け栽培で育てる「白桃」の生産量は日本一で、ほかの産地のものではみられないような白さと、口当たりのきめ細やかさで岡山の名産品となっている。

ブドウも豊富で、エメラルドグリーン色で濃厚な味わいのマスカット・オブ・アレクサンドリアは、国内生産量の90(パーセント)を占める。また、濃い紫色に輝く大粒の種なしブドウ、ピオーネなども人気だ。

「きびだんご」は岡山のお土産の定番

岡山の白桃の旬は6月下旬から8月中旬

ピオーネとシャインマスカットが人気のブドウは9月から10月にかけておいしくなる

水のある風景

皇太子もご視察された吉井水門 百間川の豊かな自然も魅力

かつての気品ある姿を今に伝える倉安川吉井水門は、水門としての役割を終えた今も、地域の民間団体である「倉安川吉井水門保存会」が保全管理を行っている。地元の住民や子どもたちも参加して、船だまりをめぐり、堅固な石垣水門などを鑑賞する見学会も催されている。２０１３年（平成25年）には「水と水運」を研究されている当時の皇太子徳仁親王殿下が倉安川吉井水門をご視察になられた。また、百間川では改修にともない創出された親水空間が、都市部の貴重な公園、レクリエーションの施設として県民に親しまれている。

岡山市中区桜橋付近の倉安川の桜並木

気品ある倉安川吉井水門の見学イベントの様子

沖新田の中央を貫流する百間川と加工の石樋

倉安川の吉井水門付近には水車も残されている

常盤湖（ときわこ）

南北に1.8キロメートル、東西に1.3キロメートル、巨大な人口湖づくりにかけた農民の執念が、今は美しい景観に結実

広々とした湖面の様子

常盤湖は宇部市南東部に位置する山口県最大の湖で、国内有数の観光地であり、緑と花と彫刻に彩られた「ときわ公園」の中心を占めている。南北に約1・8キロメートル、東西に約1・3キロメートル、手のひらを北向きに押し付けたような形で、北部には指先に相当する入り組んだ地形がみられる。長く突き出した岬と広大な水面が織りなす景観は実に美しい。

現在も3月中旬から11月中旬（平日を除く）にはスワンボートで水上からの美しい景色を楽しむことができる。

その景観は古くから評価されてき

た。実際、萩藩の村々の沿革や風俗などを記録した『防長風土注進案』には「朝日常盤に登りて数多の山岳池面に影を照らし、水面に山勢叢樹の姿鏡に影の移ろいたる有様言葉にいいかたし」と記されており、その風光明媚さがたたえられていたことが伝えられている。

また、本土手西の丘一帯は「御駕籠立場」と呼ばれる藩主・領主の休息場だったが、ここもまた風情がある。

幕末の領主・福原元僩（もとたけ）が、夏の常盤堤に立ったときの印象を「さざ波やときわのまつの いろをさへ そえて涼しき なつのふゆかぜ」と歌に残しているほどだ。

花の運動で公害から復活

工業化で戦後の復興を遂げるなかで、降灰量日本一という公害に苦しんだ宇部市では、1950年（昭和25年）から緑化事業を実施。市民による「市民公園を花で埋める運動」が提唱され、「花いっぱい運動」が展開された。

市民の活動は「宇部を彫刻で飾る運動」にも広がり、1961年（昭和36年）には日本初の試みとして、ときわ公園を会場とした「宇部市野外彫刻展」が開催された。現在も常盤湖畔は緑と花に囲まれ、「UBEビエンナーレ（現代日本彫刻展）」の会場や彫刻の展示場として利用されている。

最近は湖畔に整備された5・7キロメートルの周遊園路が人気で、ウォーキングやジョギングを楽しむ人たちでにぎわっている。都市公園の中心として、常盤湖は多くの市民に愛され続けている。

DATA

名称	常盤湖
施設の所在市町村	山口県宇部市
供用開始年	1698年
総面積	約80.9ha
かんがい面積（排水施設は排水面積）	17ha
農家数（就業人数）	73名（平成30年度水利組合員数）
地域の特産品（伝統品・新商品等）	かまぼこ、宇部ラーメン、月まち蟹
流域名	塚穴川
所有者	宇部市、常盤湖水利組合
アクセス	最寄駅はJR宇部線常盤駅 最寄ICは山口宇部道路宇部南IC

歴史

命をかけた椋梨の思いが雨となり常盤湖を満水にした

関ヶ原の合戦で敗北し、防長2カ国に減封された毛利家の苦しいお家事情により1625年（寛永2年）、宇部に領地替えとなった長州藩永代家老の福原家。当時の宇部村周辺は大きな河川もなく、稲作には適さなかったが、福原氏は荒れ地を開墾するために、河川の付け替えや海の埋め立てなどで新田開発を推進した。

1654年（承応3年）に家督を継いだ領主の福原広俊も積極的に農地の開拓を進め、そのなかで常盤原に大規模な灌漑用ため池をつくることを計画。1689年（元禄2年）には築堤にかかる藩の許可をもらい、それから5年後の1694年（元禄7年）、「農民からの訴え」として領内の農民から領主である福原広俊宛に工事の早期着工の願いが出された。そして、1695年（元禄8年）、悲願の常盤湖築堤が着工された。

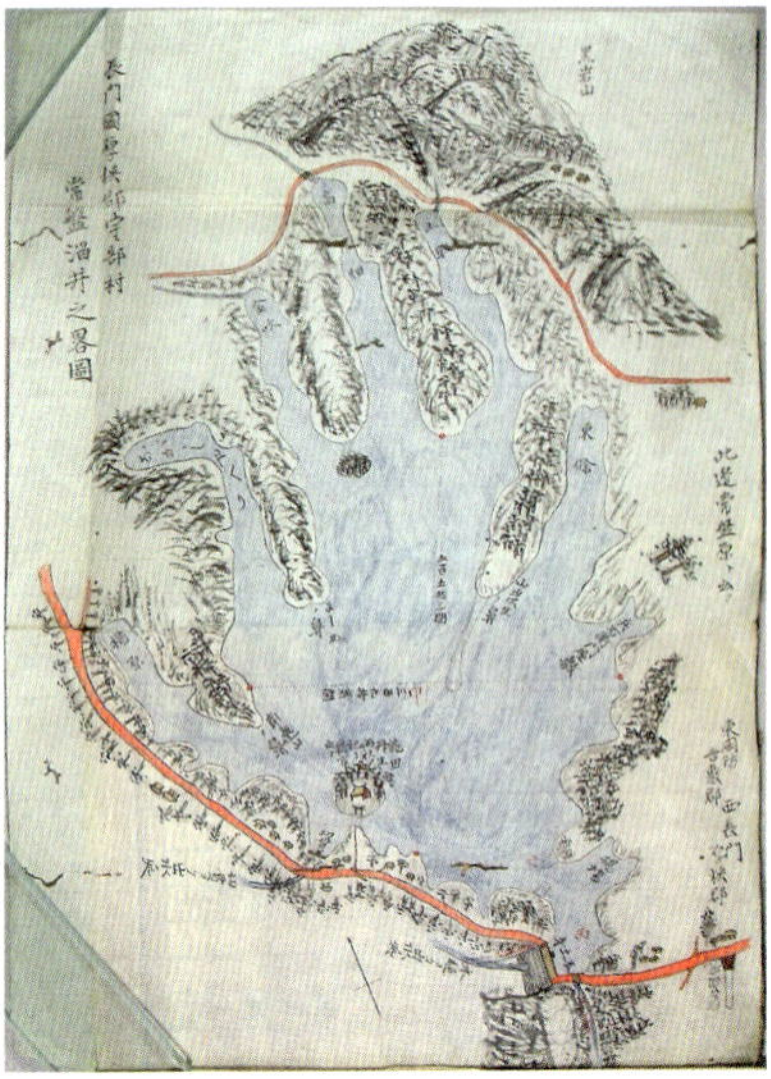
常盤溜井之略図

同年に広俊は病没したが、工事は福原家筆頭家老の椋梨（むくなし）権左衛門が中心となって行い、開始から3年後の1698年（元禄11年）に約80ヘクタールの人工の湖が完成した。

しかし、そこで問題になったのは、いっこうに水が溜まらないことであった。集水する河川や湖沼がない人造湖にとっては、雨水や湧水だけが頼り、それがなければこの常盤湖は機能しない。「ときわ公園」内の常盤神社にある「椋梨権左衛門顕彰碑」には「領民からも批難の声が上がり、椋梨は責任を取って切腹する期日まで決めましたが、幸い大雨が降り続き、湖は満水になりました」と刻まれている。危機一髪、まさに恵みの雨だった。

また「椋梨はそれで安心せず、湖の周囲にはたくさんの松の木を植えて湖から水が漏れるのを防ぎました」

と。用意周到、たしかに常盤湖周辺には松の木が多い。

　ともあれ、常盤湖を水源として、網の目のように用水路を整備することで、約300㌶の水田をかんがいすることが可能になったのだ。

桜の木は水漏れ防止のため

　近代に入り、1917年（大正6年）頃からこの地域に別荘が建ちはじめる。1920年（大正9年）には木下芳太郎が4000坪の土地を購入し、桜の木を植えて「桜山」と名付け、私設の公園を開設した。自然景観を生かした景勝地として、常盤湖はより知られるようになった。

一方、石炭の採掘により宇部の人口は増加し、1921年（大正10年）には村から市に昇格、それにともない地元の実業家・渡辺祐策らが湖周辺の一般開放を目指して土地を購入、市に寄贈して1925年（大正14年）に現在のときわ公園の原型ができた。

　その後、宇部地方の近代工業の発展により、山口県は常盤池用水改良事業として、厚東川左岸に取水口を設け、常盤湖を中間遊水池とする導水の計画を立て、1943年（昭和18年）に完成にいたった。築造から300年、常盤湖の築堤は決壊などの事故もなく今日にいたっており、2カ所の通水路も改修されながら、現在も大切に使用されている。

常盤用水路

常盤公園全体図

特産品

宇部の素材をおいしく加工「うべ元気ブランド」に注目

工業都市として発展した宇部市は山や里の産物だけでなく、瀬戸内海に面しているため、海の幸にも恵まれている。こういった特性を生かすため、宇部市では農業・林業・漁業などの1次産業の活性化と、商業・工業との連携による6次産業化の促進、そして宇部市のブランディングを目的として「うべ元気ブランド認証制度」を実施している。

宇部市内で生産、採取、捕獲された1次産品を使用して生産された加工品のなかから、厳選された製品を「うべ元気ブランド」に認証し育成するというもので、販売を促進するとともに、宇部市の魅力を発信していくそうだ。というわけで、その認証製品のいくつかをみてみよう。

永山本家酒造場の「純米大吟醸 ドメーヌTAKA 宇部山田錦」

おいでませ吉部の「米まんじゅう 吉部の里」

㈲お菓子のピエロの「常盤湖ハニータルト」

「純米大吟醸 ドメーヌTAKA 宇部山田錦」は、酒造りに適した「山田錦」という酒米を自社栽培して仕込んだ酒。米の味わいと吟醸香がバランスよくまとまっていて、冷酒はもちろん燗酒にしてもおいしい。

宇部市の北部の吉部で生産されるヒノヒカリの「吉部米」は「全国米・食味分析鑑定コンクール：国際大会」で特別優秀賞を受賞したブランド米。「米まんじゅう 吉部の里」はこの吉部米をパウダー状にしたものを使っており、ふんわり、もちもちした食感が特徴、おいしいまんじゅうだ。

また、常盤湖の名を冠した「常盤湖ハニータルト」は宇部市で養蜂して採取した蜂蜜を使用して、合成添加物を使わずに黄金色に焼き上げた逸品である。

これらの「うべ元気ブランド」マークを探して、お土産探しをするのも楽しそうだ。

水のある風景

ときわ公園で楽しむ花の数々とミュージアム

常盤湖を中心とする「ときわ公園」は山口県初の「登録記念物（名勝地関係）」として知られ、約189ヘクタールの広大な園内に3500本のサクラや8万本のハナショウブ、アジサイ、ボタン、ツツジなどが咲き誇っているほか、「市民みんなでつくり育てる」をコンセプトとした「花いっぱい運動記念ガーデン」ではバラやハーブなどが癒しの空間を演出している。また、園内の「ときわミュージアム」は原産地の特性を生かしたシンボルツリーを植栽した8つのゾーンが特色、さらに園内の「ときわ動物園」では国内初の全園生息環境展示を鑑賞できる。

施設と水の対比が美しい

斜樋の施設が緑と調和している

排水施設である余水吐

水辺には多くの野鳥が訪れる

地形を生かして設計されている「余水吐」

満濃池（まんのういけ）

空海上人を慕う人々が雲のように集まり、わずか2カ月で完成奇跡の大池は、当時の唐の最先端の土木技術の賜物であった

満濃池は香川県の中央部より南西に位置し、堤高32・0メートル、堤長155・8メートル、有効貯水量1540万立方メートルを誇る日本最大級の農業用ため池である。谷間の地形を利用して、金倉川の狭窄部にアーチ状の土堰堤を築くことで、効率的に膨大な貯水を実現している。下流に向かって扇状に広がる丸亀平野にかんがい用水を供給しており、その面積は丸亀市、善通寺市、琴平町、多度津町、まんのう町の2市3町にまたがり、3003ヘクタールと広大である。

満濃池のある瀬戸内海沿岸地方は、南北を山地で挟まれた地理的条件か

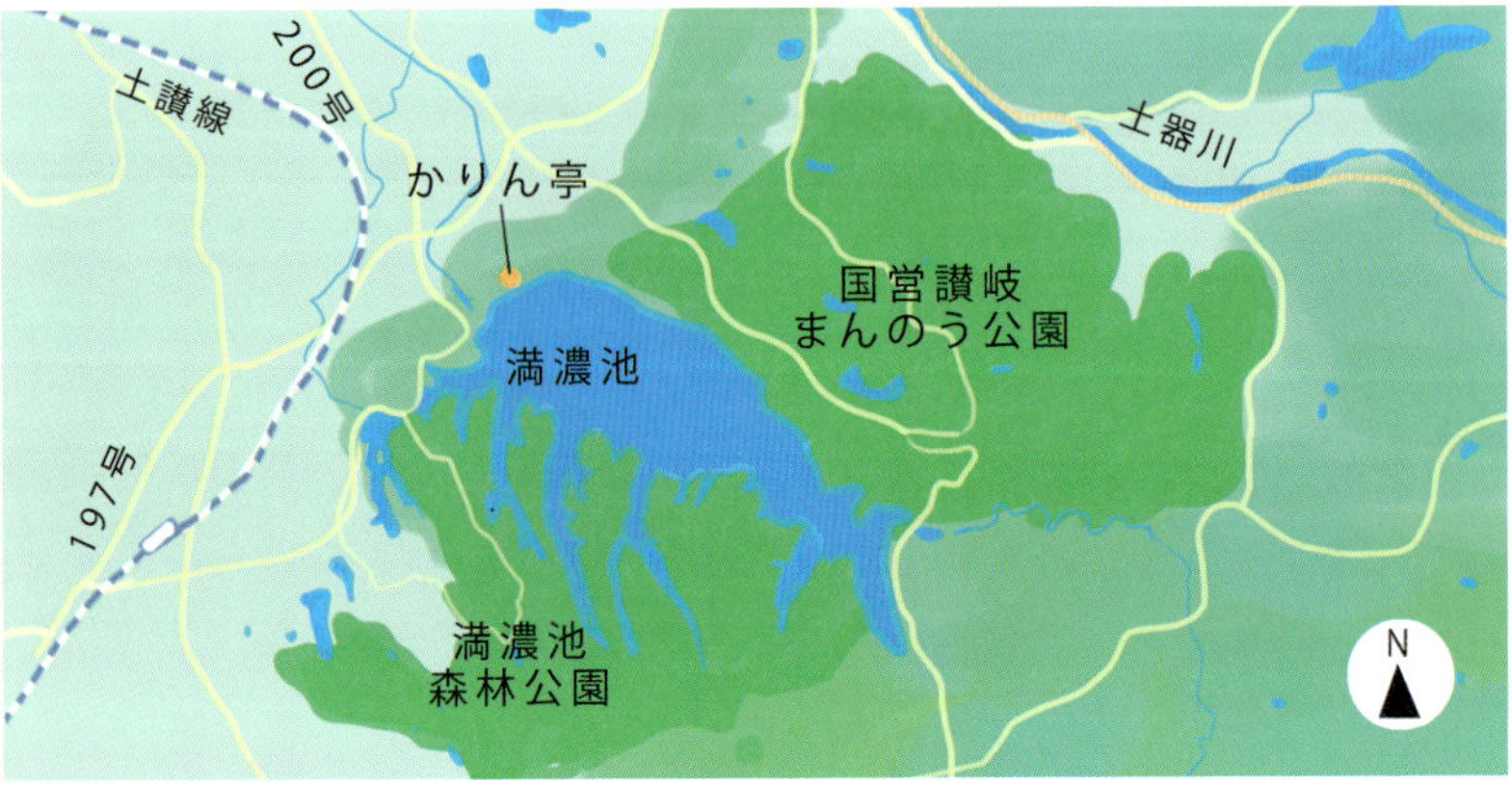

ら、年間を通して降水量が少ないことで知られており、古来より干ばつに悩まされてきた記録が数多く残る。

　弘法大師・空海により築造された満濃池は、その当時、世の人々に喧伝され、『今昔物語集』には「海のように広く、干ばつの時は他の国の人田も助けられ、みんなが喜んだ」という内容が記されているほか、海にたとえられた大池は、龍が住むところとも考えられ、伝説や物語としても伝わっている。

公園からは絶景が望める

　総延長20キロメートルにもおよぶ満濃池岸は、水生生物、野鳥、動植物などが生息する多様な水辺空間を創出しており、豊かな自然環境が保全されている。さらに、古代ローマ建築を彷彿とさせるような石造りの樋門など、歴史的景観遺産としてもきわめて価値が高い。

　隣接する丘陵地には、広大な森と豊かな自然を生かした「国営讃岐まんのう公園」が整備され、四季を通じたフラワーイベントなどを目当てに、多くの来園者でにぎわっている。また、ほとりには木製デッキが設置されており、人気の散策エリアとなっている。満濃池展望遊歩道では、橋上、林間、谷間などさまざまな場所や角度から美しい満濃池が堪能できるとともに、金毘羅宮や琴平山を遠くに望むこともできる。

　そのほか、池周辺の森林や公園への桜の植樹活動、池を訪れた学生や観光客への歴史ガイド、湖畔コンサートや健康マラソン大会など、ボランティア団体を中心に多様な活動が行われている。

DATA

名称	満濃池
施設の所在市町村	香川県仲多度郡まんのう町
供用開始年	701年
総面積	140.8ha
かんがい面積(排水施設は排水面積)	3003ha
農家数(就業人数)	7452名
地域の特産品(伝統品・新商品等)	讃岐うどん
流域名	金倉川水系 金倉川、土器川水系 土器川
所有者	国土交通省・香川県・満濃池土地改良区
アクセス	最寄駅はJR土讃線塩入駅 最寄ICは高松自動車道善通寺IC

歴史
空海が築造した大池は改修の歴史を超えて今に

満濃池の築造は1300年前の701年（大宝元年）といわれており、1020年（寛仁4年）の「万濃池後碑銘」に、国守道守朝臣が築いたとある。当初は那珂郡真野郷に属していたため「真野池」と呼ばれていたが、『今昔物語集』では「万能ノ池」「満農ノ池」の名で登場する。

万は千の十倍であることから「十千（とほち）の池」の雅号で呼ばれ、転訛（てんか）して「といち」となり、「十市の池」とも書かれるようになったことが『讃岐国名勝図会』などに伝わる。

その後、818年（弘仁9年）に見舞われた大洪水によって、堤防が決壊したことから翌年以降、干ばつに苦しめられることとなり、その復旧が急がれた。そこで、国司の清原夏野は遣唐使として唐で土木技術や薬学を学んだ高僧であり、讃岐出身の空海を再築にあたらせることを太政官に上申。一度は却下されたものの、821年（弘仁12年）5月27日に許可する旨の太政官符が発給された。真言宗の開祖にして「弘法大師」「お大師さん」と長く民衆に慕われることとなる空海上人、48歳のことであった。

空海のおかげで満濃池にはさまざまな技術が盛り込まれた。金倉川を堰き止めて大池をつくるため、池の堤防をアーチ型に築いて水圧を減らし、余剰の水を放流する「余水吐（よすいはき）」、強度を保つために粗朶（そだ）で柵（しがらみ）を組み、その中に砂利などを詰

1899年（明治32年）の「ゆるぬき」の様子

1914年（大正3年）の取水塔工事風景

1914年（大正3年）改修当時の取水塔

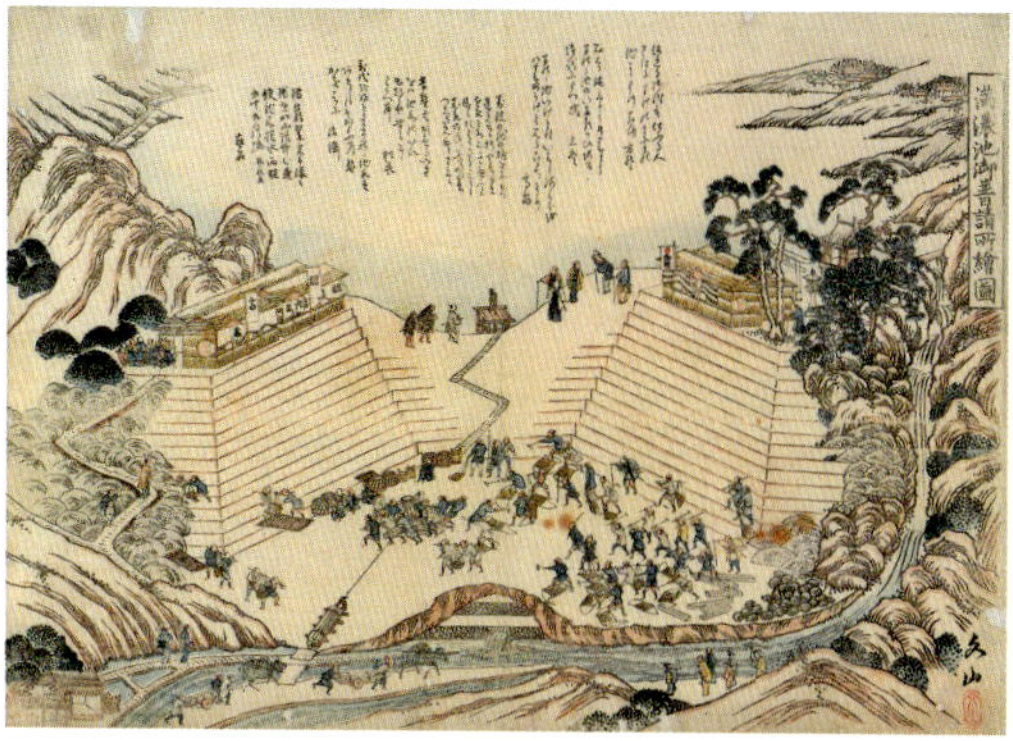

1828年頃の改修工事の様子（満濃池御普請所絵図）

めて敷設する「護岸柵」など、当時としては先進的な工法が採用されている。

空海により工事が再開されると、人夫は雲のように集まり、空海は堤の東の岩山に壇を設けて護摩脩法を行った。そして、金倉川を短期間で堰き止める大工事は、着工からわずか2カ月余りで完成したという。

地震決壊から復活への道程

その後、満濃池は決壊のたびに改修されたが、1184年（元暦元年）の決壊により、その後400年余にわたって再築できないでいた。その状況を変えたのは1587年（天正15年）に入封した生駒氏だった。1626年（寛永3年）の大干ばつ後、生駒氏は土木者の西嶋八兵衛を起用して各地にため池を築いて勧農を推進。そして、西嶋は満濃池の豪農・矢原氏の協力を得て1628年（寛永5年）に満濃池の再築に着手し、1631年（寛永8年）に完成をみたのだ。

西嶋による設計の特徴は、管を木製の箱型形状として堤体内部で底樋と竪樋を連結したことと、竪樋に5つの取水口を備え、水位に応じて上層から取水できる構造としたことだ。稲作に適しているとされる常温に近い水面付近の水を取水できるこの手法は、今なお卓越した実用技術として評価されているという。

しかし、木製の管は腐朽がはやく、定期的な取替工事が必要であったこと、1854年（嘉永7年）の大地震が原因で堤防が崩壊したことから、最終的には堤防の西隅にある大岩にトンネルを開孔して底樋管を設置、1870年（明治3年）に堤防が再築されたという。

ちなみに、その底樋管は現在にいたるまで修繕を要しておらず、石造りの樋門とともに、2000年（平成12年）に国の登録有形文化財に指定されている。

特産品

満濃池を眺めながら讃岐うどんを味わう

満濃池のある香川県は、県をあげて「うどん県」としてPRするほどうどんが名物。街中から、山あいにある知る人ぞ知る名店まで、個性的なおいしいうどん屋が点在しており、満濃池の周辺にも名店は多い。

まんのう町生活研究グループ連絡協議会が中心となり、農家の主婦たちで運営する「かりん亭」は、満濃池の景観スポットとなっている堤防のすぐ横にあり、美しい満濃池を眺めながら本格的な讃岐うどんが食べられる。スタッフ全員が農家ということもあり、旬の地元野菜を贅沢に使用し、付け合せの漬物まで手作りにこだわっている。人気メニューはまんのう町産の健康野菜である南米原産のヤーコン芋を練りこんで作ったヤーコンうどん。風味や強いコシを楽しめるのはもちろん、ヤーコン芋を練りこむことで低カロリーになるほか、塩を使わない塩分ゼロのうどんが打てるのが特徴で、そのヘルシーさで人気を集めている。

「まんのうひまわりオイル」は、まんのう町産１００パーセントのひまわりの種だけを使用したオイルで、悪玉コレステロールを下げたり、美肌効果もあるオレイン酸の含有量が90パーセント以上と国内最高レベル。ビタミンEのほか、動脈硬化や老化を進行させる過酸化脂質を分解する酵素の成分であるセレンというミネラルも豊富だ。

また、まんのう町の羽間地区は昔からイチジクの栽培が盛んで、ミネラルが豊富な「はざまイチジク」が名産となっている。夏が旬で上品な味わいが特徴だが、いちじくジャムやいちじくドリンクで気軽に味わうこともできる。

「かりん亭」香川県仲多度郡まんのう町神野168-7 ☎0877-75-3335 ㊖11:00～14:00 水休

まんのうひまわりオイル 100ミリリットル 1404円

いちじくジャム、いちじくドリンクは活性酸素を抑制するポリフェノールも豊富

水のある風景

空海上人ゆかりの史跡と讃岐路の夏の風物詩

「国営讃岐まんのう公園」の中心である満濃池には見所が多い。空海が工事の無事を祈願したとされる護摩壇岩は、1200年を経た現在でも小島として水面に浮かんでおり、堤防西側の神野寺では空海像が参拝者を迎えている。また、毎年6月に行われる「ゆるぬき」では、堤防東側の丘の上に建立された神野神社で、諸祭神や合祀された恩人たちに感謝の祈りを捧げた後、取水塔にて採入口を開口する。開口とともに底樋門から勢いよくあふれ出す水の光景は、今も多くの観光客を喜ばせている。まさに讃岐路に夏の訪れを告げる風物詩である。

現在の取水塔。感謝の祈りを捧げたのちに開口する

今も島として残る、空海が工事の無事を祈願した「護摩壇岩」

豪快に水が溢れ出る「ゆるぬき」の様子

満濃池上流より丸亀平野を望む

東北 関東 甲信越 北陸 東海 近畿 中国 四国 九州

福岡県

山田堰・堀川用水・水車群

(やまだぜき・ほりかわようすい・すいしゃぐん)

「筑紫次郎」と呼ばれる暴れ川・筑後川の水圧に耐える強固な堰と今も水力のみで水を揚げる「朝倉三連水車」の歴史的風景が魅力

堀川用水から高所の水田に送水する朝倉三連水車

山田堰のある朝倉市は、福岡県の南東、福岡市の中心部から約40キロメートルに位置し、山と川と田畑で構成される純農村地帯である。661年（斉明天皇7年）には斉明天皇が百済救済のため、この地に宮居を移され本陣となった「朝倉橘広庭宮」が置かれるなど、史跡や伝説などの歴史的遺産が多い市でもある。

この朝倉地方の農業を支えるかんがい施設は、筑後川から取水する山田堰、その水を送る堀川用水、堀川用水より高所の水田に送水するための朝倉三連水車をはじめとした3郡7基の水車群で構成されている。

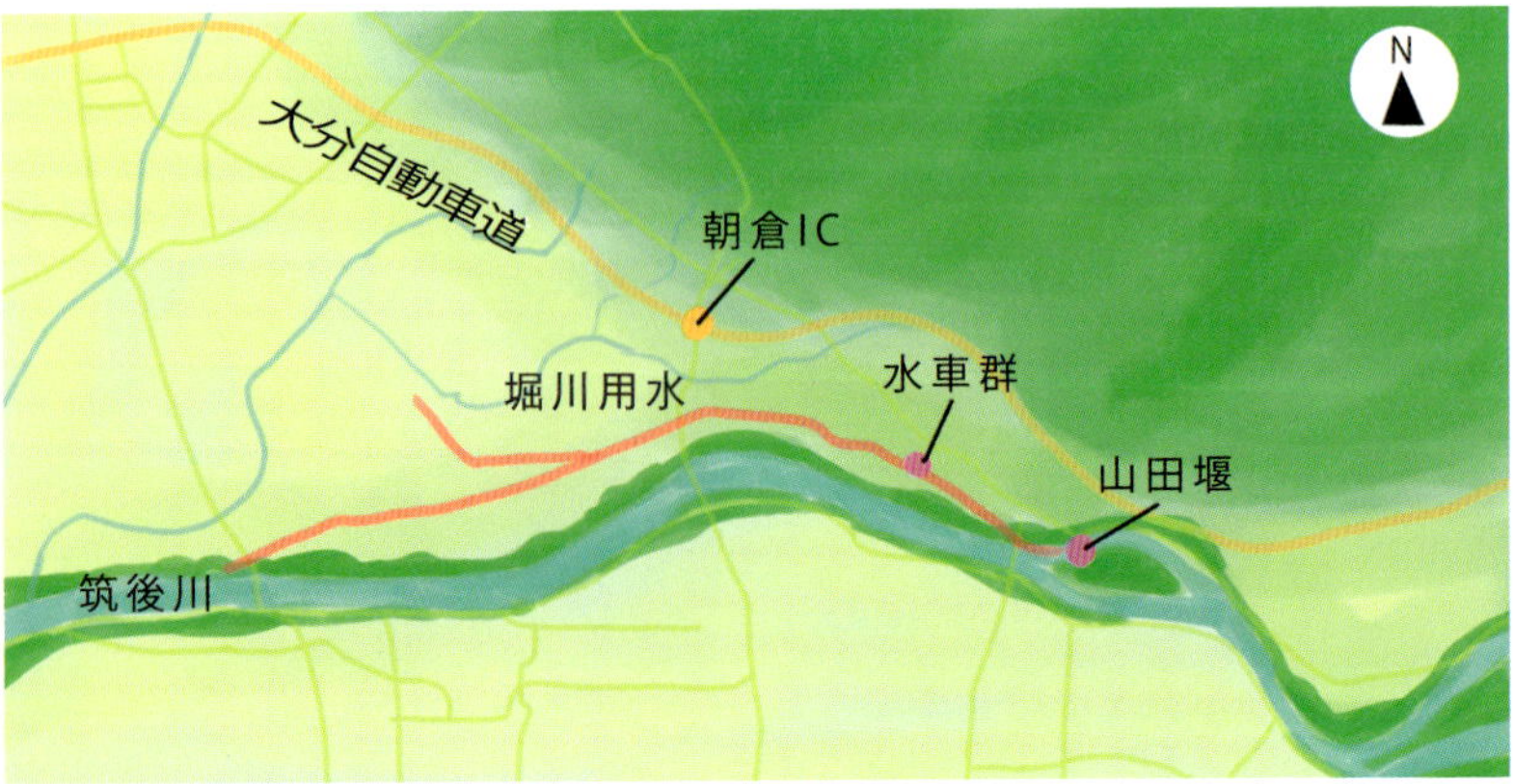

堰長320メートル、堰高3メートル、総面積2万5370平方メートルの山田堰は、筑後川三大大堰のひとつであり、日本で唯一の「傾斜堰床式石張堰」としても知られる。九州地方最大の一級河川であり、「日本三大暴れ川」のひとつに数えられる筑後川の激流に耐えうる精巧で堅牢な構造が特徴で、南舟通し、中舟通し、土砂吐きの3つの水路が設けられている。たとえば、川が運んでくる土砂は取水門に流れ込む前に土砂吐きから排出されるようになっており、舟運を妨げないばかりか、魚が移動しやすいよう、生態系にも配慮されている。

堰築造技術を海外に輸出

山田堰は見た目も美しい。石積みは自然石を巧みに積み上げた「空石積み」から、1980年（昭和55年）に起きた水害からの修復工事によって、石と石の間をコンクリートで補強する「練石積み」に変更されたものの、今なお建設当時の姿をとどめている。

また、その技術は海外でも活用されており、NGO団体「ペシャワール会」は、アフガニスタン東部のクナール川に山田堰をモデルとした石堰を築造し、2010年（平成22年）にマルワリード用水路25・5キロメートルを開通させ、3000ヘクタールもの原野を農地に変えた。15万人の農民が帰農するまでに復興した。2019年（令和元年）現在、クナール河に9カ所の取水堰が築造され、1万6000ヘクタールの農地がよみがえり、60万人が帰農している。国境を越えてアフガニスタンの人々を救った朝倉の先人たちの知恵。これからも世界中で活用されることになるだろう。

DATA

名称	山田堰・堀川用水及び朝倉三連水車を始めとした水車群
施設の所在市町村	福岡県朝倉市
供用開始年	山田堰1790年（寛政2年）、堀川用水1663年（寛文3年）、水車群1789年（寛政元年）
総延長	88.1km
かんがい面積（排水施設は排水面積）	652ha
農家数（就業人数）	1200戸
地域の特産品（伝統品・新商品等）	柿、博多万能ネギ、花卉
流域名	一級河川筑後川流域
所有者	山田堰土地改良区
アクセス	最寄駅は西鉄天神大牟田線朝倉街道駅 最寄ICは大分自動車道甘木IC

歴史

筑後川の急流に耐える構造の工夫が凝らされた山田堰

筑後川流域において1662年（寛文2年）から2年つづいた大干ばつでは、多くの農家が飢餓に瀕した。「筑紫次郎」の異名を持つ暴れ川である筑後川を堰き止め、その水を農地に引き込むことが、農家を干ばつによる困窮から救う唯一の道であった。

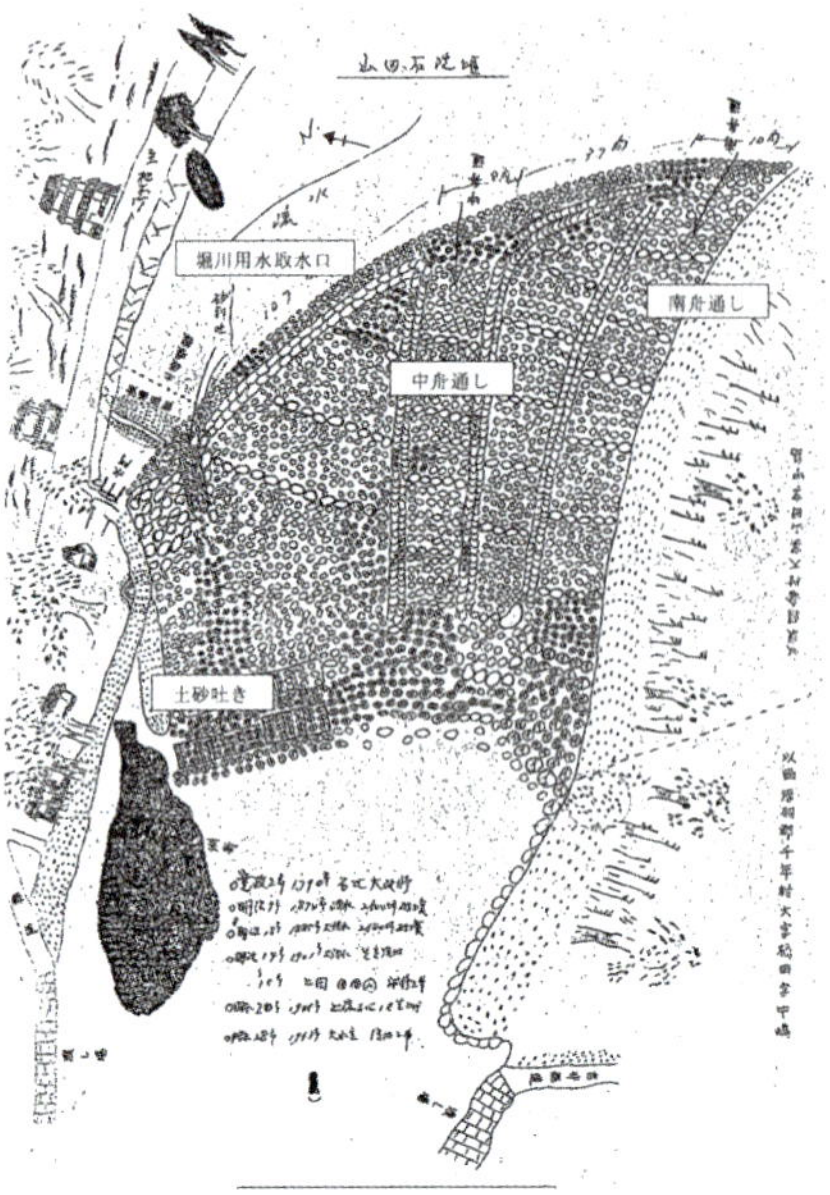

1900年頃の山田堰の図

そのようななか、現在の山田堰のおよそ20メートル下流に堰を築造し、土手をつくり、土手沿いに樋をかけることで堰から水を引き、田を潤す工事が行われた。こうして1663年（寛文3年）に堀川用水が完成し、150ヘクタールの水田が開発された。

しかし、当時の堀川用水の全長は8キロメートルと短く、かぎられた範囲しか水の恩恵が受けられなかったため、その後も延長されていったが、それにともない用水量確保が大きな課題となった。完成から60年ほど経過した頃には、取水口に土砂が堆積し、用水の流入が悪くなってきたため、より多くの水が取水できる、現在の位置に取水口を変更することが計画された。

だが、それも大変な工事だった。巨大な岩石を穿つトンネルが必要だったが、当時の掘削技術からすればきわめて困難であり、大きな危険をともなっていた。それでも、石工たちは上流と下流の両方向からノミを振るい、内径1・5メートル、長さ20メートルのトンネルを掘り進み、新取水口は1722年（享保7年）に完成した。

その後も用水路の新設は計画され、1759年（宝暦9年）には取水口を3メートル拡張するとともに、1760年（宝暦10年）から1764年（明和元年）までの5年の歳月を費やして、3・9キロメートルの新堀川用水が誕生、かんがい面積は370ヘクタールに拡大した。

山田堰と水車の技術に驚嘆

さらにその後、より多量の水を堀川用水に引き込むために、山田堰の建設が計画された。筑後川は一度大雨が降ると氾濫するため、急流に耐えうる構造にする必要があった。そのため、一定間隔ごとに巨石を「水山」のように配置し（表面に見える部分よりも地下に埋め込ませた容積を大きくする）、水勢に抵抗できるようにするなどの工夫が施された。

また、水量を確保するための工夫もある。もっとも水の抵抗が大きい南舟通し水路側の石積みを高くし、中央部までを低く、そして水門取水口付近に向かってしだいに高く勾配をつけることで、中央部が余水吐の働きもし、堰体への水圧が軽減され、取水口に十分な水量を送ることができるようにしたのだ。こうして延べ人数推定60万人超を動員し、1790年（寛政2年）に総石張堰である現在の山田堰は完成した。

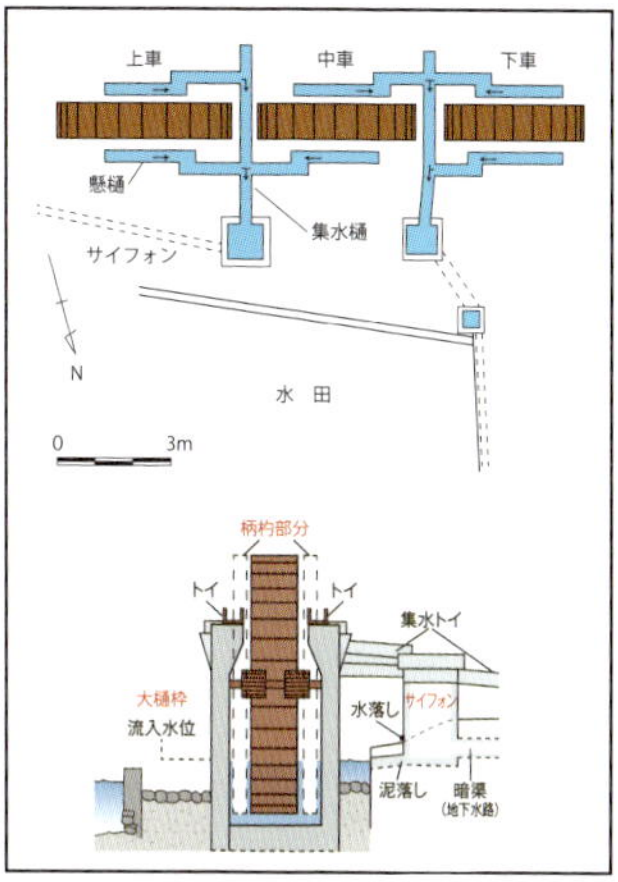

大・中・小の3連水車。桶に19度の勾配をつけ、汲んだ水を無駄なく利用する工夫がされている

そして、堀川用水より高台にある畑地に、水を汲み上げるために考案されたのが水車群である。かつては足踏み水車が利用されていたが、十分な水を汲み上げることはできなかったため地域の農家は試行錯誤の末、1789年（寛政元年）に、三連式水群1基、二連式水車2基をつくりあげた。

写真はアフガニスタンのマルワリード用水路の揚水車、堀川用水の三連水車がモデルになった

現在も整備を重ねながら、当時のままの姿の水車が稼働し、35ヘクタールの水田を潤しつづけている。

特産品

フルーツも野菜も花も旬の農産物が一年中楽しめる

朝倉市は福岡県のほぼ中央部にあり、「菱野三連水車」に象徴される美しい里山風景が広がる町だ。筑後川が形成してきた緑豊かな平野が広がり、その北部には900メートル前後の山々がそびえ立つ。昼夜の寒暖差が大きく、風の弱い内陸性の気候が特徴で、年間を通して比較的温暖で適度な雨量もあり、すごしやすい。

農産物は果物から野菜、花卉まで幅広く生産されている。おいしいと評価の高い果物のなかでも、柿は全国でも有数の産地として知られている。果肉にゴマが多く、歯ざわりが特徴の「西村早生」、濃い紅色で甘みが強い「早秋」、甘みが強く柿の王様ともいわれる「富有」など、順に旬を迎えていく。富有を貯蔵して冬でも食べられる「冷蔵富有」も朝倉ならではだ。

果肉が白くて甘みが強いことでも知られる朝倉の桃は、6月中旬に旬を迎える「日川白桃」からはじまり、「千曲」「あかつき」「川中島白桃」と8月中旬まで楽しめる。梨も7月上旬から10月中旬まで、「幸水」「豊水」「新高」など、時期をズラして多くの品種を生産している。

野菜生産も盛んで、朝倉の青ねぎは「博多万能ネギ」のブランドで全国で販売されており、出荷量でも全国有数である。刺身のツマとして使われることの多い「タデ」も、朝倉市が国内生産量の多くを占めている。ピリッとした辛味が特徴で、高血圧を改善したり、血液をサラサラにする効果が期待できる。パンジーやリンドウ、アジサイなどの花卉の栽培も盛んというから、まさに万能な農業地域である。

全国でも有数の柿の産地
（写真はイメージ）

全国に出荷されている
「博多万能ネギ」

パンジーなど季節の花の栽培も盛ん

水のある風景

お盆にはライトアップされる幻想的な三連水車の光景

堀川用水を象徴する光景といえば、映画『男はつらいよ 寅次郎紙風船』で岸本加世子さんが演じる愛子と寅さんの雑談シーンでも登場する「朝倉三連水車」だろう。今も6月17日から10月中旬まで稼働しており、日本昔話の世界のような牧歌的な光景が見られる。全国で水車が廃止され、ポンプに変わる流れのなかで、朝倉地区も水車づくりの工匠が少なくなるなどの困難に直面しているが、それでも先人の残した歴史的農業遺産を守ろうと、230年以上も水車を活用しつづけている。毎年お盆の期間には3色にライトアップされるので、その光景も見てみたい。

山田積の現在の姿

お盆の期間ライトアップ菱野三連水車

受益地を流れる堀川用水

東北 関東 甲信越 北陸 東海 近畿 中国 四国 九州

現在の通潤橋の豪快な放水風景

熊本県

通潤用水（つうじゅんようすい）

美しく雄大なアーチと豪快な放水が観光客を魅了する通潤橋 高度な技術を結集して橋より高い農地への揚水を可能にした

通潤用水が位置する熊本県の緑川流域は、古くから矢部郷と呼ばれる一帯で、南北朝時代に熊本を代表する豪族であった阿蘇氏の文化も残るなど、歴史ロマンあふれる土地である。

通潤用水はこの地で水不足に悩む白糸台地に水を送り、新田を開発する目的で幕末の1855年（安政2年）に完成した。アーチ状の石橋である水路橋の「通潤橋」をご存じの方も多いだろう。通潤橋は豪快な水しぶきをあげる放水のある橋として有名であり、観光客の人気を集めているが、その技術力の高さは特筆す

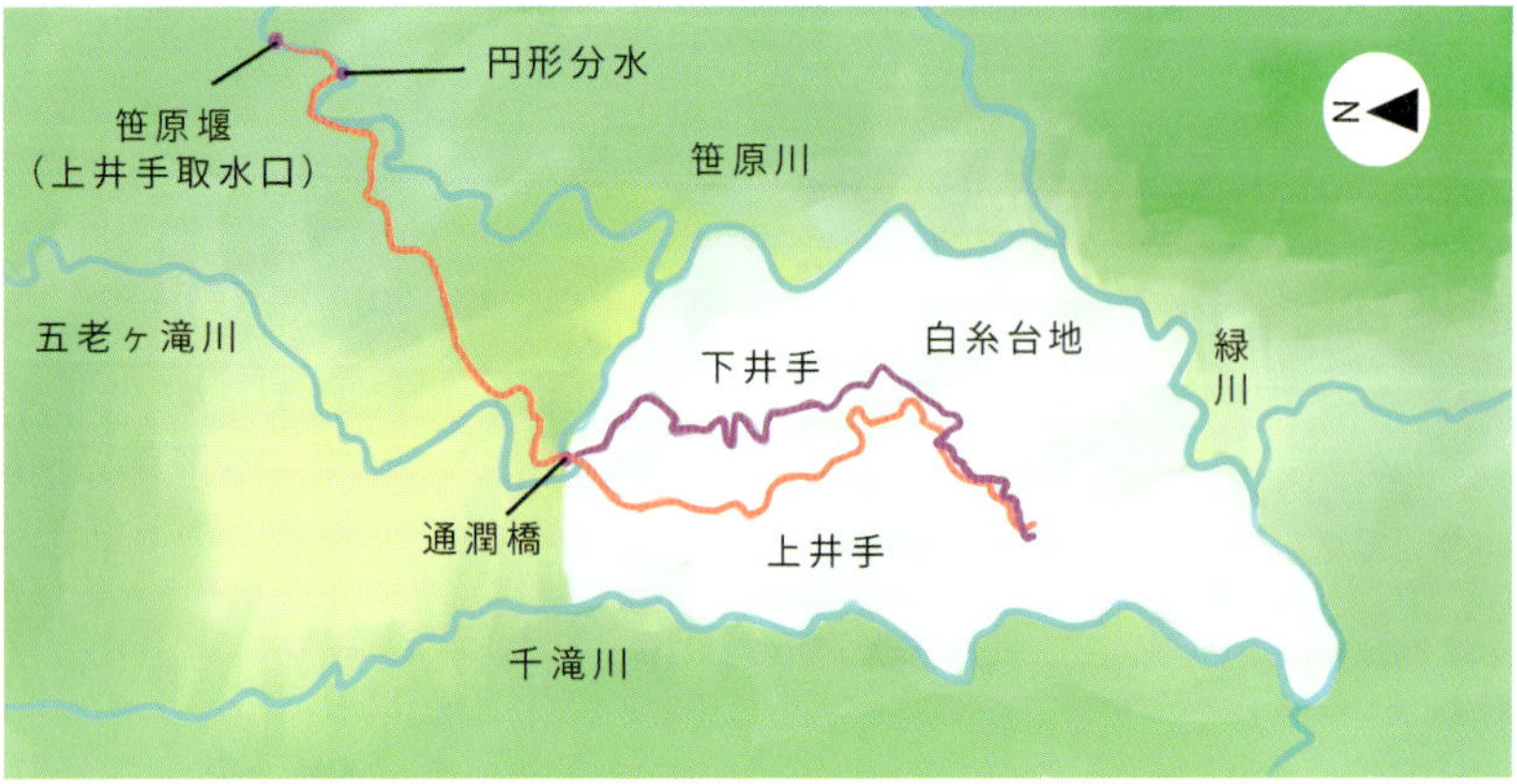

べきものがある。アーチ状の巨大な石橋をつくる技術はもちろんだが、なかでも漆喰で石管の漏れを防ぐ方法は1971年（昭和46年）の改修工事に携わった人々が驚いたほど堅牢で、そのときにモルタルやコンクリートで改修した通水管は、10年も経たないうちに水漏れを起こしたという。そのため、2000年（平成12年）の改修では研究を重ね、架橋当時と同じ漆喰を施し、通水管を復元したそうだ。

地域の連帯の原点として

通潤橋は1955年（昭和30年）に国重要文化財に指定されているほか、2008年（平成20年）には通潤橋、通潤用水、棚田とその生業が一体的に評価され、「通潤用水と白糸台地の棚田景観」として、国重要文化的景観の選定を受けている。

近年では、通潤用水を利用した特徴ある生業と、それにより育まれる風土に対して地域住民の認識が高まりつつあり、住民主体によるさまざまな取り組みが行われている。たとえば2010年（平成22年）には、それまで途絶えていた、漆喰を用いた通潤橋吹上樋の維持管理作業が自主的に再開され、漏水防止に大きな成果を上げたという。

そのほかにも、通潤用水を利用した棚田米「通潤橋水ものがたり」など、高付加価値化を目指した取り組みをはじめ、ファンづくりのための収穫感謝祭なども本格化する動きをみせている。こうした地域住民が主体となった取り組みは、通潤用水とその周辺地域をさらに持続可能なものにしていくはずだ。

DATA

名称	通潤用水
施設の所在市町村	熊本県山都町
供用開始年	1855年（安政元年）頃
総延長	約50km
かんがい面積（排水施設は排水面積）	106.9ha
農家数（就業人数）	182戸
地域の特産品（伝統品・新商品等）	米、「通潤橋水ものがたり」（白糸台地の棚田米）
流域名	一級河川緑川水系笹原川
所有者	山都町、通潤地区土地改良区
アクセス	最寄駅はJR熊本駅。熊本交通センターよりバスで通潤橋前下車 最寄ICは九州自動車道御船IC

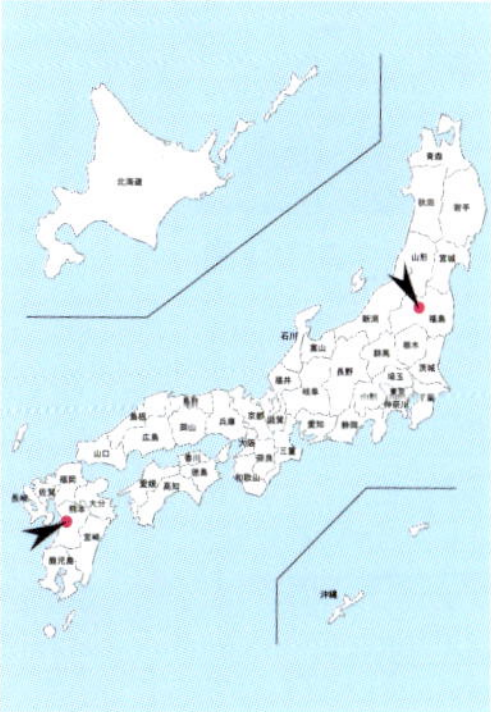

歴史

地域の惣庄屋が構想した白糸台地へ水を送る水路橋

通潤用水のある熊本県の白糸大地は、江戸時代には「南手」と呼称され、四方を河川に囲まれているため、水源をほぼ自然湧水に依存していた。1836年（天保6年）から1841年（天保11年）にかけての天保の飢饉により困窮した状態にあったため、地域住民の要望で白糸台地にある長野・田吉・小原・小ヶ蔵・新藤・白石・犬飼の7カ村と畑村を受益地として、42ヘクタール余の新田開発を目的に建設されたのが、通潤用水である。そして、緑川流域の石橋群のなかでも、もっとも有名な石橋が「通潤橋」だ。

水路のトンネル内部

通潤橋吹上樋の全容

布田保之助の肖像

事業の施行にあたっては、郡と村の中間に位置する広域行政の単位である「手永（てなが）」が主体となって行ったが、建設者である矢部手永の惣庄屋の布田保之助をはじめとする多くの人々の力と緻密な計算、先進的な技術力を結集してつくられたものである。

布田保之助は父を幼い頃に亡くし、苦労を重ねたが、10代後半には、すでに水路橋架橋の構想を持っていたと伝わる。34歳のときに父と同じ惣庄屋となった保之助は、水不足で思うように農作物が育たず苦しむ農民のために、白糸台地に水を送る通潤橋の建設を計画。建設には8代郡種山「手永」の卯一と丈八の兄弟ら、総勢41人の石工があたったという。

かつてない水路橋の吹上樋

1852年（嘉永5年）に着工した水路橋の工事の一番の課題は、橋より高い位置にある白糸台地にどのように水を送るかということであった。国内最大級の石造アーチ橋である通潤橋の高さは20・2メートルであるが、この規模のものをつくるのは当時の技術では到底ムリといわれていた。取り入れ口と橋上の高低差が約7・8メートル、橋上から吹き上げ口までの高低差が約6・49メートルもあり、サイホンの原理で水を吹き上げる「吹上樋」が必要となった。可能なかぎり大規模かつ強靭な耐久性のあるアーチ橋を構築すると同時に、当時においては類例のない規模の吹上樋を実現することが技術的課題だったのだ。

分水箱写真

そこで、まず橋の高さを確保するために、上方がほぼ垂直となる高石垣を構築。その際には内部の石材をダボと呼ばれる楕円状の鉄塊で上下に連結させる「釣石」という工法を用いたという。また、吹上樋と高石垣に起因する荷重を支えるために、その基部に近世初頭の城郭石積みの技術である「鞘石垣」を構築し、橋の側壁と一体化させたそうだ。

吹上樋に関しては管水路を河床下の土中に敷設する「伏せ越し」という技術が確立されていたが、通潤橋のように露天の状態で橋上に設置する形態は類例がなかった。そのため、通水試験において試行錯誤を繰り返し、石樋の水密性や耐久性を向上させるために材質から形態、隙間に充填する漆喰の生成法などを調整していったという。

こうした努力の末に通潤橋は1854年（嘉永7年）に完成、1826年（文政9年）に46ヘクタールだった白糸台地の水田面積は、1882年（明治15年）には138ヘクタールにまで拡大した。その後、地域住民は功労者である布田保之助をたたえ、1936年（昭和11年）に布田保之助を祭神とする「布田神社」を建立。現在も通潤用水とともに地域の大切な資源として守られている。

特産品

日本でも有数の星空と有機栽培のトマト

熊本県の山都町は沖縄県と離島を除く九州の真ん中に位置し「九州のへそ」を商標登録し、「全国へそのまち協議会に参加している。町の範囲は東西約33キロメートル、南北約27キロメートルにおよび、県内の自治体で3番目の広さを誇る。阿蘇カルデラの南外輪山のほぼ全域を含み、南は九州脊梁産地に接している。標高は200メートル～1700メートル、平野部よりも気温が4℃ほど低い、準高冷地の気候が特徴である。

全国トップクラスの天体観測条件でも知られ、なかでも標高700メートルにある「清和高原展望台」（山都町井無田1238-14）には週末には天体観測会が行われることもあり、多くの人が訪れる。宇宙の世界を紹介したビデオ上映などもあり、昼間や雨の日でも楽しめる。

山都町の冷涼な気候と寒暖の差、清らかな水とミネラル豊富な土壌が育む、栄養満点の農産物は「山の都のたからもの」とも呼ばれている。また、豊かな自然環境を生かし、約40年前から化学肥料や化学合剤農業の使用を減らした有機農産物の生産が行われるなど、有機農業の先進地域としても有名だ。

なかでも夏秋トマトは糖度が高く旨みも強いのが特徴の名産品。農家が心を込めて作った逸品で、果肉に弾力があり、身がギッシリと詰まっている。また、山都町のなかでも蘇陽地区では、冷涼な気候を生かしたブルーベリーの栽培が盛んで、旬の時期を迎える夏には観光農園で手積み体験もできる。ジャムやソースなどの加工品を気軽に味わってみるのもいい。

清和高原展望台 HP

寒暖さが糖度を高めるトマト

ブルーベリーは加工品でも楽しめる

水のある風景

通潤用水のシンボルは熊本地震からの復旧途上

通潤用水をめぐる旅のハイライトは、やはり「通潤橋」だろう。手すりなどはないが、橋の上を歩くことができ、国民的映画といわれる『男はつらいよ』の第21作『寅次郎我が道を行く』では、渥美清さん演じる車寅次郎が通潤橋の上を歩くシーンも登場する。しかし、2016年（平成28年）4月に発生した熊本地震の影響調査と復旧工事のため、2019年（令和元年）9月時点では放水を休止しており、橋の上の立ち入りも一部できない。通潤橋の復旧完了は2020年（令和2年）3月頃の見込みとのことなので、その日を待ちたい。

白糸台地の棚田の風景

水を平等に流す円形分水

通潤用水の水路トンネル入口

台地を潤した用水の恵み

熊本県

幸野溝・百太郎溝水路群

（こうのみぞ・ひゃくたろうみぞすいろぐん）

球磨川の豊かな恵みと先人の創意工夫が険しい山に囲まれた土地を文化の花咲く「日本で最も豊かな隠れ里」に育んだ2本の用水

受益地を流れる現在の幸野溝

雄大な百太郎溝大堰の様子

幸野溝・百太郎溝のある人吉・球磨地域は、今から８００年前の鎌倉時代に源頼朝の命を受けて、現在の静岡県である遠江から移ってきた相良氏によって、明治維新まで治められてきた。そして、険しい山々に囲まれた土地ながら、球磨川の恵みによって独自性の強い文化や個性の強い民衆気質が育まれていった。

相良７００年に受け継がれた文化財や風習、地域の歴史を結びつけて紡がれた物語が、日本の文化・伝統の魅力を伝えるものとして、２０１５年（平成27年）、文化庁から「日本遺産・相良７００年が生んだ保守と

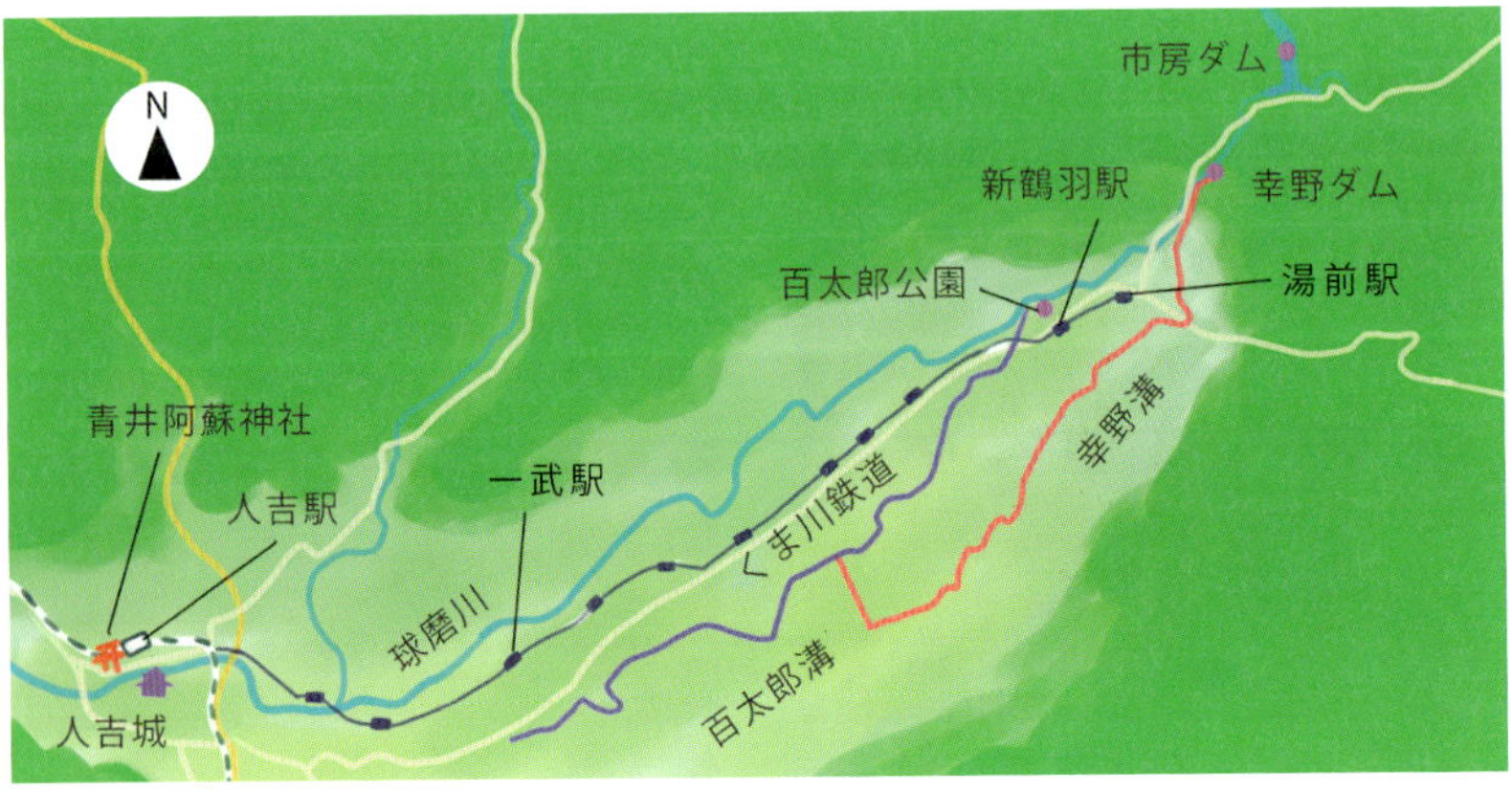

進取の文化～日本で最も豊かな隠れ里―人吉球磨～」の認定を受けた。幸野溝・百太郎溝はそのストーリーを構成するための、重要な文化財群のひとつに位置づけられている。

次頁で詳述するが、ともに球磨川を水源とする両用水とはいえ、その成り立ちはまったく異なる。百太郎溝は藩の支援を一切受けず、農民たちの手で鎌倉時代より開削されつづけた用水だが、幸野溝は百太郎溝をモデルに、江戸時代に相良氏によって大規模開発されたものなのだ。

両用水の完成と先人たちの努力により、荒地は開拓され、かつてはサツマイモなどしか採れなかった土地で、今では米、麦に加え、タバコ、メロンなどの施設園芸や畜産、梨、茶など多彩な農業が展開できるようになった。

地域一丸となって環境を守る

百太郎溝土地改良区では環境保全にも注力、１９９９年（平成11年）に実施した「県営かんがい排水事業」では、自然環境に配慮した工法で護岸を整備し、昔のようにホタルが乱舞する環境を取り戻した。あさぎり町岡原地内には「熊本ホタルの里１００選」に選ばれた場所もあるという。また、幸野溝沿いに防草シートを敷いて芝桜を植えるなど、景観保全活動も行っている。さらに、地域住民や小学生を対象に「田んぼの学校」「森林の学校」といった体験学習会も開催しているそうだ。

なお、幸野溝・百太郎溝両土地改良区はこうした活動で評価され「21世紀土地改良区創造運動大賞」を受賞している。

DATA

名称	幸野溝・百太郎溝水路群
施設の所在市町村	熊本県水上村、湯前町、多良木町、あさぎり町、錦町
供用開始年	幸野溝1705年（宝永2年）、百太郎溝1710年（宝永7年）
総延長	幸野溝15.4km、百太郎溝約19km
かんがい面積（排水施設は排水面積）	幸野溝1374ha、百太郎溝1436ha
農家数（就業人数）	幸野溝1444名、百太郎溝1719名
地域の特産品（伝統品・新商品等）	米、キュウリ、イチゴ、メロン、葉タバコ、花卉、球磨焼酎
流域名	一級河川球磨川水系球磨川
所有者	幸野溝土地改良区、百太郎溝土地改良区
アクセス	最寄駅はくまがわ鉄道湯前駅 最寄ICは九州自動車道人吉IC

歴史

農民がみずから開削した用水を藩主が手本に開発

約300年前に幸野溝・百太郎溝が建設される以前の球磨地域は、陸稲やサツマイモなどしか採れない畑地帯であった。

そのなかで、百太郎溝の開削工事は5期にわたってなされた。第1期工事の時期については記録が残っていないため不明であるが、鎌倉時代にはすでにはじまっていたのではないかと推測されている。第2期工事は1677年（延宝5年）にはじまり、第4期工事は1710年（宝永7年）に完成。第5期工事は1740年（元文5年）にはじまっているが、導水できず失敗に終わっている。

当時使用されていた百太郎溝大堰の旧取水樋門

江戸時代の百太郎溝大堰

百太郎溝の建設に関しては、藩からの援助は一切なく、特別な指導者がいるわけでもなく、すべての工事が老人から子どもまで、農民総出の手掘りでなされており、まさに農民の血と汗の結晶として完成した用水路であるといえる。

1960年（昭和35年）までは百太郎溝大堰旧取水樋門から球磨川の水が取水されていたが、球磨南部利水計画改修工事のために樋門は取り除かれ、現在は使用されていない。その遺構は多良木町の百太郎公園に、町指定史跡「百太郎溝大堰旧取水樋門」として保存されている。

一方、幸野溝は時の藩主・相良頼喬の命により、1696年（元禄9年）に着工され、約10年の時をかけ、1705年（宝永2年）に完成している。『幸野溝』という文献によると、第3期工事にかかっていた百太郎溝の開削が成功しつつあるのを見

幸野溝旧取入堰　筏流し

1926年の幸野溝大改修の風景

た頼喬が、藩士の高橋政重に「さらに開墾すべき土地はないか探せ」と命じ、百太郎溝の技術を参考に開削させたとされている。

江戸期最長の隧道を掘削

工事は渇水期を利用して行われたが、上流部とはいえ日本三大急流のひとつである球磨川をせき止め、堰をつくるのは大変な難工事であり、建設中に2度、洪水により堰が流失している。

また、当時の幸野溝旧取水口から取水した水を平野部へ届けるためには、その手前にある古城台地に水を揚げる必要があったが、当時の技術では困難であったため、台地に「貫」と呼ばれる隧道が掘られた。そして、ひとつの貫が落盤しても用水を農地へ流せるよう、１６９６年（元禄9年）に「旧貫」（１４５１メートル）と「第三の貫」（４０９メートル）、１７０５年（宝永2年）に「新貫」（６６４メートル）の3本の隧道が掘削された。この総延長２５２４メートルにおよぶ隧道は、江戸時代を通して日本最長であり、歴史的価値も高い。

ちなみに、第三の貫は崩落したため残っていないが、新貫・旧貫内部には１９９７年（平成9年）に高密度ポリエチレン管があらたに敷設され、隧道本体構造はそのまま残っている。

幸野溝・百太郎溝は１６８７年（貞享4年）の際に4万３０００石だった地域の石高を１７０９年（宝永6年）には5万３０００石にまで拡大させた。１９６０年（昭和35年）の幸野ダムの建設にともない、幸野溝旧取水口はダムに水没したが、隧道、幸野溝、百太郎溝は現在もかんがい施設として稼働しつづけている。

特産品

球磨川の恵みの鮎と地元でしか造れない球磨焼酎

幸野溝・百太郎溝水路群が位置する球磨・人吉地域は、南を鹿児島、宮崎の両県に接している。険しい山地に囲まれた内陸部にあることから、かつては「陸の孤島」と呼ばれたが、九州自動車道の開通や市内幹線道路が整備されたことで、今は熊本、宮崎、鹿児島の南九州3都市へ約1時間でアクセスできるようになった。気候は内陸性気候で寒暖差が激しく、よく発生する濃霧はこの地域の名物ともいわれている。

この地域の特産品は、球磨川に由来する産物であろう。なかでも球磨川に生育する良質の藻を食べて育った鮎は絶品と評判。鮮烈な芳香と野性味を感じる歯ごたえは、まさに球磨川そのものをいただいているかのような味わいである。定番の塩焼きや、サイズが小さいうちのみいただける「背越し」など、時期に応じて好みの食べ方で楽しみたい。

また、鮎のはらわたや子を塩漬けにした「うるか」は酒のアテの珍味として有名だが、大量生産ができないため、地元の人でもなかなか手に入らないレア物。現地に行く機会があれば、ぜひ探してみてほしい。

米で造る「球磨焼酎」は500年の歴史を誇る。1995年（平成7年）に世界貿易機構（WTO）から「壱岐焼酎」「琉球泡盛」「薩摩焼酎」とともに地理的表示の産地指定を受け、国際的にブランドが保護されるようになった。「球磨焼酎」を名乗るためには、人吉地区、球磨地区の地下水を用いることや、地元で蒸留、瓶詰めをすることなどが決められていて、各蔵元が伝統の味を守りつづけている。

球磨川を丸ごと味わえる鮎

人吉の隣の相良村の清流で養殖した鮎からつくる「うるか」（生駒水産）

地元・人吉で人気の球磨焼酎「繊月」と、水質日本一の川辺川の水と、その水で育った米で蒸留する「川辺」（繊月酒造）

水のある風景

球磨川の水の恵みが育んだ相良氏700年の文化に触れる

幸野溝・百太郎溝の水源である球磨川が町の中心を流れる人吉は、山に囲まれ、用水の恵みである水田が広がる美しい盆地である。

その象徴的な文化遺産が、熊本県初の国宝に指定された「青井阿蘇神社」である。社殿群は相良家20代当主・相良長毎の治世の1613年（慶長18年）に完成したとされる。茅葺様式の姿はどこか微笑ましく、地元の人には「青井さん」の愛称で親しまれている。

人吉市と球磨郡内にある「相良三十三観音霊場」は18世紀の終わり頃に制定された巡礼の地であり、秋には一斉開帳される。

役割を終え、百太郎公園に移設された旧取水門

収益地をゆったり流れる百太郎溝

シバザクラと幸野溝

国宝の青井阿蘇神社

熊本県

菊池(きくち)のかんがい用水群(ようすいぐん)

水田開発にかける叡智とかんがい施設発展の歴史が凝縮
今も開削当時の機能を維持するフィールドミュージアム

「築地堰」。取水口は写真左側の菊池川右岸にある

阿蘇外輪山を東に望み、熊本県北部に位置する菊池市。その市街地は太宰府の流れをくみ、平安時代後期から室町時代にかけて450年にわたって栄えた武士の一族、菊池氏の本拠地であった隈府を中心に形成されている。また、菊池氏は最盛期には九州一円に影響力をおよぼすほどの権力を持っていたとされている。

市内の菊池温泉は美容効果があり「美肌の湯」「化粧の湯」と呼ばれるほど肌触りが良く、女性を中心に観光客に人気だ。市の東部は阿蘇外輪山の広葉樹でおおわれ、野鳥が多く生息し、山あいを縫う菊池川の清流

が大小の瀬や淵、滝を形づくり、風光明媚な菊池渓谷をなしている。

「菊池のかんがい用水群」が位置する菊池川流域は水に恵まれ、流域下流の平野部においては、すでに約2000年前の弥生時代から米作りがはじまっていたとされる。さらに近世に入ると農業土木技術の向上にともなって、山間部における用水路の築造と水田開発が可能になった。

用水群を構成する「築地井手」「原井手」「今村井手」「古川兵戸井手」の用水路は、平地部から菊池川上流の山間部に向けて順に築造されており、その位置や規模から、近世の農業水利と水田開発の歴史的変遷を見て取ることができる。

当時の施設が今も活躍

各施設の築造によって開発されたた水田は、築地井手・230ヘクタール、原井手・70ヘクタール、今村井手・220ヘクタール、古川兵戸井手180ヘクタールとなっており、かんがい施設群が食糧生産や農村の発展に大きく寄与したことがわかる。とくに原井手や古川兵戸井手に関しては、山間部の水田へのかんがい用水のみならず、当時は村の住民の飲み水としても活用されるなど、生活レベルの向上などにも大きく貢献した。

ちなみに築地井手は約400年、原井手と今村井手は約310年、古川兵戸井手は約180年の長きにわたって地域をかんがいしてきた。頭首工や用水路の一部区間はコンクリート製に改修されているが、水路トンネルなど歴史的に貴重な箇所は今も当時の状態のままで利用されている。

DATA

名称	菊池のかんがい用水群
施設の所在市町村	熊本県菊池市
供用開始年	築地井手1615年(元和元年)、原井手1701年(元禄14年)、今村井手・宝永隧道1705年(宝永2年)、古川兵戸井手1835年(天保5年)
総延長	築地井手約6.5km、原井手 約11km、今村井手・宝永隧道 約300m、古川兵戸井手 約19km
かんがい面積(排水施設は排水面積)	築地井手85ha、原井手210ha、今村井手・宝永隧道190ha、古川兵戸井手130ha
地域の特産品(伝統品・新商品等)	米(菊池米)
流域名	一級河川菊池川水系菊池川
所有者	菊池市土地改良区
アクセス	最寄駅は豊肥本線熊本駅 最寄ICは九州自動車道菊水IC、植木IC

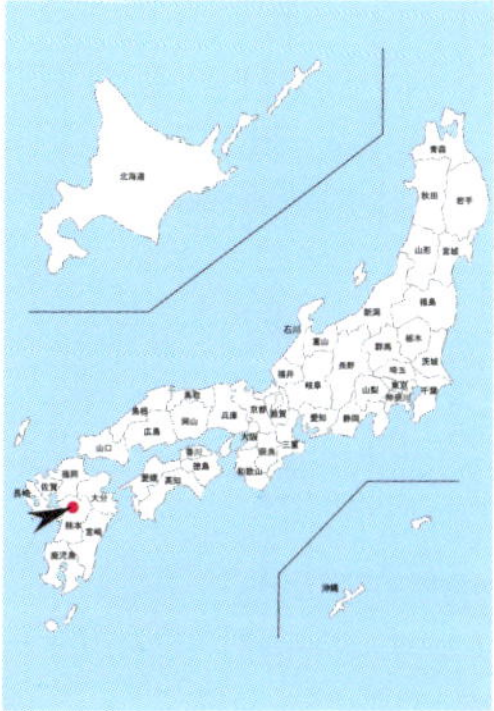

歴史

名将・加藤清正の命によって かんがい施設開発がはじまる

菊池のかんがい用水群の築造がはじまった1600年台前半は、戦国時代が終わり、地方の治世者たちが地域振興のために水田開発に積極的に取り組みはじめた時期であり、戦乱期に発達した治水・利水技術が花開いた時期でもあった。

築地井戸もまた当時の肥後国の治世者である加藤清正の命によって、1596年（慶長元年）から1615年（元和元年）にかけて築造された。菊池川に設置した築地堰から取水し、菊池の中心市街地を流れて平野部の水田に用水を供給している。

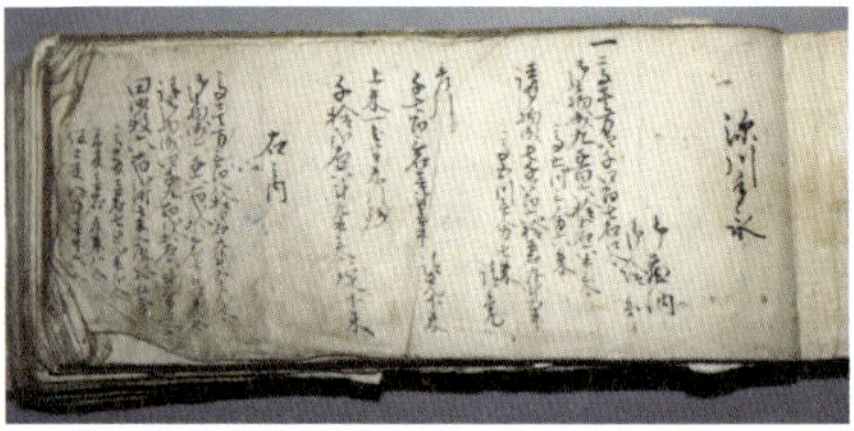

深川・河原手永手鏡。田畑石高、人口。井樋堰、庄屋名などが詳細に記載されている（菊池市指定文化財）

今村井手の宝永隧道内部。300メートルをわずか100日で掘り抜いた

原井手は貧困に苦しむ山間部の農家の生計を改善するために、1698年（元禄11年）から1701年（元禄14年）にかけて、当時の惣庄屋であった河原杢左衛門が、私財を投じて築造したものである。菊池川の上流部に設置した大場堰から、山の等高線に沿って全長約11キロメートルの用水路が開削されたが、その際に掘削された全長450メートルにおよぶ原井手の水路トンネルは、熊本で最古のものである。

今村井手もまた河原杢左衛門の手によって1705年（宝永2年）に開削された。菊池川支流の河原川に設置した岩下堰から取水するが、小高い丘を貫通して平野部まで通水するため、用水路の大部分は「宝永隧道」と呼ばれる全長約300メートルの水路トンネルとなっている。

山間の貧困を救った大工事

古川兵戸井手は先に開削された古川井手と、最後に開削された兵戸井

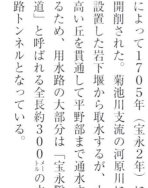

1930年代の築地井手。写真左に築地井手が流れる
（『東正観寺今昔物語』〈菊川大東、2014〉より引用）

古川兵戸井手の分水部分。これまで改修される
ことなく当時のままである

手の総称である。江戸時代後期の19世紀に入ってから、慢性的な水不足で畑と山ばかりであった戸豊水（とりうず）地区の村の農家を助けるために、当時、東追間の庄屋であった平山八左衛門と、その隣りの平野・大柿村の庄屋の五東五郎右衛門との尽力により築造された。この地域はすぐ近くに菊池川があったものの、50メートルもの崖下にあったため、村人は飲み水にさえも困っていたのだ。

五東五郎右衛門は村のさらに上流の古川から水を引くことを考え、1813年（文化10年）に開削を開始。私財を使いはたしながら3年の歳月をかけて、全長約11キロメートルの古川井手の部分を開削した。しかし、古川井手には同じ菊池川の水を使う村との間で厳しい取り決めがあった。1818年（文政元年）の干ばつでは「文政の水争い」が起こり、500人以上の処罰者を出す結果となった。

その際にともに処罰を受けた平山八左衛門は、菊池川以外から水を引くことを考え、天領日田の上津江村の兵藤谷から菊池まで隧道を掘って水を引く計画を考案。完成まで何年かかるかわからない大工事に難色を示す村人を粘り強く説得し、上津江村の村人との水利権調整を行い、日田代官の許可を取り付けたという。

だが、多くの隧道を掘削する工事は困難をきわめた。なかでも軟弱な風化石灰岩の兵戸峠を越えて、筑後川と菊池川を結ぶ2・4キロメートルの水路トンネルの開削は難航したが、計画から8年の歳月を経た1835年（天保5年）にようやく完成をみた。築造当時のかんがい面積は180ヘクタールにおよび、見事、この地は水田として利用できるようになった。

特産品

江戸時代からブランドだった「菊池米」、米で育つ「えこめ牛」

菊池地方は「菊池のかんがい用水群」の恵みもあり、江戸時代にはすでに穀倉地帯として知られていた。当時、「東の大関が加賀米なら、西の大関は菊池米」といわれ、「最高品質」として特別な値がつくほど人気を博し、大阪堂島の米相場を決定する際の基準にもなっていたという。それもそのはず、この地域には阿蘇外輪山からミネラルたっぷりな湧水に由来する清流・菊池川、肥沃な土地、朝夕の寒暖差が激しい気候といった、稲作に適した要素がそろっているのだ。もちろん、今でもかわらず良質な米がつくられ、各方面で高い評価を得ている。

「えこめ牛」は出荷するまでに、なんとお茶碗４０００杯に相当する約３００キロムグラもの菊池の米を食べさせて飼育した、旨み成分たっぷりのブランド牛。トウモロコシや大豆などの穀物で育った牛の肉に比べて、あっさりとした赤身が特徴。ヘルシーなのに、お肉の旨みをしっかり味わうことができると話題に。この「えこめ牛」は、ＪＡ菊池の直営店やＪＡ熊本の農畜産物市場などで販売。また、菊池温泉郷の約20のホテルや旅館の女将でつくる「おかみ湯恵の会」や料理人の集り「一膳の会」などが連携し、「菊池の季節の味、逸品料理」としてメニュー化し大好評だ。

水田ごぼうは、米を収穫した後の土壌で栽培されるごぼうで、菊池渓谷の清らかな水を多量に含んだ土崩で育つため、通常のごぼうよりも色が白く、繊維がきめ細やかで柔らかな食感と、豊かな香りが特徴。アクも少なく、湯通ししただけでサラダにしてもおいしいと評判。また、「菊池水田ごぼう」は２０１９年、地理的表示（ＧＩ）保護制度に登録された。

「菊池米」は香り高く甘みたっぷりでもっちりとした食感が特徴。炊きたてはもちろん、冷めても美味

美味しい菊池の米を食べて育つ「えこめ牛」は赤身がおいしい

「水田ごぼう」は湯通ししただけでサラダにしてもおいしい

水のある風景

熊本の景観に選ばれた築地井手
宝永隧道では小学生の見学会も

菊池の中心市街地を流れる築地井手は、都市化にともなってかんがい面積が85ヘクタールまで減少しているが、築地の町並み景観の一部を形成しており、春には桜並木も楽しめる。その町並みは熊本県により「２０１７熊本景観賞」に選定されているほどだ。今村井手の地域にとって、いまだに大事な施設である宝永隧道では、地元小学生の地域学習のために見学会が定期的に開催されている。２０１６年（平成28年）の熊本地震では、通気口の竪穴の側壁が一部崩落したが、地域住民の手作業により隧道外に除去されており、通常の機能を回復している。

築地井手の水車。かつては水車の動力を使い製粉などが行われた

築地井手の桜並木の様子

菊池川から龍門ダムへのどう水路である「立もんどう水路」に併設されている古川兵戸井手の取水部

かんがい期間中に原井手で開催される「イデベンチャー」という、カヤックを使った用水下り体験

熊本県

白川流域かんがい用水群

降水量の多い阿蘇山からの急流・白川の水を効率的に利水 加藤清正由来の4本の用水が肥後の平野を潤した

白川に設置された上井手用水の頭首工

白川流域かんがい用水群とは、熊本市の中心を流れる白川の流域に17世紀前半に開削された「上井手用水」「下井手用水」「馬場楠井手用水」「渡鹿用水」の4施設の総称。戦国大名として肥後熊本に入国した加藤清正らが中心となって築造した施設だ。

渡鹿用水の幹線水路である大井手の開削に対しては、以下の逸話が『大井手の楽校フィールドノート』という小冊子に紹介されている。

「加藤清正は白川の水を引く用水路を造ろうとしたが、うまく水が引けなかったために、豪族・井島玄蕃に白川分水を尋ねた。玄蕃が早鷹天神

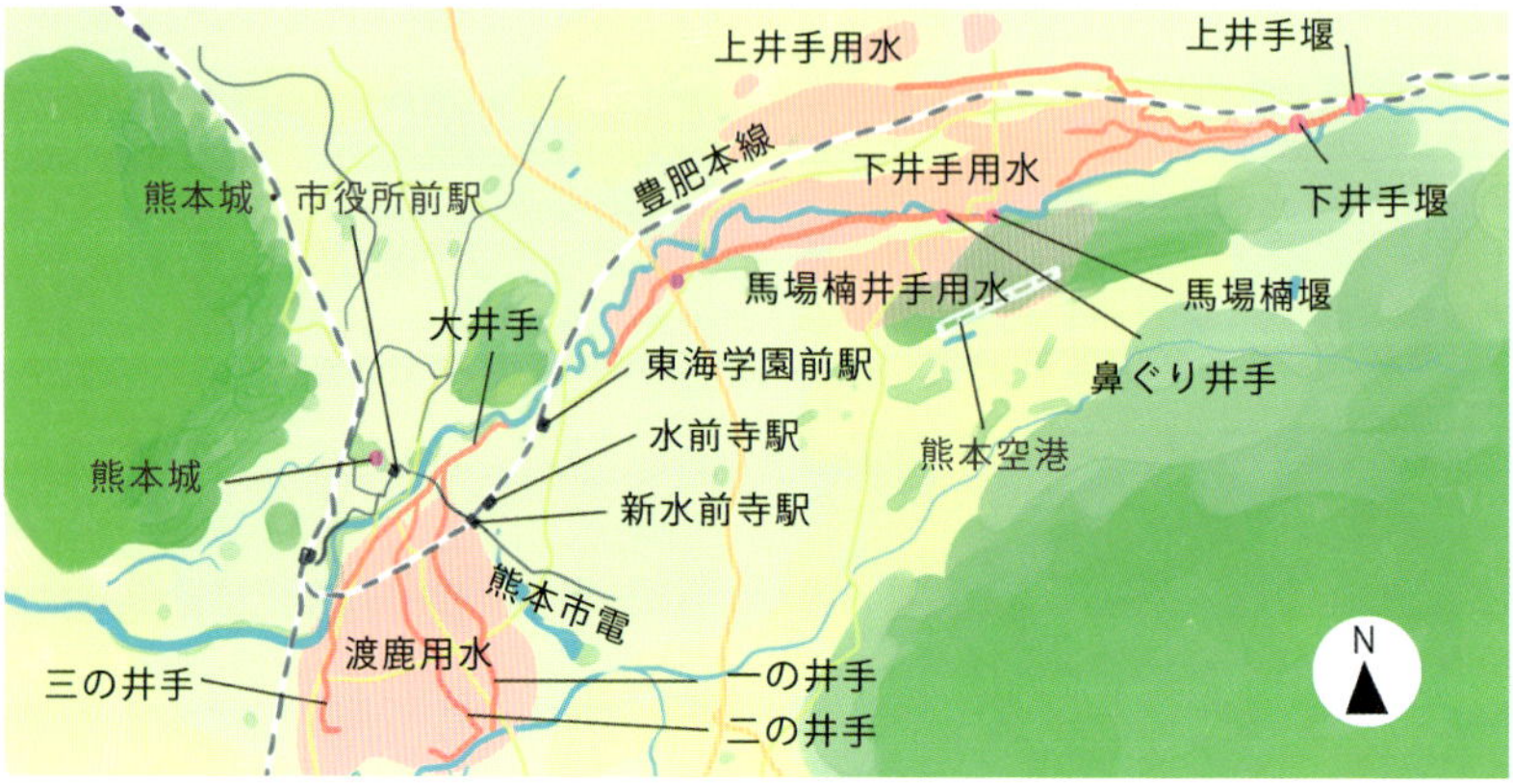

に七日間参籠したところ、神示により一羽の白鷹が現れ、一枚の羽を落とした。その場所から着工したところ、大井手の開墾が成功した。清正は堰の守護神として、堰の入口に早鷹天神の分神の祠を設け、堰の守護神として社地を寄進して渡鹿天満宮が建てられた。境内に、加藤清正が堰の築造を監督した跡という腰掛石と、その時代のものと伝わる安山岩の大石が残っている。（参考文献：平成肥後国誌より）」

効率化をはかる工法を採用

　随所に革新的な技術が盛り込まれているのも特徴である。白川では阿蘇山の噴火による火山灰の堆積が水路の維持管理にとって課題であったため、馬場楠井手用水では「鼻ぐり」を設けた。これはおよそ5メートル間隔で水路に壁を残し、その底に直径2メートルほどの穴をくり抜いたもの。区間ごとに縦渦が起こることで、土砂を押し流す効果を発揮するという。

　また、上井手用水と下井手用水は、効率的にかんがい用水を送水するため、白川中流域の河岸段丘地形の縁に沿うように設けられているが、下井手用水は上井手用水からの水を再利用できるように設計されている。これらの高度な水利用の仕組みは、県内でその後築造された幸野溝、百太郎溝、通潤用水にもみられる。

　一時は水質悪化やゴミの廃棄などの問題が発生したが、近年は1978年（昭和53年）に発足した「大井手を守る会」を中心に保全活動が展開されている。結果、今はホタルの生育が認められるなど、水環境が大幅に改善しているそうだ。

DATA

名称	白川流域かんがい用水群
施設の所在市町村	熊本県熊本市、菊陽町、大津町
供用開始年	上井手用水1637年(寛永14年)、下井手用水1618年(元和4年)、馬場楠井手用水1608年(慶長13年)、渡鹿用水1606年(慶長11年)
総延長	上井手用水14km、下井手用水12km、馬場楠井手用水14km、渡鹿用水2.6km
かんがい面積(排水施設は排水面積)	上井手用水390ha、下井手用水430ha、馬場楠井手用水160ha、渡鹿用水250ha
農家数(就業人数)	上井手用水・下井手用水2188名、馬場楠井手用水354名、渡鹿用水514名
地域の特産品(伝統品・新商品等)	からいも、芋焼酎
流域名	一級河川白川水系白川
所有者	おおきく土地改良区、馬場楠堰土地改良区、渡鹿堰土地改良区
アクセス	最寄駅はJR豊肥線原水駅 最寄ICは九州自動車道北熊本IC

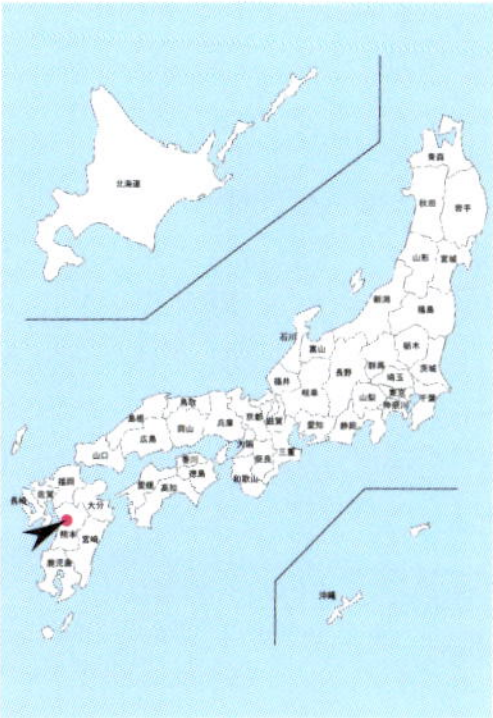

歴史

白川の急流と阿蘇の火山灰 困難が生んだ幾多の創意

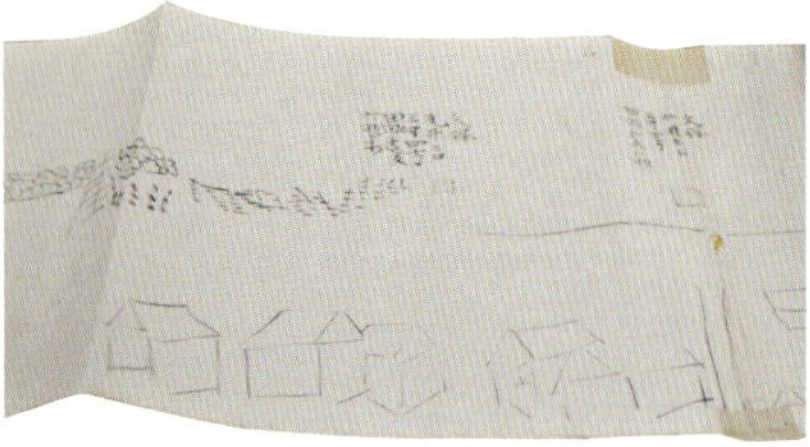

馬場楠井手に関する昔の絵図

馬場楠井手に関する記録が保存されている

上井手用水の災害記録が刻まれた「上井手のいしぶみ」

熊本中北部を東西に横断して流れる白川の水を利用するために築造されたのが、上流部の「上井手用水」「下井手用水」「馬場楠井手用水」の3用水と、下流部の「渡鹿用水」からなる白川流域かんがい用水群だ。

1588年（天正16年）に肥後熊本に入国した加藤清正は水利システムの整備に着手し、まずは埋没していた奈良時代に掘られた水路の開削や堰の築造に取り掛かる。そして、嫡子の加藤忠弘が引き継ぎ、1618年（元和4年）に完成させたのが下井手用水である。これにより270ヘクタールの新田開発が可能になった。

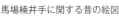

また、同じく1588年（天正16年）には馬場楠井手用水にも着手しており、1608年（慶長13年）に完成、95ヘクタールの新田開発が可能となった。さらに、1596年（慶長元年）には渡鹿用水の築造に着手し、1606年（慶長11年）までに完成。「大井手」という1本の幹線水路と「一の井手」「二の井手」「三の井手」の3本の支線用水路からなり、築造当時は1083ヘクタールの水田にかんがい用水を供給したという。

上井手用水の開削は、下井手用水が完成した1618年（元和4年）に着手され、19年の歳月を要して1637年（寛永14年）に完成した。これにより、茅原であった原野に330ヘクタールの水田が開発されることになった。ちなみに、上井手用水はかんがい用水を効率的に送水するため、白川中流域に形成された河岸段丘地形の縁に沿うように開削されており、洪水時に過剰な水が水路に流入するのを防ぐために、当時は井樋と余水吐が利用されていたという。

白川の急流を工夫で利水

白川は上流域に阿蘇カルデラを抱き、標高1433メートルの根子岳から有明海まで、わずか74キロメートルを流れ下る急流河川である。阿蘇の平均年間降水量が2800ミリメートルを超えることから、一度大雨が降れば熊本平野は白川の水であふれ、干天がつづけば水量は3分の1ほどしか流れないといった状態にあった。

そのため、白川の利水においては、可能なかぎり効率的に取水することに加えて、洪水への配慮が強く求められた。だから4施設には共通して、大小の石を水流に対して斜めに敷き詰め、水流を抑えながら導く「斜め堰」という工夫が施されている。現在はコンクリート製となったものの、渡鹿用水の堰で当時の斜め堰の形状を確認できる。

ところで、熊本では今も市民100万人の生活用水のすべてを地下水に依存しており、年間6億トンとされる地下水涵養量の約15パーセントは、白川中流域に広がる水田からもたらされているという。つまり、400年前に構築された安定した利水体系が、現在まで連綿と受け継がれ、生活用水として活用されているのだ。

上井手用水の古い水路

馬場楠井手に施行された「鼻ぐり」

また、渡鹿用水はかつて白川左岸の農地のほとんどに水を供給し、熊本市内の農業を支えてきたが、都市化にともなって農地面積は大きく減少し、農業用水としての需要も減ってきている。が、最近は市民に身近な水辺を提供する親水空間としての役割をはたしながら、用水の存在意義を高めている。

特産品

大津町の「からいも」とその芋焼酎が大人気

上井手用水の頭首工があるのは、熊本市の東方約20キロメートルの菊池郡大津町。熊本市と阿蘇山の中間に位置し、広大な森林や自然が豊かな町であると同時に、別府、阿蘇、雲仙など国際観光ルートの路線上にある。阿蘇くまもと空港からJR肥後大津駅までは、無料のシャトルバス「空港ライナー」で約15分というアクセスの良さから、近年は産業都市としても発展している。

熊本県は西側は海に面しているが、そのほかは山々が連なっており、地域によって気候が異なる。白川が流れる大津町は夏は蒸し暑い一方で、冬はかなり冷え込むことがあるという。

そんな大津町の特産物といえば「からいも」と呼ばれるサツマイモだ。阿蘇の火山灰からなる土壌はからいもの栽培に適していて、熊本県内でも一番の生産量を誇っている。ホクホクからしっとりまで、種類によって食味のバラエティが楽しめるが、なかでも揚げたてのいも天は地元の揚げ物店でも人気ナンバーワンだ。秋には毎年、からいもの収穫祭である「からいもフェスティバル」が行われ、からいも掘り大会やグルメイベントが催されている。

また大津町では最近、減農薬栽培で育てた安全でおいしいからいもを「ほりだし君」という特産ブランドとして売り出している。そのほか、からいもを原料にした芋焼酎も忘れてはならない。ほりだし君を原料にした「人生いもいも」はマイルドな味わいが特徴で、芋焼酎が苦手な人でもおいしく飲めると人気急上昇中だ。

大津町が県内一の生産量を誇る「からいも」

「からいもフェスティバル」2019年は11月10日に開催される

グルメイベントでにぎわう「からいもフェスティバル」

水のある風景

歴史的価値のある「斜め堰」とホタルの乱舞を楽しめる

白川が市街地に入る地点にある渡鹿堰では、「斜め堰」の形状を確認することができる。堰を川に対して斜めに突き出すように設けることで、洪水時の水の勢いを減らしながら、効率的に取水することを可能にしたものであり、まさに先人の知恵の結晶といえる。また、小河原橋のあたりの大井手沿いは、5月~6月頃にかけてホタルを見ることができるエリアとなっている。清流を取り戻した今も、「大井手を守る会」を中心に多くの地域住民や地元企業がボランティアで清掃活動に参加し、環境保全や美化活動がつづけられている。

ボランティアによる渡鹿用水の清掃活動の様子

馬場楠井手用水の取水口

地元の愛着が伝わる、用水の仕組みと見所を解説した看板

歴史的な「斜め堰」の形状が残る渡鹿堰

100年を超えるダムや用水路、水車などの水利施設やかんがい農業の大切さを伝える「世界かんがい施設遺産」

国際かんがい排水委員会（ICID）がはたす役割

このコラムでは国際かんがい排水委員会（ICID）が設立した経緯、そしてその役割について紹介します。事の起こりは1950年6月24日、インド政府の呼びかけにこたえて、インドのシムラ（Shimla）に多くの国々が集まり、かんがいの科学と技術の発展について話し合いをしたときのことです。このときに集まったブラジル、エジプト、インド、インドネシア、イタリア、オランダ、セルビア（旧ユーゴスラビア）、スリランカ、スイス、タイ、トルコの11カ国が設立の母体となり、かんがいの科学と技術の発展を目的とする「国際かんがい運河委員会」を設立し、事務局をインドのニューデリーに置きました。そして翌51年、インドのニューデリーで第1回総会を開催して憲章を定めるとともに、委員会の名称を国際かんがい排水委員会にあらためました。一般的には英語表記の「International Commission on Irrigation and Drainage」の各単語の頭文字をとって「ICID」と呼ばれています。

登録証（見沼代用水）

登録記念盾（見沼代用水）

日本は閣議決定にもとづいてICID日本国内委員会を組織し、1951年に正式にICIDに加盟しました。戦後の日本が国際組織に参加した最初の組織がこのICIDだともいわれています。2019年現在の加盟国および地域は、アフリカ17カ国、南北アメリカ6カ国、ヨーロッパ27カ国、アジア・オセアニア27カ国および台湾となっており、全体で77カ国および1地域に達しています。

現在は、かんがいだけでなく、排水、治水、河川改修分野や気候変動も視野に入れ、水資源の開発や管理にかかわる科学と技術の発展、および経験や知見の交流を進め、かんがい農業の持続的発展に寄与することを目的としています。なお、1955年から国際ジャーナル『Irrigation and Drainage』を刊行し、科学と技術の交流も推進しています。

「世界かんがい施設遺産」が誕生した経緯

つぎに本書のテーマである「世界かんがい施設遺産」が誕生した経緯について紹介したいと思います。その発端は、オーストラリアのアデレードで開催された第63回ＩＣＩＤ国際執行理事会（２０１２年６月）で、ガオ・ザニ（Dr. Gao Zhanyi）会長（当時）が歴史的なかんがい施設についてユネスコの世界遺産に相当する認証制度の創設を提案したことです。その後、特別委員会が設けられ、その目的や選考基準、手順、募集方法などの検討が行われ、第65回ＩＣＩＤ国際執行理事会（２０１４年）で認証制度の創設が承認され、世界かんがい施設遺産（World Heritage Irrigation Structure：WHIS）の認証と登録が開始されました（創設当初の名称はかんがい施設遺産（Heritage Irrigation Structure：HIS）でした。

この制度の主たる目的は、１００年を超えて存続しているかんがい施設の情報を世界中から集め、そうした歴史的かんがい施設を保護し保全することによって、意義深い偉業を理解し、その顕著な特徴について知見を集め、これらの施設を通じて持続的なかんがいについての哲理や叡智を学ぶことです。認証の対象となる施設は、いずれも１００年を超える歴史のある施設で、対象となる水利施設はダム、貯水施設、堰、用水路、水車、はねつるべ、排水施設などです。

遺産に登録された施設を維持・管理している機関・団体にはＩＣＩＤより登録証と登録記念盾が贈呈されます。第65回ＩＣＩＤ国際執行理事会（２０１４年）において17施設が最初の世界かんがい施設遺産として登録されて以降、現在までに91施設が登録されました（２０１９年９月現在）。なお、２０１５年からは現在は利用されていないものの歴史的価値のある施設遺産がリストBとして認証・登録に加えられました（現在も供用中であり、長期にわたり持続的に維持・管理を行っている卓越したものはリストA）。すでに登録されている世界かんがい施設遺産についてはＩＣＩＤのホームページ（http://www.icid.org/）に掲載されていますので、ぜひそちらもご参照いただきたい。日本のみならず世界の英知に触れることができます。

佐藤洋平（東京大学 名誉教授、国際かんがい排水委員会（ＩＣＩＤ）日本国内委員長）

おわりに

牧元 幸司（農林水産省 農村振興局長）

現在、国内にある世界かんがい施設遺産は実に39施設もあります。この数はダントツ世界第1位です。日本では弥生時代の昔から稲作において小さな川やため池から水を引く方法が実践されてきたほか、水害のリスクにつねに脅かされるなかでさまざまな治水技術を発展させてきました。こうした歴史的背景から、日本には世界的にも価値の高いかんがい施設が数多く残っているのです。事実、基幹的な農業用排水路だけでも5万キロメートルで地球一周以上、末端の細かなものまで入れるともっと長くなります。

これらのかんがい施設の利活用と維持管理の担い手は、ほかならぬ農家たち自身です。1949年に制定された土地改良法にもとづき、各地域の公共組合である「土地改良区」が農村の水や農地の管理主体となってきました。もちろん現在も、農地のほ場整備や水利施設の維持管理については土地改良区が主体的な役割を担っており、農林水産省農村振興局では農業農村整備事業を通じて施設の修繕やメンテナンスをサポートしています。世界に目を向けると、欧米や中東では国家プロジェクトで大規模な水利施設をつくり、国営事業として維持管理していくことが多く、農家が主体的に事に当たる日本のようなスタイルはかなり独特です。この農家たちの知恵と努力こそ、世界かんがい施設遺産の観光資源としての魅力だと私たちは考えています。

観光の主流が「モノ」から「コト」へと移り変わった今、田園風景を眺めながら、先人たちの努力と工夫に思いを馳せること、それは多くの人を惹きつける魅力的な体験となるはずです。のどかな田園風景と高度な技術に支えられたインフラは田舎の人たちにとっては当たり前の存在かもしれませんが、都市生活者や世界中からのインバウンドにとっては新鮮な驚きであり、情報さえ広く伝われば「見てみたい」と思う人は多いと思います。本書を通して国内外の潜在的な「世界かんがい施設遺産ファン」が増えることを祈念しております。

とはいえ、現状では世界かんがい施設遺産はまだまだマイナーな存在です。農林水産省としても今後はより多様な場を通じて情報発信に努めていきます。２０２０年10月19・20日、熊本県熊本市で開催される「第４回アジア・太平洋水サミット」はその絶好の機会です。アジア・太平洋地域の各国政府首脳級や国際機関の代表などが参加し、アジア・太平洋地域の水に関する諸問題について議論を行うもので、テーマは「持続可能な発展のための水〜実践と継承〜」。農業分野に限定したサミットではありませんが、熊本には世界かんがい施設遺産が４つもあるので、この機会にぜひ各国の方たちにも訪れていただき、日本の水利施設の素晴らしさを世界に発信したいと思います。

（２０１９年９月現在）

謝辞

世界かんがい施設遺産に登録されているそれぞれの施設の管理者には、取材の協力、古文書や写真など資料およびデータの提供、また編集にあたってのデータの確認など多大なる協力をいただきました。あらためて、各施設の築造のみならず、適切な保全管理に取り組んできた長い歴史や技術の伝承への取り組みに感動いたしました。なお、本書の企画当初から惜しみなく協力いただいた各かんがい施設の関係市町村および県など関係機関、世界かんがい施設遺産連絡会、全国水土里ネット（全国土地改良事業団体連合会）、ＩＣＩＤ日本国内委員会事務局（農林水産省農村振興局整備部設計課海外土地改良技術室）、そして刊行に向けて大きな原動力となった委員各位には心から感謝申し上げます。

最後になりますが、本書の出版が「日本人の心のふるさと」を再発見し、今後のかんがい活動やかんがい農業の発展、かんがい施設の理解に役立つことを祈念し謝辞といたします。

監修　佐藤　洋平
編著　古川　猛

日本が誇る世界かんがい施設遺産

2019年11月1日 第1刷発行

監　修　佐藤 洋平
出版委員会　佐藤 洋平　東京大学名誉教授、国際かんがい排水委員会（ICID）日本国内委員長
林田 直樹　国際かんがい排水委員会（ICID）副会長　日本ICID協会 会長
小泉　健　公益社団法人農業農村工学会 専務理事
小林 祐一　全国水土里ネット（全国土地改良事業団体連合会）専務理事
古川　猛　東方通信社 社主
編　著　古川　猛
発　行　東方通信社
〒101-0054
東京都千代田区神田錦町1-14-4 東方通信社ビル４F
電話　03-3518-8844
FAX　03-3518-8845
www.tohopress.com

デザイン　プラスワンデザイン事務所
印刷・製本　株式会社シナノ

ISBN 978-4-924508-28-6

Pinted in Japan